제 3 판

신소재공학

Advanced Materials Engineering

오세동 저

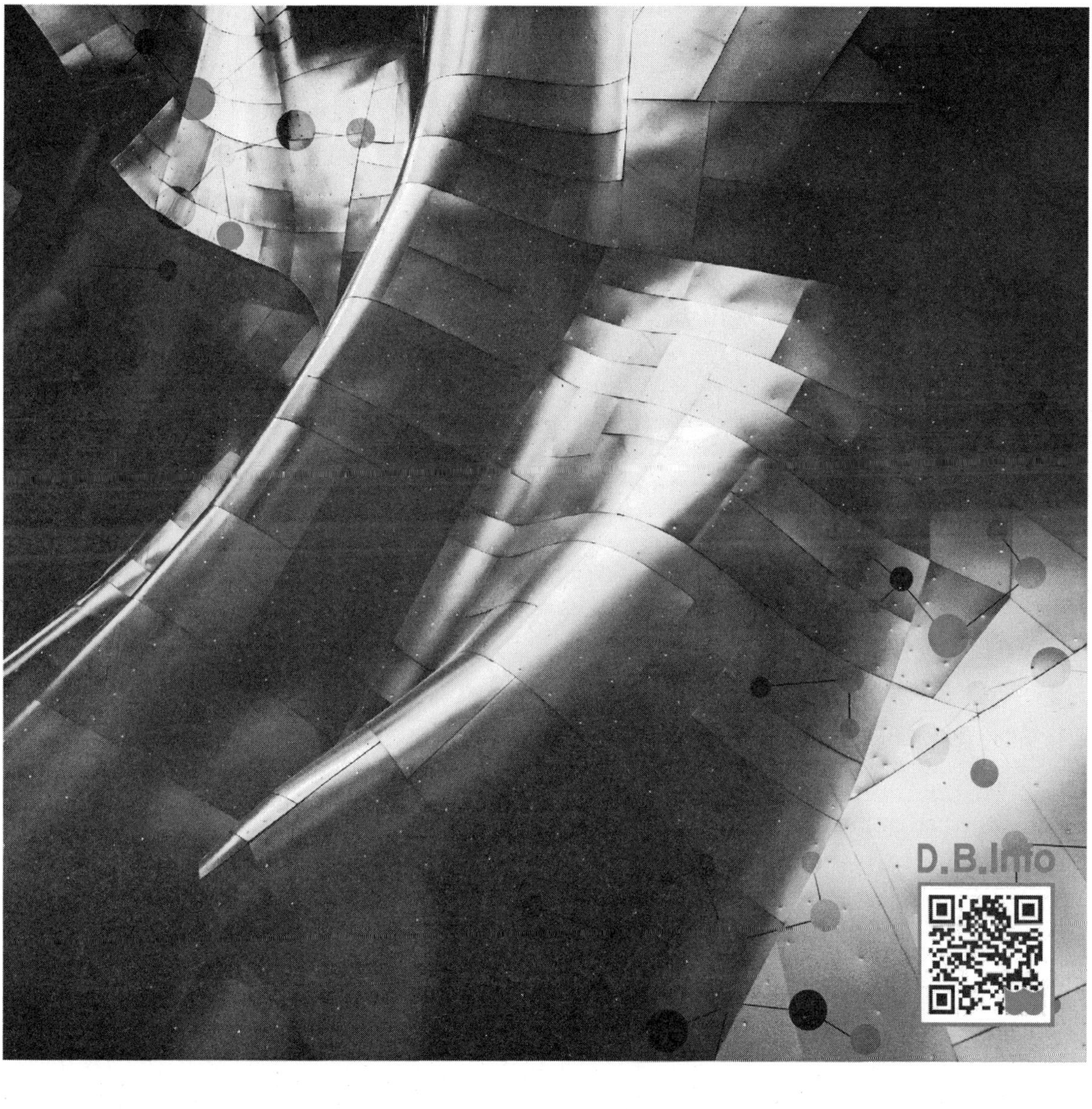

D.B.Info

머리말

인류는 필요(need)에 의해 끊임없이 신소재를 개발하였고 각 분야에 적용하여 눈부신 성장과 발전을 거듭해 왔다. 그러나 이러한 대열에 동참하지 못한 기업은 소재산업에 종속된 제품생산을 한정하는 사례가 발생되었고 국가 또한 예외는 아니어서 어제의 강대국이 오늘은 약소국가로 반전되는 사례가 빈번하였다.

청동무기로 무장한 이집트의 위대한 왕 람세스의 군대가 보다 강한 철제무기로 무장한 소아시아지역의 군대를 당해내지 못했던 사실이 역사적으로 증명되었다. 청동을 밀어낸 신소재 철은 농기구로 사용돼 농업생산량을 획기적으로 증가시켰을 뿐만 아니라, 증기기관을 앞세운 산업혁명의 중추적 역할을 수행했다. 이러한 역사적 사실은 신소재의 역할을 단적으로 보여주는 대목이다.

산업화 초기에 우리나라의 제조업체에서 생산되는 제품들의 대부분은 선진국 제품들을 벤치마킹하고, 외국에서 개발된 소재를 수입하여 생산하는데 치중하였기 때문에 소재산업에 대한 인식이 부족하였고, 신소재 개발에 소극적이었다.

그러나 최근에 정보통신기술, 나노기술, 생명공학기술, 환경공학기술, 우주항공기술 등이 인류의 미래를 주도할 첨단 산업기술로 주목받고 있으면서 우리나라에서도 국가발전을 주도할 첨단 신소재 산업이 국가적인 신 성장발전에 바탕이 된다는 인식하에 적극적인 지원책을 내놓고 있다. 이에 따라 소재산업에 대한 인식 부족에 대한 자성과 소재 산업의 필요성이 대기업에서 중소기업으로 확산되는 추세이다. 이에 부응하여 대학에서도 신소재 산업에 대한 접근이 활발하게 이루어지고 있으며, 사회 입문을 앞둔 젊은 층에서도 신소재 산업에 대한 발전가능성을 크게 보고, 도전하는 사람들이 증가하고 있다.

본서에서는 현재 개발되고 있는 최신 소재나 공개되지 않은 소재에 대한 접근은 사실상 어렵지만 정보통신, 나노, 생명공학, 환경공학, 우주항공 등의 산업현장에서 매우 활발하게 적용되고 있는 기능성소재, 고강도·인성소재, 에너지 관련소재 중심으로 단원을 편성하여 내용을 다루었다. 특히, 금속관련 국가기술 자격시험에 응시하는 수험생을 위해 국가기술자격시험 출제기준에 준하는 신소재 중심으로 편성하여 국가기술 자격시험을 대비하는 수험생에게 많은 도움이 되리라 판단되며, 더 나아가 각종 신소재 산업분야의 역군으로써 소재산업 발전에 초석을 놓는 시발점이 되기를 기대한다.

끝으로 이 책이 출간될 수 있도록 여러 가지 자료를 제공해 주신 선행 연구자분들과 출판을 담당하고 협력해 주신 복두출판사 관계자 여러분께 진심으로 감사를 드린다.

저자 씀

목 차

▶ 1부 기능성 재료 ◀

01장 형상기억합금(Shape Memory Alloy : SMA)

02장 제진합금재료

03장 비정질(Amorphous) 금속

04장 초소성(Superplasticity) 합금재료

05장 초내열 합금(Superalloy)

06장 초경 · 소결합금

07장 생체재료(biomaterial)

08장 나노구조재료(Nano Structured Materials)

09장 자성재료(Magnetic material)

▶ 제2부 구조 · 고강도용 재료 ◀

10장 구조용 복합재료

11장 입자분산 강화 금속(PSM : Particle dispersed Strengthened Metals)

12장 극저온용 구조재료

13장 고강도 · 인성 재료

▶ 제3부 신에너지 재료 ◀

14장 초전도재료(超電導材料, Super conductivity materials)

15장 수소저장합금(Metallic alloy for hydrogen storage)

16장 태양전지 · 반도체 재료

1 기능성재료

형상기억합금
제진합금재료
비정질 금속
초소성합금재료
초내열 합금
초경 · 소결합금
생체재료
나노구조재료
자성재료

01 형상기억합금
(shape memory alloy : SMA)

1.1 개요

1.1.1 형상기억합금의 정의

어떤 재료는 탄성한계 이상의 응력을 가하여 소성변형을 시킨 후 응력을 제거하면 원래의 형상으로 되돌아간다. 이런 현상을 초탄성이라 하며, 대부분의 금속이나 합금은 탄성한계를 넘어서 소성변형을 주면 응력을 제거하고, 가열하거나 냉각해도 원래 형태로 돌아가지 않는다. 그러나 어떤 합금은 고온에서 적당한 형상으로 성형한 다음 실온에서 소성변형을 한 후 다시 가열하면 원래 성형한 모양으로 되돌아간다.

이러한 효과를 형상기억효과(shape memory effect)라고 하는데, 이는 합금이 주어진 형상을 원자 배열로 기억하고 있기 때문에 생긴다. 이러한 효과는 확산에 의하지 않고 변태하는 합금에서 나타나는데, 고온의 모상원자 배열이 저온에서의 변형 때도 기억하고 있다가 다시 고온이 되면 원래의 원자 배열로 재배열하는 것이다. 형상기억합금의 소성변형 정도는 어느 임계온도 이하에서 가해 주어야 하는데 현재의 기술로는 약 10% 미만의 변형이어야 한다.

현재까지 이런 효과가 확인된 합금은 20여 가지인데 Au, Ag처럼 귀금속을 주성분으로 하는 것, 13족 원소를 주성분으로 하는 것, 금속간화합물(대표적인 것 : Ti–Ni)로 대별된다. [그림 1–1]은 재료에 따른 응력–변형 곡선을 나타낸 것이다.

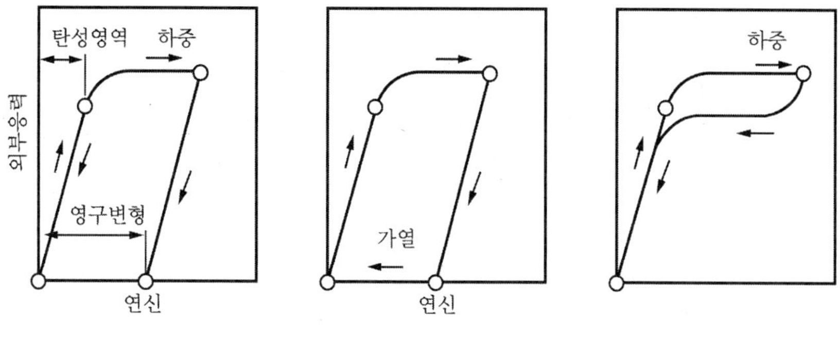

[그림 1-1] 재료에 따른 응력-변형 곡선

1.1.2 형상기억합금의 개발

금속에 형상기억효과가 있다는 것이 처음 알려진 것은 1938년 미국 하버드대학의 「O. 그래닝거」 교수와 M.I.T대의 「V. 무래디언」 교수에 의해서였다. 이들은 황동에서 마르텐사이트상이 온도의 변화에 의해서 생성, 소멸한다고 발표했다.

그 후 일리노이대학의 L.C.Chang와 T.A. Read은 Au-47.5%Cd 합금의 형상기억효과와 변태에 의해서 발생하는 역학연구를 계속했고, 다수의 연구를 통해 Fe-Pt, In-Cd, Fe-Ni, Ni-Al, 스테인리스강 등 여러 가지 합금이 정도의 차이는 있으나 모두 형상기억을 나타낸다는 것을 발견했다.

1960년 미국 매릴랜드주에 있는 해군무기연구소에서 Ni와 Ti의 합금에서 형상기억특성이 있음을 확인한 후 니티놀(Nitinol : Nickel Titanium Naval Ordnance Lab)이란 상품으로 알려졌고 1969년에 해저 케이블용 관의 커플링에 사용됨으로써 처음 경제적으로 실용화되기 시작했다.

1970년대에는 항공우주분야에 응용되는 등 발전을 거듭하여 미국을 비롯한 각국에서 연구가 추진되고, 1975년에는 캐나다의 토론토에서 합금의 형상기억합금효과 응용에 관한 국제회의가 열린 바 있다.

현재 달 표면 안테나, 인공위성 안테나 재료는 물론 화재경보기나 방열기의 온도 제어에도 쓰인다. 이밖에 전자기기나 의료 용구, 에너지 개발 등에도 폭넓게 쓰이는데, 가격이 다소 고가이고 동작 반복에 따른 성능 저하가 문제로 지적되어 이에 대한 연구가 진행 중이다. [그림 1-2]는 형상기억합금으로 만든 파이프 커플링을 이용하여 관이 연결되는 것을 설명하는 것이다.

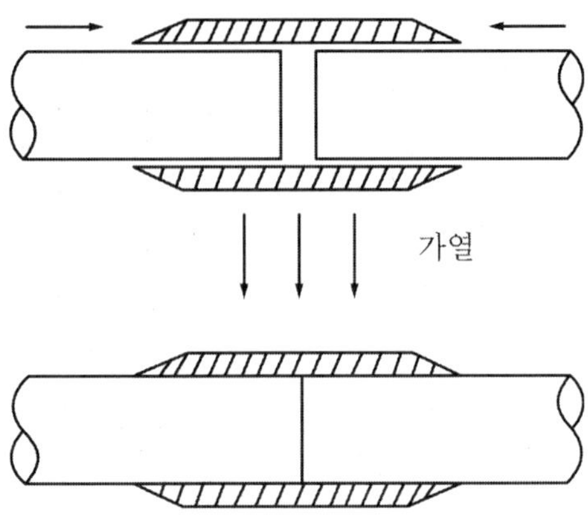

[그림 1-2] 형상기억 커플링의 활용

1.2 형상기억효과의 기구

형상기억효과는 금속학의 마르텐사이트(Martensite) 상변태에 의하여 변화함에 따라 일어나는 현상으로 변형 사이클은 고온상[高溫相(Austenite)] ⇒ 저온상[低溫相(Martensite)] : 변형 후 재가열 ⇒ 고온상[高溫相(Austenite)]이 된다.

열탄성형 마르텐사이트 변태를 하는 형상기억합금의 마르텐사이트는 연하며, 마르텐사이트 변태는 구동력으로 생기는 열탄성적 변태이다. 대부분의 경우 고온상은 규칙구조를 가지며, 저온상은 저대칭의 결정구조를 가질 것 등이 요구된다.

마르텐사이트 변태의 형상기억효과는 열탄성 마르텐사이트 변태와 비열탄성 마르텐사이트 변태로 구분된다.

1.2.1 열탄성 마르텐사이트 변태

열탄성 마르텐사이트 변태는 모상을 변화시킨 후 전단응력으로 변태시키는 것으로 변태조건은 모상(고온상, 오스테나이트)이 규칙격자구조(대부분 BCC)를 가져야 한다. 냉각 중 마르텐사이트 변태시 부피의 변화가 작으며, 변태에 기여하는 계면에너지 및 소성변형 에너지가 작고, 주로 탄성변형 에너지만이 관계하는 변태로서 내부구조는 쌍정(twin)으로 되어 있다. 열탄성 마르텐사이트 변태의 과정은 우선, 고온의 모상(오스테나이트)을 냉각한다. 이때 쌍정의 구조를 갖는 열탄성 마르텐사이트가 생성된다. 마르텐사이트 상태의 합금을 변형시키는데 변형은 슬립(slip)에 의한 변형이 아니라 개별적으로 원자가 제휴하여 방향을 바꾸어 전체가 변형(쌍정

변형)하게 된다. 변형된 소재를 가열하면 역변태가 발생하여 모상이 회복(전체의 모양은 원래의 상태로 회복)한다.

[그림 1-3]은 형상기억합금의 원자배열을 이용하여 고온상(a : 원래 형상)이 급랭에 의하여 냉각상(b : 마르텐사이트상)을 만든 후 소성변형 시켜서 변형 마르텐사이트상(c)을 만든 다. 이후 재가열에 의하여 역변태 시키므로 (d)상으로 변하여 최종적으로 원래의 고온상(a)이 되는 현상, 즉 형상기억을 하여 원래의 원자배열로 되돌아 간 것을 설명하는 그림이다.

열탄성 마르텐사이트의 변태는 1방향 형상기억, 2방향 형상기억, 전방위 형상기억 등으로 구분한다.

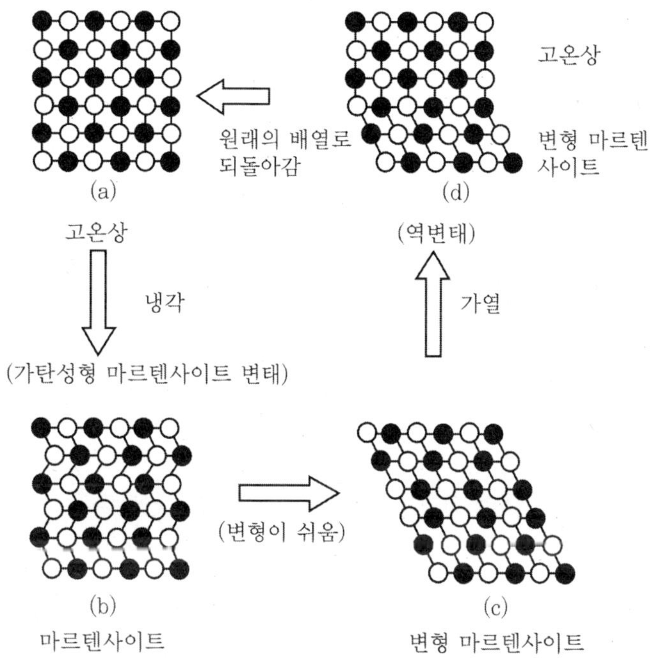

[그림 1-3] 형상기억현상의 결정변화

가. 열탄성 마르텐사이트의 변태 구분

1) 일방향 형상기억(one-way shape memory)

1방향 형상기억이란 고온에서 기억된 형상을 상온에서 변형시킨 후 가열하면 원래의 형상으로 되돌아가지만, 그것을 냉각하더라도 상온에서 변형했을 때의 형상으로는 돌아가지 않는 성질을 갖는 비가역적 현상이다. [그림 1-4, (a),(b)] 참조.

즉, 오스테나이트상의 형상만을 기억하는 합금의 역변태(逆辯態)는 모상 역변태 개시온도

(As)에서 시작하여 종료온도(Af)에서 끝난다.

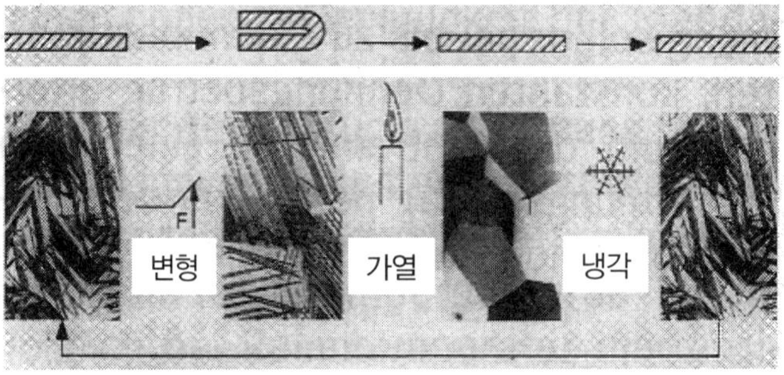

(a)

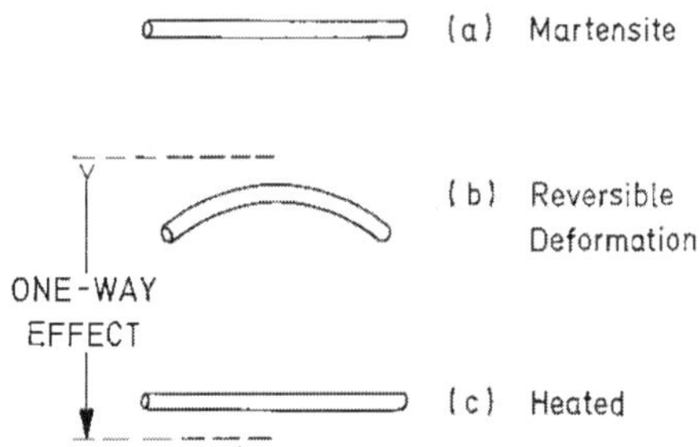

(b)

[그림 1-4] 1방향 형상기억 효과

2) 2방향 형상기억(two-way shape memory)

2방향 형상기억이란 일명 가역형상기억(RSM : Reversible Shape Memory)이라고도 하며, 형상기억합금을 고온과 저온 사이에서 변형 및 회복을 여러 번 반복시키면, 고온과 저온에서의 형상을 모두 기억하는 경우이다. [그림 1-5] 참조.

즉, 고온에서의 형상과 상온에서의 형상을 동시에 기억하고 있다가, 가열하면 고온의 형상으로 냉각하면 상온의 형상으로 되돌아오는 성질을 갖는 가역적 현상이다. 제조공정상의 문제점과 고온, 저온의 각 형상 그리고 그 때 발생하는 힘을 정확히 조질할 수 없어 사용상 애로가 있다.

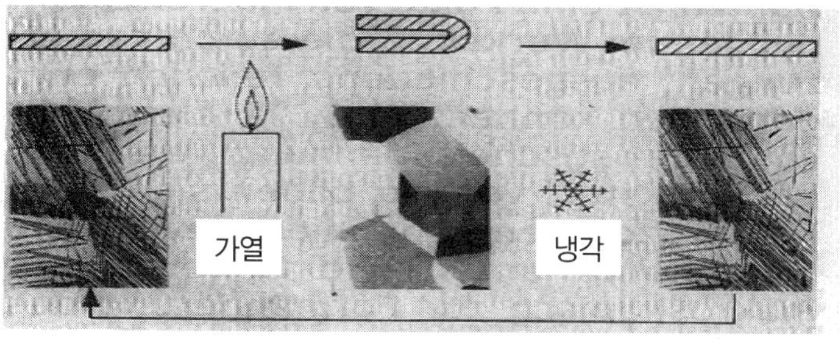

[그림 1-5] 2방향 형상기억

3) 전방위 형상기억(all-round shape memory)

전방위 형상기억 변형을 준 상태에서 시효시킨 Ni과 Ti-Ni계 합금에서 볼 수 있으며, 온도변화에 따라 오스테나이트로부터 중간상을 거쳐 저온상으로 변태하며, 이때 마르텐사이트 변태는 2단으로 일어난다.

즉, 변태점 이상으로 가열하면 고온의 형상이 되고, 냉각하면 상온의 형상이 된다. 이를 상온 이하로 더욱 냉각하면 고온의 형상과는 정반대의 형상이 되는 효과를 나타낸다.

나. 변태 의탄성

변태 의탄성은 초탄성(superelasticity) 또는 고무탄성이라고 하며, 매우 큰 외부응력을 가한 후, 응력을 제거하면 고무와 같이 탄성적으로 회복하는 성질을 갖는 것을 말한다. 의탄성은 열탄성 마르텐사이트 변태에 기인하며, 형상기억효과와 의탄성은 응력부하 온도와의 상관관계에 의하여 결정된다.

이는 변형작용 시의 마르텐사이트 변태온도(Ms)가 역변태 종료온도(Af)보다 높은 경우에 생기는 현상으로, 응력유기 마르텐사이트가 외부응력 제거 시 오스테나이트로 변태하여 일어난다.

[그림 1-6]은 응력, 변형선도와 온도곡선을 이용하여 보통금속의 응력-변형선도와 온도의 변화를 (a)와 같이 나타내고 있으며, 항복응력이상의 변형을 준 재료는 응력제거 후에 영구변형이 되며 가열에 의해 형상변화가 일어나지 않는다. 이 경우에는 온도와 체적의 변형량은 비례관계를 갖는다. 형상기억합금 중 그림 (b)는 일방향 형상기억합금에 대한 선도로서 응력에 의해 변형된 재료가 온도상승(역변태 종료온도 Af)과 더불어 변형 전의 상태로 돌아가는 것을 나타낸 것이다. 그림(c)는 2방향 형상기억합금의 선도를 설명한 그림으로 As(역변태 개시) 온도까지는 온도와 체적이 비례하여 변형하지만 그 이상의 온도에서는 체적의 수축이 일어나면서 고온에서의 형상을 기억하는 Af변태를 종료한다. Af변태온도에서 냉각하면 체적의 수축이

수반되어 저온에서의 형상을 기억한다. 그림(d)는 초탄성형 합금에 대한 응력-변형선도를 나타낸 그림으로서 항복점 이상의 응력을 가하여 소성변형을 시킨 재료의 응력을 제거하면 일시적으로 영구변형을 나타내지만 일정 응력 이하에서는 영구변형이 사라지고 변형 전 상태로 되돌아 간다.

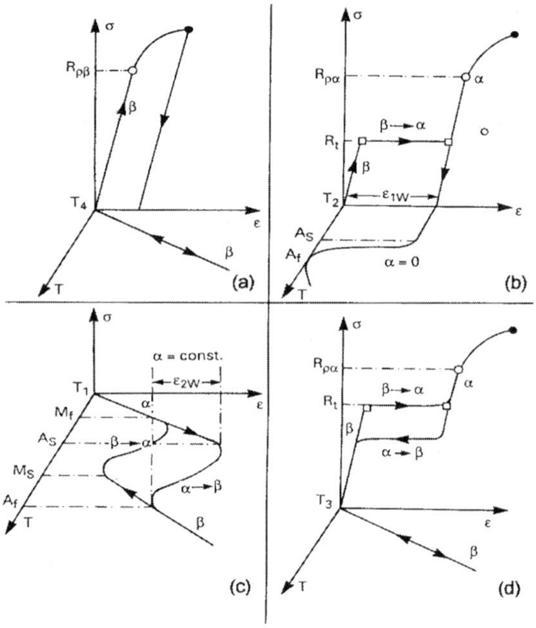

(a) 보통금속, (b) 일방향형상기억합금, (c) 양방향형상기억합금, (d) 초탄성합금

[그림1-6] 보통금속, 형상기억합금, 초탄성합금의 응력-변형선도와 온도의 관계

[표 1-1]은 형상기억합금의 종류와 화학조성, Ms점(오스테나이트에서 마텐사이트로 변태 시작온도)과 As점(오스테나이트로 변태 시작온도)를 나타낸 것이다.

[표 1-1] 형상기억합금의 조성과 변태온도

합금계	조성	Ms(℃)	As(℃)
Ti - Ni	Ti - 50 Ni (at%)	60	78
	Ti - 51 Ni (at%)	-30	-12
Ni - Al	Ni - 36.6 Al (at%)	60±5	-
Ag - Cd	Ag - 45.0 Cd (at%)	-74	-60
Au - Cd	Au - 47.5 Cd (at%)	58	74

Cu - Al - Ni	Cu - 14.5 Al - 4.4 Ni (wt %)	-140	-109
	Cu - 14.1 Al - 4.4 Ni (wt %)	2.5	20
Cu - Au - Zn	Au - 21 Cu - 49 Zn (at%)	-153	-
	Au - 91 Cu - 45 Zn (at%)	57	-
Cu - Sn	Cu - 15.3 Sn (at%)	-41	-
Cu - Zn	Cu - 39.8 Zn (wt %)	-20	-
In - Tl	In - 21 Tl (at%)	60	65
In - Cd	In - 4.4 Cd (at%)	40	60
Ti - Ni - Cu	Ti - 20 Ni - 30 Cu (at%)	80	85
Ti - Ni - Fe	Ti - 47 Ni - 3 Fe (at%)	-90	-72
Au - Cu - Zn	Cu - 27.5 Zn - 4.5 Al (at%)	-105	-
	Cu - 13.5 Zn - 8 Al (at%)	146	-

열탄성형 형상기억합금으로 실용되고 있는 합금은 Ni-Ti 합금, Cu-Zn-Al 합금 등이 있다. [표 1-2]는 Ni-Ti 합금과 Cu-Zn-Al 합금의 형상기억과 관련된 특성을 비교한 것이다.

[표 1-2] Ni-Ti 합금과 Cu-Zn-Al 합금의 비교

항 목	Ni-Ti 합금	Cu-Zn-Al 합금
회복 변형 회복 응력 반복 수명	최대 8% 최대 40kgf/mm^2 10^5(ε= 0.02) 10^7(ε= 0.005)	최대 4% 최대 20kgf/mm^2 10^2(ε= 0.02) 10^5(ε= 0.05)
내 식 성	양호	문제가 있다. 특히 응력 부식 균열
가 공 성 형상 기억 처리	좋지 않다. 비교적 용이하다.	별로 좋지 않다. 상당히 어렵다.

1.2.2 비열탄성 마르텐사이트 변태

열탄성 마르텐사이트 변태와 달리 Ms온도 이상에서 모상상태(대부분 면심입방격자)에 외력을 가하면 마르텐사이트가 생성된다. 이를 응력유기 마르텐사이트(응력에 기인한 마르텐사이트)라 한다. 이 때 변형이 발생하며 외력을 제거한 후 변형된 시편을 가열(As에서 Af까지)하면 마르텐사이트가 모상으로 역변환하면서 원래의 모양으로 되돌아간다. 그러니 이때는 응력이 너무 크기 때문에 전단변형 외에 슬립변형이 생기면서 이 변형(슬립변형)은 영구적으로 남게

된다. 그래서 합금 설계할 때, 이 슬립변형이 생기기 않게 하기 위해 상온에서 변형하여 Af 이상의 온도로 가열하여 역변태 시키는 과정을 적게 되풀이 한다.(training 처리) 이렇게 하면 잦은 변형으로 전위가 많이 도입되고 이들이 변태가 시작하는 응력을 낮추어 주기 때문에 슬립변형이 생기기 전에 마르텐사이트가 생성되게 된다. 따라서 영구변형이 남지 않고 원래의 상태로 완전히 돌아가게 된다. 비열탄성 마르텐사이트 변태를 하는 합금은 Fe-Cr-Ni, Fe-Mn-Si, Fe-Mn-C 합금 등이 있다.

1.3 형상기억합금의 종류

1.3.1 열탄성 형상기억합금의 종류

가. Ni-Ti 합금(NITINOL)

니티롤은 Ni과 Ti을 1:1의 원자비로 구성되어 있으며, 형상을 회복하는 온도가 -240~100℃ 이하로 낮으며, 니티놀의 고온에서 원자배열은 FCC로 이루어져 있는데 이를 냉각하면 어느 온도에서 갑자기 원자배열이 BCC로 바뀐다. 온도에 따른 결정구조의 변화로 우수한 형상기억 능력을 갖는다. 내식성이 우수하여 현재 공업 분야 및 의료 분야에서 가장 널리 사용되고 있다. 그러나 가격이 대체로 비싸다.

나. Cu-Zn-Al 합금

Cu-Zn-Al 합금의 화학조성은 Cu-20~30wt%Zn-3~5wt%Al으로 되어 있다. Ni-Ti 합금에 비해 가격이 저렴하고, 가공이 비교적 쉬운 합금이지만 반복 사용 시 형상기억특성이 나빠지는 단점이 있다. 결정립이 조대해져서 연성이 부족하므로 Ti이나 Zr을 첨가하여 단점을 보완하여 사용된다.

다. Cu-Al-Ni 합금

Cu계에서 가장 먼저 형상기억효과가 발견된 합금이다. Cu-Al-Ni 합금의 화학조성은 Cu-15wt%Al-3~6wt%Ni으로 되어 있다. Ni-Ti 합금이나 Cu-Zn-Al 합금에 비해 형상회복온도가 비교적 높다. 합금 자체가 매우 취약하여 원하는 형상으로의 가공이 어려운 단점이 있다. 취성을 개선하기 위해 Ti과 Mn을 첨가한 Cu-Al-Ni-Ti-Mn 합금이 개발되고 있다.

라. Ni-Al 합금

Ni-Al 합금의 화학조성은 Ni-35~40at%Al으로 구성되어 있으며, 형상회복온도가 약 300℃ 정도로 상당히 높기 때문에 새로운 용도로써 응용이 기대되지만 연성이 부족하여 실용화의 장애 요인이 되고 있다.

1.3.2 비열탄성형 형상기억합금

비열탄성형 형상기억합금은 Fe-Mn-Si-Cr-Ni계 합금과 Fe-Cr-Ni-Mn-Si-Co계 합금 등이 실용화 되고 있다.

가. Fe-Mn-Si-Cr-Ni 합금

1980년대 중반에 비열탄성 마르텐사이트 변태($\gamma \leftrightarrow \varepsilon$변태)가 발견되었고, Fe-Mn-Si 단결정 합금 및 다결정 Fe-Mn-Si-Cr-Ni 합금이 개발되었다.

일방향 형상기억효과만 나타내며, 형상 회복율이 작지만, Fe가 주성분이므로 값이 저렴한 장점이 있다.

나. Fe-Cr-Ni-Mn-Si-Co 합금

이 합금은 일방향 형상기억효과를 나타낸다. Fe-Mn-Si-Cr-Ni 합금에 비해 부식에 대한 저항성이 크다.

1.4 형상기억합금의 제조 및 형상기억처리

1.4.1 Ni-Ti 형상기억합금

Ni-Ti 형상기억합금의 제조공정은 일반적인 Ti계 또는 Ni계 합금의 제조 공정과 비슷하며 선재 및 판재를 만드는 공정은 열처리를 제외하고 비슷하다.

가. 용해 및 주조

합금의 조성은 마르텐사이트 변태온도에 미치는 영향이 크므로 정확히 제어해야 한다. 실용 조성범위(49.5~51.5at%)에서는 Ni량이 약 0.1%가 변화할 때 변태온도가 10℃씩 변한다.

이 합금은 진공이나 불활성 가스 분위기 용해나 고주파 진공 용해, 플라즈마 용해법을 이용하여 형상기억합금이 제조되고 있다.

나. 열간가공 및 냉간가공

Ni-Ti 합금은 고온에서의 가공성이 좋다. [그림 1-7]과 같이 600℃ 이상에서는 인장강도가 급격히 감소함과 동시에 연신율이 증가하는 경향이 있다.

프레스, 압연 및 단조가 비교적 용이하다. 그러나 가공온도가 900℃를 넘으면 내부까지 급격히 산화하는 경향이 있다. 적정 가공온도는 700~850℃ 정도이다.

Ni-Ti 합금은 금속간화합물이면서도 냉간가공이 가능하지만, 실제로 냉간가공의 어려움이 있다.

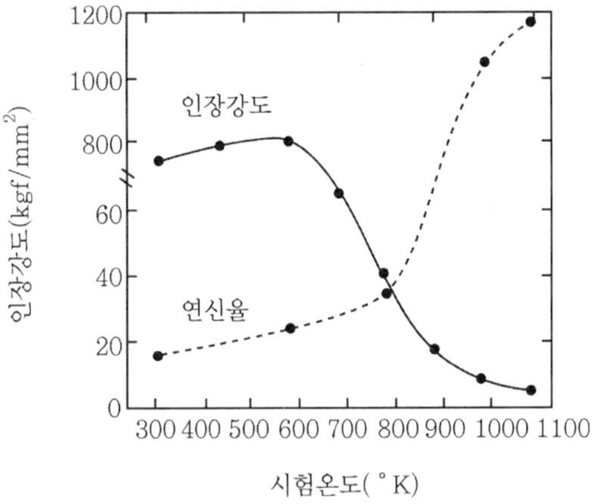

[그림 1-7] Ni-Ti 합금의 고온인장특성

[그림 1-8]과 같이 인장강도는 온도에 따라 변화하며 Ms온도(0~50℃) 부근에서 최소지만, Ni의 함량이 증가함에 따라 합금의 Ms온도는 급격히 저하 51at%Ni의 경우에는 -50℃가 되므로 드라이아이스 등으로 냉각시키면서 가공한다. 50at%Ni의 경우, Ms온도는 상온에 해당하지만, 가공시의 마찰열로 인해 온도가 증가하고, [그림 1-9]과 같이 항복강도가 급격히 상승한다. 급격한 가공경화로 인하여 가공에 어려움이 있으므로 냉간가공을 좋게 하기 위하여 적은 가공율 및 중간 어닐링을 수행하여야 한다. 이 합금은 절삭성이 상당히 나쁘므로 특히 드릴에 의한 구멍 가공이 어렵다.

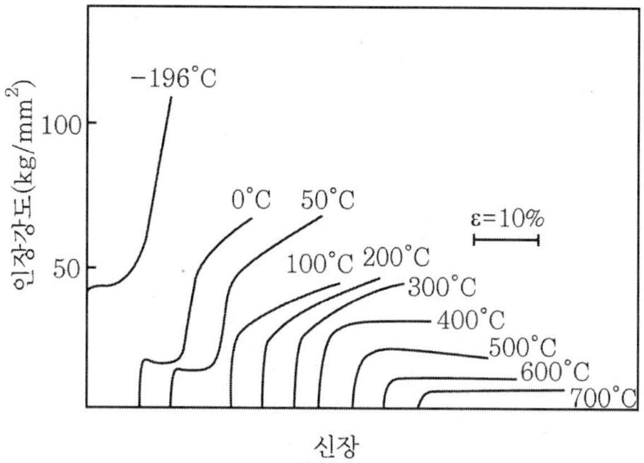

[그림 1-8] Ni-Ti 합금의 온도-응력-변형 곡선

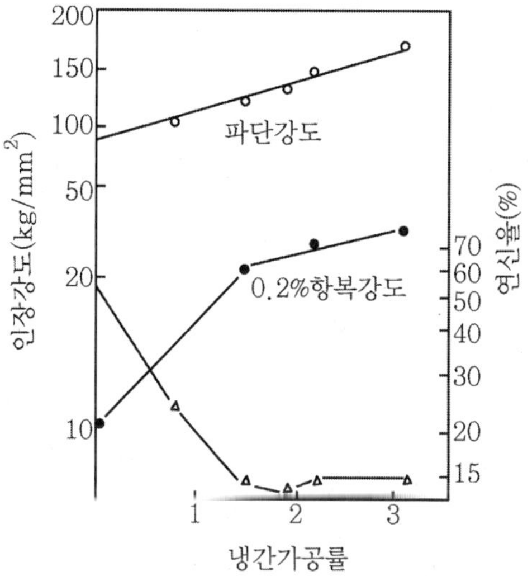

[그림 1-9] 냉간가공한 Ni-Ti 합금의 인장강도 및 연신율

다. 성형 가공

동작 길이를 확대하기 위해서 코일 스프링의 형태로 사용되는 경우가 많다. 직선상의 소자는 수mm의 동작길이가 필요하다. 길이 50mm의 코일소자는 50mm~200mm의 동작길이 더하여 성형 가공을 한다.

자동화된 코일 성형기로 성형 가공한다. 신선가공 된 Ni-Ti 합금 선재는 탄성한계가 높고, 스프링백(spring back)이 커서 보다 많은 가공이 필요하며, 보통의 스프링재보다 작업하기가 어렵다.

라. 형상기억처리

1) 일방향 형상기억처리

성형한 형상을 기억시키기 위해서 적당한 열처리(형상기억처리) 즉, 중온처리, 저온처리, 시효처리 등을 행하여 일방향 형상기억처리를 한다.

중온처리는 냉간가공을 충분히 하여 가공경화 된 합금을 성형하고, 열처리 중에 성형한 형태가 변하지 않도록 고정하고 400～500℃의 온도에서 1시간 전후로 유지시켜 주는 방법이다. 처리 온도가 높을수록 회복 가능한 변형량이 커지고, 처리 온도가 낮을수록 반복 수명은 길어지는 경향이 있으며, 양호한 형상기억 특성과 초탄성 특성이 있다.

일례로 [그림 1-10, 11]은 50.2at%Ni-Ti계 합금을 각각 400℃와 500℃에서 각각 1시간씩 중온 처리했을 때 형상기억 응력-변형선도이다.

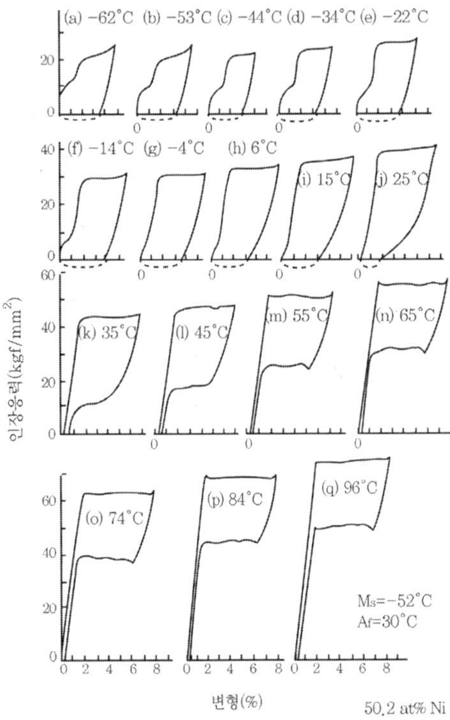

[그림 1-10] 400℃에서 중온처리 한 Ni-Ti 합금의 응력-변형곡선

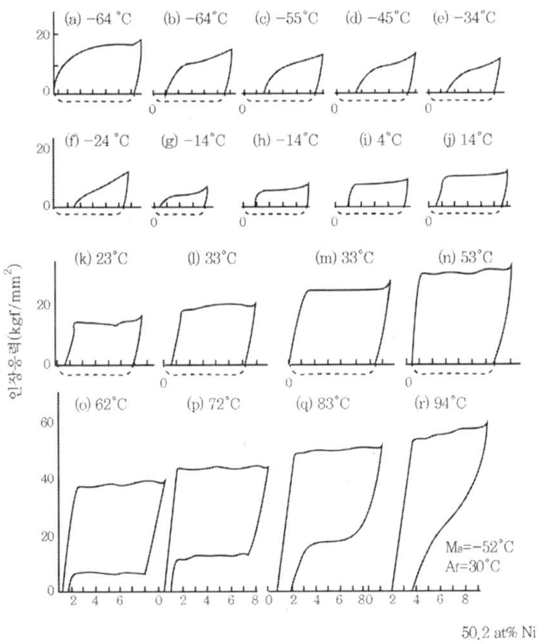

[그림 1-11] 500℃에서 중온처리 한 Ni-Ti 합금의 응력-변형곡선

400℃에서 처리한 합금은 형상회복력이 크며, 500℃에서 처리한 합금는 Ms점 부근에서 항복응력이 매우 낮게 나타내고 있다.

저온처리는 형상기억합금을 미리 800℃ 이상의 온도로 가열하여 어닐링한 후 서랭한 상태에서 성형한 다음, 200~300℃의 저온에서 형상기억처리를 한다.

합금을 완전히 어닐링처리한 후에 성형 가공을 하므로 가공이 용이하며, 복잡한 형상이나 곡률반경이 적은 제품을 만들 때 적합하다. 저온 처리한 합금은 중온 처리한 것에 비해 형상회복특성, 특히 반복 수명이 떨어진다.

형상기억소재는 800~1,000℃에서 용체화 처리를 행한 후 얼음물에 급랭하고 400℃ 근처의 온도에서 수 시간 동안 시효처리를 한다. [그림 1-12] 참조.
Ni-rich 석출물의 석출경화를 이용하는 것으로, 50.5%atNi 이상의 합금에만 유용하며, 중온처리했을 때와 같은 양호한 형상기억특성을 나타내고 있지만, 시효처리는 열처리 공정이 복잡하므로 중온처리에 비해 처리비가 높다.

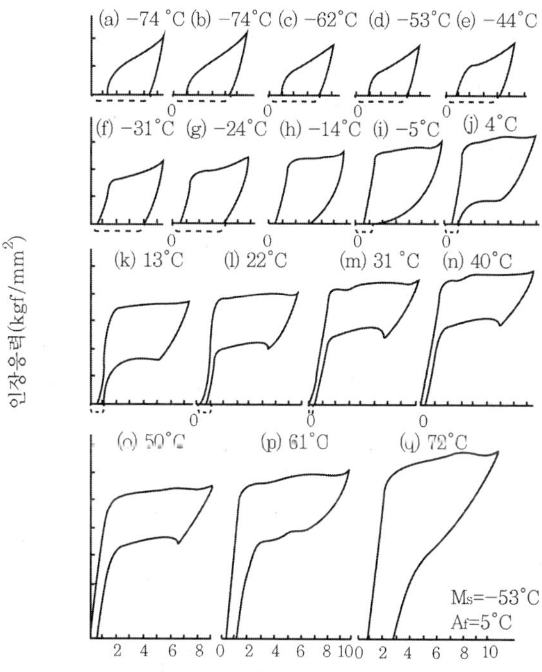

[그림 1-12] 용체화 처리를 한 후 400℃에서 시효처리 한 Ti-50.6%at%Ni 합금의 응력-변형 곡선

2) 2방향 형상기억(two-way shape memory)처리

2방향 형상기억(two-way shape memory) 또는 가역형상기억(reversible shape memory effect) 처리는 고온 측과 저온 측 양방향의 형상을 기억하도록 처리하는 방법으로 심한가공, 구속가열,

모상 중에 석출물을 형성시키는 방법 등이 있다.

가역형상기억 처리에는 저온의 마르텐사이트 상태에 있는 합금을 일정 한도로 심한 가공을 하며, Ni-Ti 합금의 경우에는 약 10% 이상으로 가공을 한다.

구속가열은 마르텐사이트 상태에서 변형된 합금을 변형된 모양으로 구속하여 비교적 저온(보통 Af온도의 50℃ 이상)에서 가열하는 방법이다. 모상 중에 석출물이 생기도록 변형하는 방법으로, 변태 의탄성과 형상 회복의 조작을 되풀이하여 만든다.

이상의 방법은 Cu-Zn계에 적용할 때 현저하게 효과가 나타나며, 또한 Ni-Ti 합금에서는 Ni의 함량이 많은 경우 석출물의 생성이 확인되는 온도영역에서 구속 시효 시키면 전방위 형상기억효과가 나타난다고 알려져 있다.

1.4.2 Cu-Zn-Al 형상기억합금 제조방법

Cu기 형상기억합금은 Ni-Ti 합금에 비해서 강도, 안정성, 수명 등에서 뒤떨어지나, 제조단가가 한층 낮아진다는 점이 커다란 이점이 되고 있다. 따라서 Cu-Zn-Al 합금을 중심으로 꾸준한 연구가 진행되고 있다. 다음의 내용은 Cu-Zn-Al 합금의 제조 및 형상기억처리에 대하여 단계별로 간단히 설명한 것이다.

가. 용해 및 주조

Cu-Zn-Al 합금의 용해 및 주조는 다른 Cu 합금과 비슷하다.

흑연 또는 알루미나 도가니를 이용하여 용해하거나 대기 중 또는 진공 중에서 고주파 가열로를 이용하여 용해한다. 대기 중에서 용해하는 경우에는 용탕의 표면을 목탄이나 NaCl용제(flux)로 덮어주어야 한다. 용해 자체의 어려움은 없으나, Zn증발에 의한 손실과 Al과 Ni의 중력 편석에 주의해야 한다. 용해된 여러 Cu-Zn-Al 합금을 다시 혼합해서 재용해하여 정확한 조성을 맞춰야 한다.

나. 열간 및 냉간가공

Cu-Zn-Al 합금의 냉간가공성은 조직에 따라 다르다.

[그림 1-13]과 같이 안정상인 β상과 Zn-rich상인 γ상은 모두 취약하여 냉간가공이 불가능하나 가공성이 우수한 α상이 혼재된 $(\alpha+\beta)$상의 경우에는 약 35%의 냉간가공이 가능하며 $(\alpha+\beta)$ 영역으로 가열 · 유지한 후 서랭하여 2상 혼합조직으로 한 후 냉간가공을 한다. Cu-Zn-Al 합금의 열간가공성은 매우 우수한 것으로 알려져 있다.

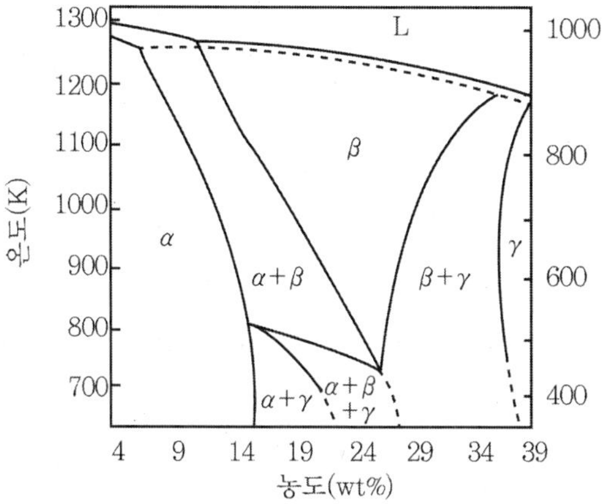

[그림 1-13] Cu-Zn-Al계 상태도의 6wt%Al의 수직 단면도

다. 형상기억처리

1) 일방향 형상기억처리

성형 가공된 Cu-Zn-Al 합금을 β상으로 만들 수 있는 온도로 가열(용체화 처리)한 후 급랭하여 마르텐사이트 변태를 시킨 다음, 이를 소성변형 시킨 후 재가열하면 원래의 형상으로 되돌아간다.

용체화 처리 시간은 결정립의 조대화나 합금 원소의 산화 및 증발에 의한 손실을 방지해야 하므로 가능한 짧게 행해야 하며, 보통은 1~20분 정도 처리한다. 대기 중 또는 아르곤 가스로 분위기에서 용체화 처리를 하며, 용체화 처리 온도는 보통 β변태점보다 100℃ 높은 온도에서 실시한다. 급랭할 때의 냉각속도가 형상기억능에 중요한 영향을 미친다. α상이 석출하면 기억능 저하 및 β상의 조성이 변하여 변태온도의 저하가 일어난다. [그림 1-14] 참조.

급랭한 합금은 많은 공공결함이 존재하므로 조직적으로 불안정하여, 상온에서도 확산이 일어나 시간이 지남에 따라 변태온도가 변하는 형상기억특성의 경년변화가 발생한다. 따라서 급랭 직후에 조직의 안정화를 위해 시효처리를 시행해야 한다. 시효처리는 급랭 직후에 약 100℃에서 30~60분간 행하는 것이 일반적이다.

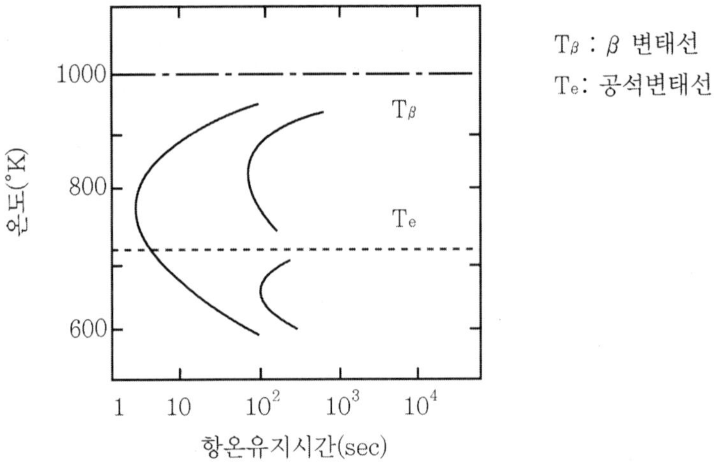

[그림 1-14] Cu-Zn-Al 합금의 항온변태곡선

2) 가역형상기억처리

Ti-Al 합금에서와 같은 가공법, 구속 가열법, 모상 중의 석출물 형성법 등으로 처리한다.

1.5 형상기억합금의 특성

1.5.1 Ni-Ti 합금의 특성

가. 물리적 특성

일반적인 물리적 특성은 [표 1-3]과 같지만 합금의 마르텐사이트 변태에 의해 복잡하게 변화하다. 특히 온도 변화에 따른 전기저항 값의 변화는 마르텐사이트 변태에 따라 [그림 1-15]와 같이 특이하게 변한다.

[표 1-3] Ni-Ti 합금의 물리적 성질

밀도 (g/cm^3)	용융점 (℃)	비열 (cal/mol·℃)	열팽창 계수 (10^{-6}/℃)	열전도도 (cal/cm·℃·sec)	전기 저항 (10^{-6}ohm·cm)
6.4~6.5	1240~1310	6~8	10	0.05(상온)	50~110

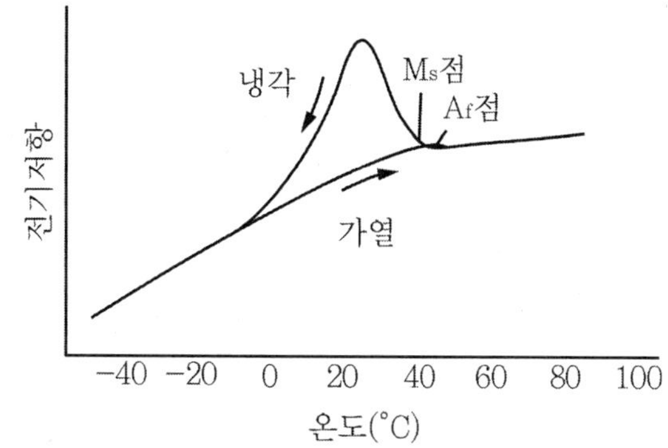

[그림 1-15] Ni-Ti 합금의 온도와 전기저항

나. 화학적 특성

Ti과 거의 비슷한 성질을 가지며, 내식성이 매우 우수하고 응력부식균열의 염려도 있으며, 수소를 흡수하여 수소취성을 나타내기도 한다.

다. 열적 특성

변태에 따른 열특성의 변화를 이용하여 변태온도 측정한다. DSC(differential scanning calorimeter)를 이용한 온도-비열변화-곡선을 이용한다. [그림 1-16] 참조.
DSC에 의한 변태점의 측정은 마르텐사이트 변태량과의 관계가 매우 분명하며 측정의 정확도가 높고, 측정시료가 적어도 측정이 가능하고 시료의 형상에 관계가 없다.

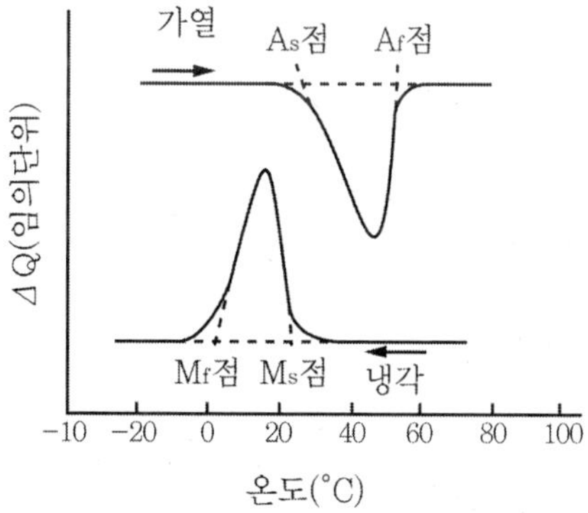

[그림 1-16] 형상기억합금의 DSC(시차주사 열량계) 곡선

라. 기계적 특성

변태점보다 고온 측에서는 일반 금속과는 다르게 온도의 상승과 함께 항복강도가 직선적으로 증가한다. [표 1-4] 참조.

[표 1-4] Ni-Ti 합금의 온도에 따른 항복응력

인장 강도 (kg/mm²)	항복 강도 (kg/mm²)		연신율 (%)
	형상기억합금	초탄성 합금	
70∼110(열처리 상태) 130∼200(열처리 안함)	5∼20(마르텐사이트) 10∼60(오스테나이트)	10∼60(하중을 가할 때) 0∼30(하중 제거시)	20∼60

Ni-Ti 합금은 가공성이 나쁘다. 절삭가공의 경우에는 합금 자체는 단단하지 않음에도 불구하고 절삭성이 매우 좋지 않고, 드릴 작업이 특히 어려우며, 태핑(tapping) 작업은 현재로선 어렵다.

마. Ni-Ti 합금의 기능 특성

형상기억합금의 응용에 중요한 특성은 형상회복력, 즉 온도, 회복 변형량, 회복시의 회복력이 있어야 한다. 또한 초탄성력, 즉 회복 변형량 및 회복력이 있어야 한다.

1) 회복 변형량

소성변형 상태에서 형상회복이 가능한 변형량을 말한다.

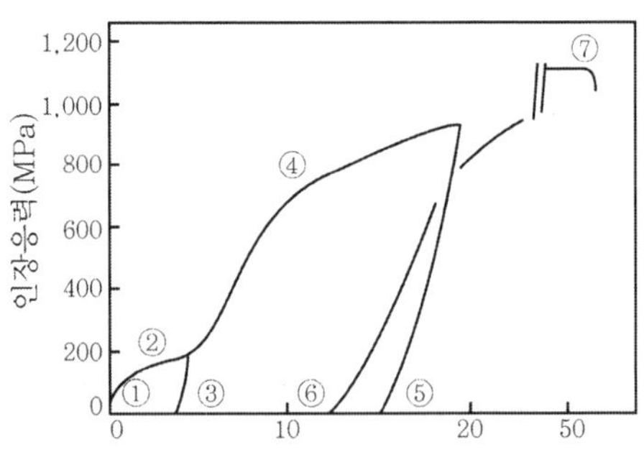

[그림 1-17] 형상기억 Ni-Ti 합금의 응력-변형 곡선

[그림 1-17]과 같이 변태온도 이하에서 Ni-Ti 합금의 응력-변형율 곡선에서 보는 바와 같이 형상기억합금을 변형하면 우선 탄성변형(①) 발생 후 평탄부(②)가 나타난다. 이때의 변형은 슬립에 의한 것이 아니고 일종의 쌍정에 의한 것으로 판단된다. (②)에서 하중을 제거하면 잔류변형(③)이 남는다.

소성에 의한 잔류변형은 합금을 가열하면 소멸되어 합금은 완전히 원래의 형상으로 되돌아간다. 변형량을 더욱 증가(④)시키면, 하중을 제거한 후 가열해도 합금은 완전한 원상회복을 못하고, 합금에는 영구변형(⑥)이 남게 된다. 그러므로 우수한 형상 회복능을 유지하기 위해서는 일정한 변형량을 넘지 않도록 하여야 한다.

회복 가능한 변형량은 합금의 종류, 가공조건, 열처리, 사용 온도범위 및 형상기억횟수 등의 요인들에 따라 변하는데, 가장 지배적인 것은 반복 사용 횟수이다.

[그림 1-18]과 같이 회복 변형량에 의하여 합금의 반복사용 수명이 결정되는데 회복 변형량을 작게 하면 반복사용횟수가 길어지고, 크면 반복사용횟수가 적어진다.

회복 변형량이 비교적 큰 2~10%의 범위에서 변형과 가열에 의한 형상 회복을 반복했을 때 형상 회복율의 변화, 즉 형상 회복율 = 회복 변형량 / 총 변형량으로 나타낸다.

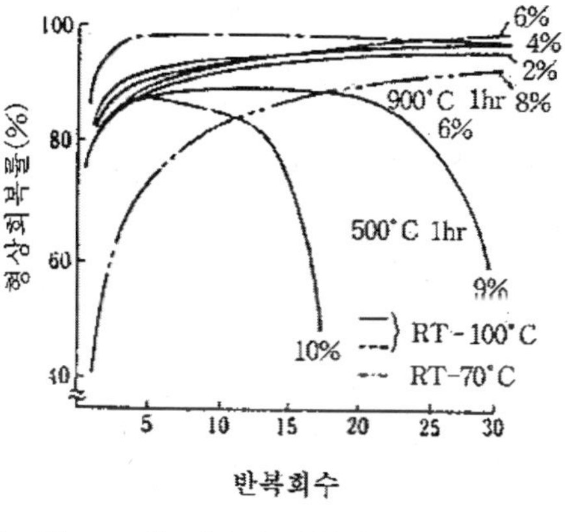

[그림 1-18] 반복에 의한 형상 회복률의 변화

회복 변형량이 8% 이하에서 변형과 가열을 반복했을 경우에 형상 회복률은 30사이클 정도까지는 완만하게 증가하고, 그 후엔 서서히 감소하였으며, 열화의 정도는 변형량에 비례한다. 회복 변형량을 9%, 10%로 증가시키면 형상 회복율의 저하가 보다 빨리 나타난다.

사용횟수가 적을 때에는 회복 변형량을 크게 사용할 수 있으나, 반복 사용 횟수가 많을 때에는 회복 변형량을 적게 하여 사용하여야 제품의 수명을 길게 할 수 있다.

2) 형상기억합금의 형상 회복력

형상기억합금의 형상 회복력은 회복 변형량 및 반복 수명과 관계가 있다. 특히, 반복 수명과 밀접한 관계가 있다.

Ni-Ti 합금을 Ms온도 이하에서 여러 변형량으로 변형시킨 후, 가열했을 때의 가열온도에 따른 형상 회복력의 변화온도가 Af온도보다 높아짐에 따라 형상 회복에 의한 힘이 발생한다.

형상 회복력은 변형량과 온도에 따라 다르게 나타나는데 변형량이 적은 경우에는 Af온도에서 회복력이 급격히 상승하여 곧 포화 변형량이 커짐에 따라 회복력의 크기도 증가하지만, 온도를 더 올려 주어야 한다.

변형량이 큰 경우에는 같은 회복력을 얻기 위하여 변형량이 작을 때보다 더 온도를 높여야 한다. [그림 1-19]는 형상 회복력과 온도의 관계를 나타낸 것이다.

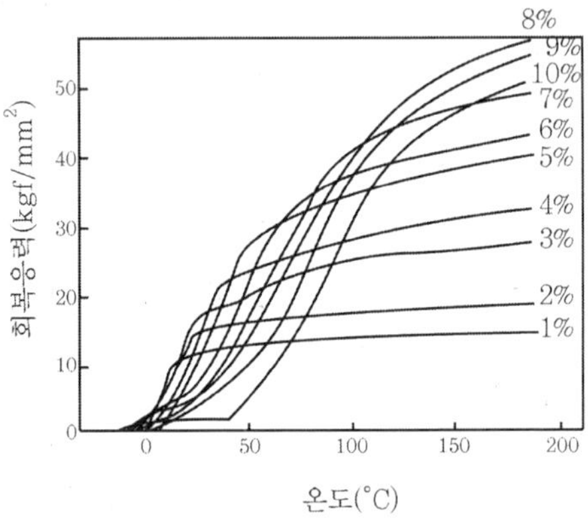

[그림 1-19] 형상 회복력과 온도의 관계

초탄성일 때의 회복력은 형상기억합금을 Af온도보다 높은 온도에서 변형시키면 초탄성 현상이 나타난다. 즉, 변태점이상의 온도에서 소성 변형을 시킨 후 응력을 제거하면 응력이 일정한 회복 현상이 나타난다.

[그림 1-20]은 Af온도가 -52℃인 50.6%Ni-Ti 합금을 여러 온도에서 인장 시험한 응력-변형률 곡선을 나타낸 것이다.

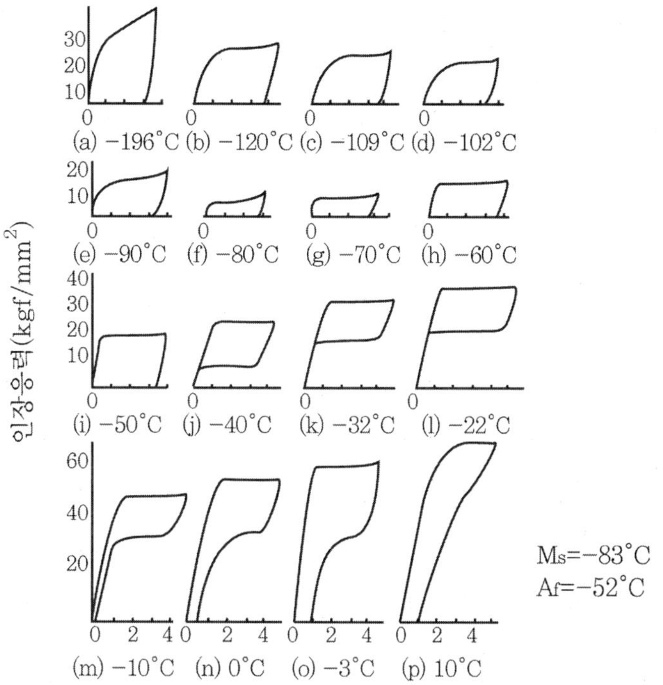

[그림 1-20] Ni-Ti 합금의 각 온도에서의 응력-변형 곡선

3) 초탄성에 의한 회복응력

초탄성에 의한 회복응력은 온도의 상승에 따라 거의 직선적으로 증가하며, 항복응력 및 회복력이 함께 증가한다. Af온도 이상 30℃까지는 양호한 초탄성 특성을 나타낸다. [그림 1-21] 참조.

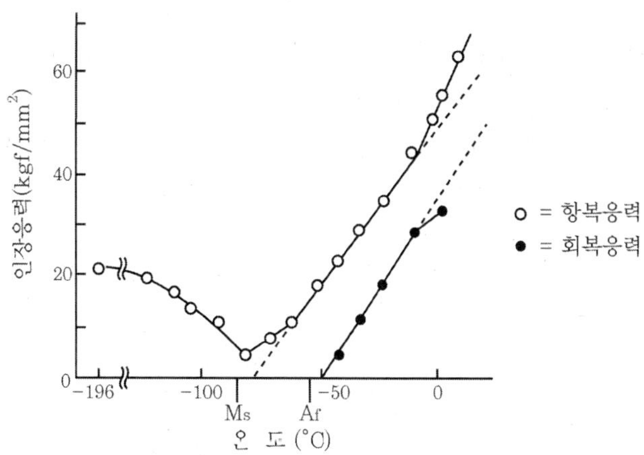

[그림 1-21] Ni-Ti 합금의 온도에 따른 항복응력과 회복응력의 변화

4) 초탄성에 의한 회복 변형량

초탄성에 의한 회복 변형량은 형상기억효과에 의한 회복량과 거의 비슷하다. 변형량을 크게 한 경우 [그림 1-22]의 응력-변형률 곡선 상에서 보는 바와 같이 인장응력이 점차 증가하는 현상을 나타낸다.

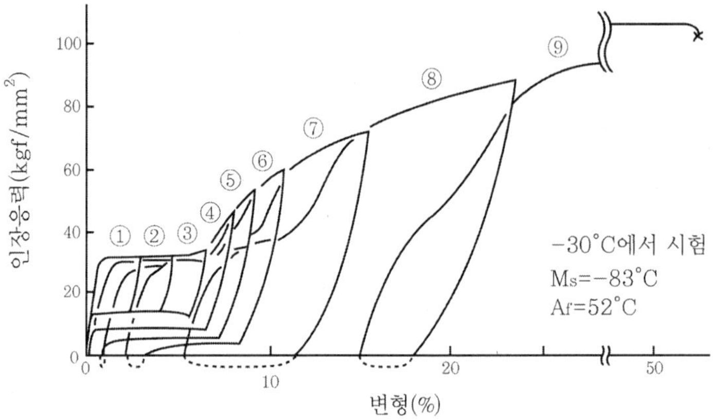

[그림 1-22] 초탄성 Ni-Ti 합금의 응력-변형 곡선

Af온도(-52℃)보다 높은 온도(-30℃)에서 소성변형을 했을 때 항복응력은 약 30kgf/mm^2 정도이다. 항복 영역의 도중 또는 항복의 종료점 ①, ②, ③에서 하중을 제거하면 탄성변형의 직선적인 응력 감소 후 초탄성 특유의 평탄한 회복을 나타내며 원상회복된다. 원상 회복시의 응력은 약 10kgf/mm^{2}으로 낮은데, 이 회복력은 온도가 상승하면 커진다.

변형량이 더 많아져 평탄영역을 넘어서면 가공 경화에 의해 응력이 상승하면서 어느 정도의 가공경화가 일어난 상태 ④, ⑤, ⑥에서 하중을 제거하면 초탄성적인 평탄한 회복은 있지만 회복력이 낮아지고, 변형의 회복도 불완전하다.

즉, 가공 경화가 진행됨에 따라 회복력은 낮아져 결국은 초탄성 효과가 없어지며, 초탄성에 의한 회복 변형량은 반복 수명에 크게 의존(온도의 변화와는 무관)한다.

[그림 1-23]은 초탄성 Ni-Ti 합금의 S-N 곡선이다. 저 사이클에서는 반복응력이 약간만 증가해도 반복수명이 급격히 저하하며, 고 사이클에서는 기울기가 비교적 완만하여 실용상의 피로한도에 접근한다.

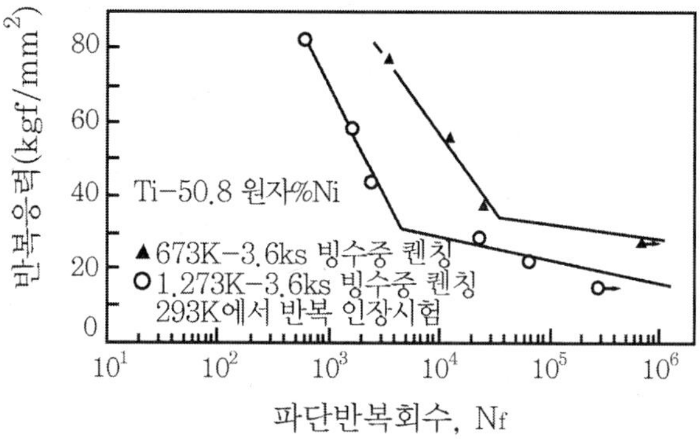

[그림 1-23] 초탄성 Ni-Ti 합금의 S-N 곡선

1.5.2 Cu-Zn-Al 합금의 특성

가. Cu-Zn-Al 합금의 재료 특성

[표 1-4]는 각 합금계의 특성을 비교한 것이다.

[표 1-4] Ti-Ni 합금과 구리계 형상기억합금의 특성비교

특성 \ 합금			Ti-Ni 합금	Cu-Zn-Al 합금	Cu-Al-Ni 합금
물리적	밀도	g/cm^3	6.4~6.5	7~7.8	7.15
	융점	℃	1,240~1,310	960~990	~1,100
	비열	cal/g·℃	0.12	0.10	0.14
	선팽장계수	10^{-6}/℃	10	18~19	
	열전도율W	(k·m)	1×10^8	8×10^8	4×10^8
	비저항	$10^{-6}/\Omega\cdot cm$	50~110	9~11	10
	영률	MPa	6.5~7.8	6.5~6.8	6.8~8.3
기계적	인장강도	kgf/mm^2	70~110(열처리)	50~60	40~90
			130~200(미열처리)		
	항복강도	kgf/mm^2	5~20(마르텐사이트 상)	5~15	
			10~60(모상)	5~35(β상)	
	연신율	%	20~60	8~12	2~17
	경도		$90H_B$	$140\text{~}190H_V$	
	가공성		약간곤란	양호	양호
기억	변태온도	℃	-10~100	-100~100	
	히스테리시스	℃	2~30(조건에 의함)	5~8	35

	형상회복량 ℃	6이하(되풀이 작음)	4(최대)	
		2이하(N=10^5)		
		0.5이하(N=10^7)		
	회복능력 kgf/mm^2	60(최대)	35(최대)	
화학적	내열성 ℃	10^4~10^6	10^3~10^4	
	내구성(열사이클)	~250	~100	
	내식성	우량	놋쇠정도	양호
	응력부식 균열경향	없음	있음	?
	생체친화성	좋음(미확인 요소 있음)	불가	불가

1) 물리적 특성

마르텐사이트 변태에 의해 복잡하게 변화한다.

2) 변태점의 변화

[그림 1-24]와 같이 온도에 따른 전기저항의 변화로 측정한 변태온도(MS, Mf, AS, Af)를 측정한 곡선이다.

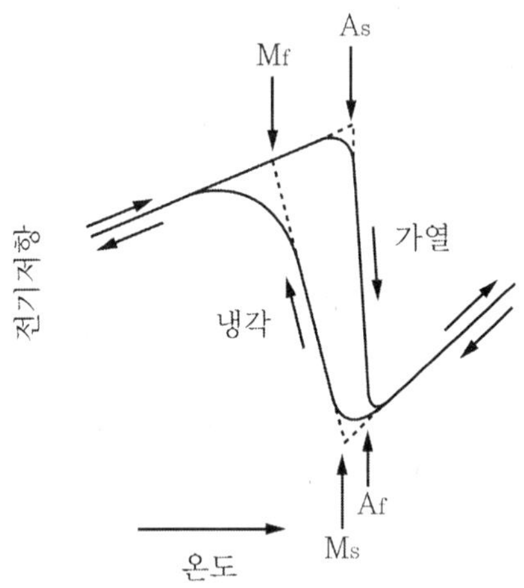

[그림 1-24] Cu-Zn-Al 합금의 온도변화에 따른 전기저항의 변화와 변태온도

Cu계 형상기억합금에서는 사용 중 또는 일정 온도에 방치하는 도중에 변태온도가 변화하는 문제점이 있으며, 그 원인은 열사이클에 의한 변화, 시효에 의한 변화(마르텐사이트 상, 오스테나이트 상에서의 시효 변화)에 기인한다.

Cu-29%Zn-3%Al 합금의 열사이클에 의한 변태온도의 변화는 [그림 1-25]와 같다.

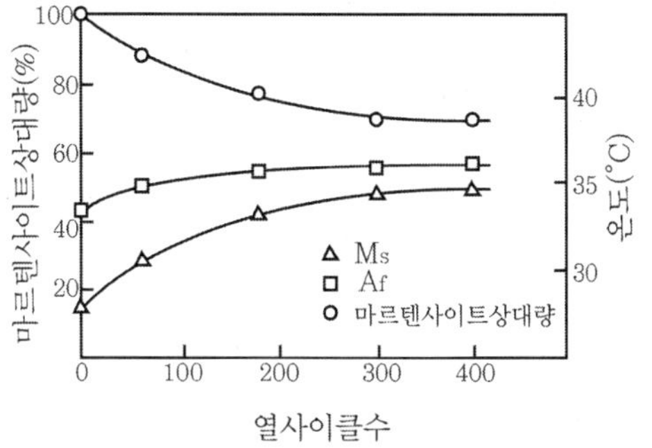

[그림 1-25] Cu-29%Zn-3%Al 합금의 마르텐사이트 변태온도의 열사이클에 의한 변화

Af온도는 약 100회 후 열사이클이 일정한 값으로 안정되며, Ms온도는 약 400사이클 이후에 안정화된다. Af온도와 Ms온도의 변화량은 약간 다르며, 그 결과 온도 히스테리시스가 작아지며, 열사이클에 의한 변태온도의 변화는 전위조직과 규칙구조의 변화가 원인이 된다.

3) 마르텐사이트 상에서의 시효에 의한 효과

합금을 고온에서 급랭시킨 후 마르텐사이트 상태로 방치했을 때 Af온도가 상승한다. 즉, 합금을 마르텐사이트 온도로 급랭한 상태로 방치하면 마르텐사이트 상이 안정화되어 오스테나이트로의 역변태가 쉽지 않아 변태 온도가 상승한다. 이에 대한 대책은 급랭하는 물의 온도를 변태 온도 이상으로 하고, 오스테나이트 영역의 최저 온도 가까이에서 급랭한 후 즉시 상온으로 냉각시켜야 한다.

4) 오스테나이트 상에서의 시효에 의한 효과

[그림 1-26]은 변태온도가 -4℃인 Cu-25%Zn-9%Al을 급랭한 후, 39℃에서 시효 했을 때의 변태온도의 변화를 나타낸 것이다.

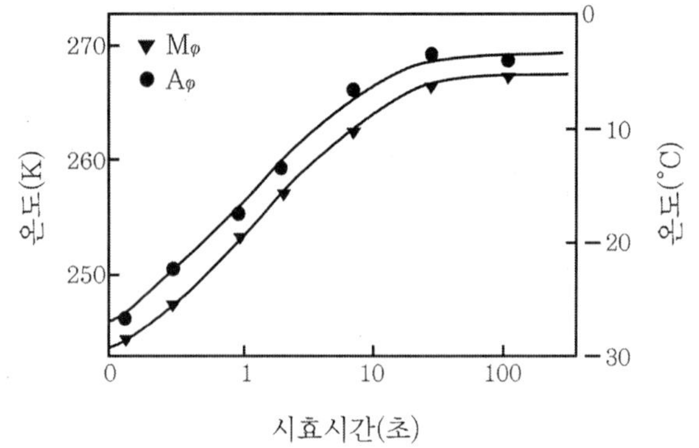

[그림 1-26] Cu-29%Zn-3%Al 합금을 퀜칭 후 시효 했을 때 변태온도의 변화

변태온도 상승원인은 급랭 시 완료되지 않은 규칙화가 시효 중에 서서히 진행되기 때문이라 생각된다. 그 대책은 사용온도보다 약간 높은 온도에서 미리 강제적으로 시효 하여 안정화시켜야 한다.

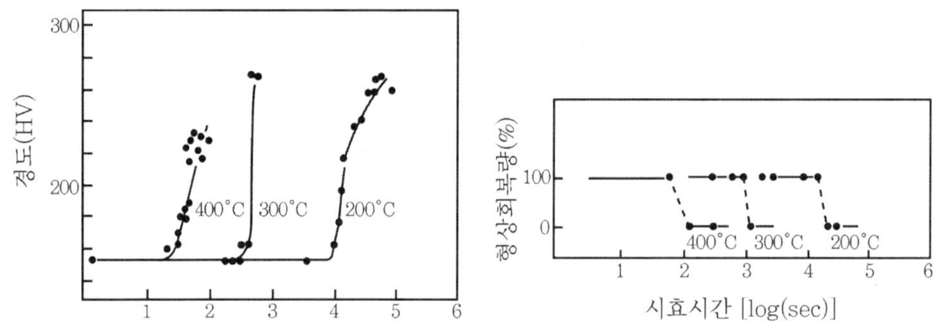

[그림 1-27] Cu-21%Zn-6%Al 합금을 고온에서 시효 했을 때의 경도와 형상 회복량의 변화

[그림 1-27]과 같이 고온시효는 시효개시 후 일정 기간이 지난 후 경도가 급격히 증가함과 동시에 형상의 회복량이 저하한다. 원인은 다른 종류의 규칙구조로의 변화나 γ상의 석출에 기인한다. 그러므로 Cu-Zn-Al 합금의 실용적인 상한 온도는 약 100℃ 정도이다.

나. Cu-Zn-Al 합금의 기능 특성

1) 회복 변형량

이론적으로 Cu-Zn-Al 합금의 회복 변형량은 Ni-Ti 합금과 거의 같다. 실제로 단결정 합금에서는 약 7%의 회복 변형량이 얻어진다는 보고가 있다. 실용되고 있는 다결정 재료에서는

2% 정도가 회복 변형의 한계이다. [그림 1-28]은 Cu-26%Zn-4%Al 합금의 마르텐사이트에서의 응력-변형률 곡선이다.

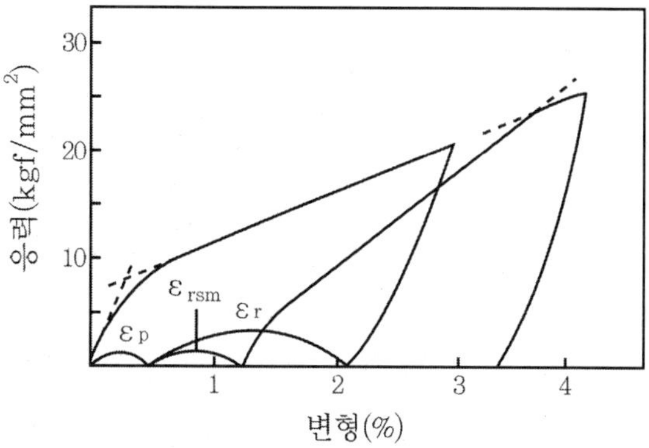

[그림 1-28] Cu-Zn-Al 합금의 응력-변형 곡선

탄성변형을 나타내는 직선적인 변화는 변형의 초기에만 나타나고, 이어서 완만한 경사로 항복 영역이 나타난다. 항복 영역의 도중에 하중을 제거한 후 합금을 Af온도 이상으로 가열하면 대부분의 변형(ϵ_r)은 원상회복되지만, 약간의 변형(ϵ_p)은 회복되지 않고 잔류하게 된다.

온도를 가열 전의 Af온도 이하로 냉각하면 합금은 자발적으로 변형되어 이전에 변형되었던 때의 형상으로 회복 (ϵ_{rsm})된다. 즉, Cu-Zn-Al 합금에서는 어느 정도 이상의 변형을 가하면 2방향 형상기억 효과(two-way effect)를 나타낸다.

[그림 1-29]와 같이 회복 변형량은 반복 수명에 의존하며, 여러 온도에서 반복 변형시켰을 때의 ε N곡선이다.

완전히 마르텐사이트로 된 상태(-70, -196℃)에서는 비교적 큰 변형량으로 반복 변형을 시켜도 파단 되지 않는다. 또한 변형량이 0.5% 이하이면 107회의 반복수명을 가지고 있다. Af온도보다 고온 측의 오스테나이트 상태에서는 105회 이상의 반복수명을 갖기 위해서 변형량을 0.25% 정도로 작게 하여야 한다.

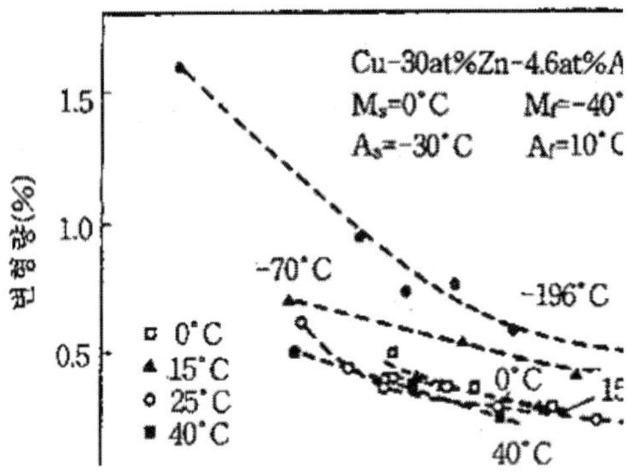

[그림 1-29] Cu-29%Zn-3%Al 합금의 각 온도에서의 S-N 곡선

2) 입계 파괴와 결정립 미세화

Cu-Zn-Al 합금의 인장 또는 피로 파면을 보면 입계 파괴가 주종을 이루고 있으며, 그 원인은 합금의 탄성 이방성이 크기 때문에 결정립계에서 결정립 사이의 변형이 달라서 입계 파괴가 발생한다.

탄성 이방성이란 결정에 변형력을 가했을 때 결정의 방위에 따라서 변형량이 다르게 되는 성질을 말한다. 즉, [그림 1-30]과 같이 결정을 A방향으로 인장시켰을 때와 B방향으로 인장시켰을 때 같은 변형력을 가하였다 하더라도 그 변형량이 달라지는 것을 의미한다.

일반적인 다결정 합금은 여러 가지의 방위를 가진 결정들의 집합이므로, 일정한 힘으로 합금을 변형시켜도 각각의 결정들은 방위에 따라 변형의 차이가 생긴다. 그 결과 방위가 서로 다른 각각의 결정립계에서 변형의 차이에 의한 변형의 지연이 생기게 되고, 이 변형의 지연이 작은 경우에는 개별적인 결정격자의 탄성 변형으로 변형의 지연이 흡수되나 변형의 지연이 커지면 결정립계에서 파단이 발생한다. 따라서 탄성 이방성이 크지 않은 Ni-Ti 합금에서는 입계 파단에 대한 문제가 없지만, 탄성 이방성이 큰 Cu-Zn-Al 합금은 입계 파단이 이 합금의 실용상에 커다란 장애가 되고 있다.

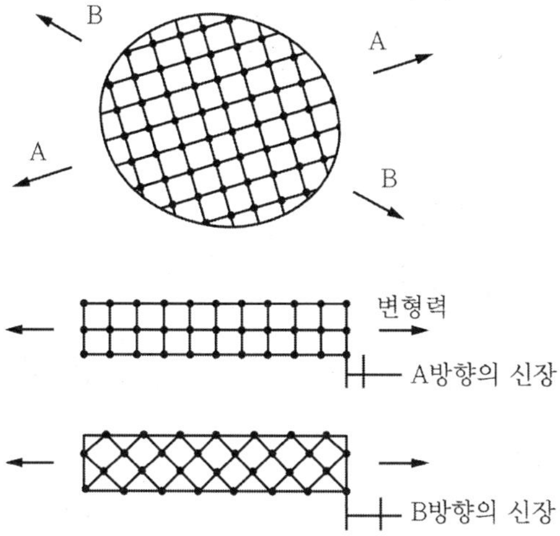

[그림 1-30] 탄성 이방성의 개념도

이와 같은 입계 파단의 해결책으로는 결정립을 미세화 하던가, 결정의 방위를 맞추어 주는 방법이 있으나, 주로 결정립을 미세화 하는 방법이 이용되고 있다. 결정립을 미세화 시키는 방법으로는 미량의 제 3원소를 첨가하는 방법과, 분말야금법 및 용탕 급랭법 등이 적용, 연구되고 있다.

1.6 형상기억합금의 응용

1.6.1 일반 공학적 응용 분야

형상기억합금을 가장 먼저 실용화한 것은 미국의 Raychem社에서 개발된 항공기용 파이프 커플링이다. 이 커플링은 우선 사용하는 온도(상온)에서 Ni-Ti 합금을 이용하여 접속하는 파이프의 외경보다 약간 작게 기계 가공을 한다. [그림 1-28](a)이 커플링을 냉각시켜 마르텐사이트 결정구조를 갖는 저온에서 기계적인 방법으로 접속하는 파이프의 외경보다 약간 크게 한 후, 커플링 속으로 연결하고자 하는 파이프를 삽입시킨 다음 [그림 1-31](b), 상온으로 방치하면 커플링의 내경이 수축하여 접합이 되는 방법이다.

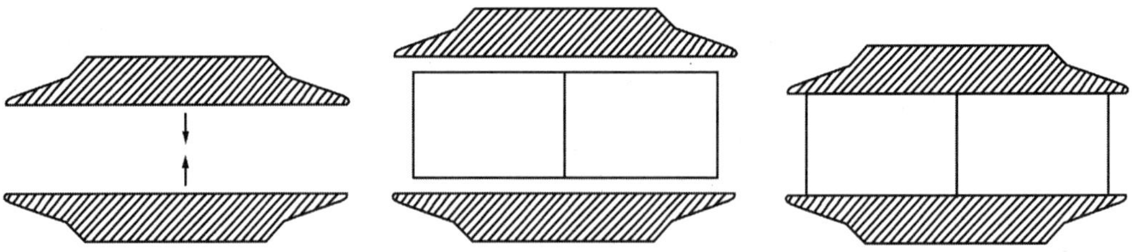

(a) 기계기공　　(b) 내경 확대　　(c) 가열

[그림 1-31] 형상기억합금을 이용한 파이프 커플링

[그림 1-31](c) 이전의 파이프 연결방법은 파이프에 나사를 내서 연결하거나 용접을 하는 방법이 적용되었지만, 이러한 방법은 고도의 신뢰성이나 작업의 편의성 등이 요구되는 항공기나 잠수함의 급유관, 반도체 설비의 가스 배관 또는 원자로의 냉각라인 등에 적용하는데 여러 가지의 문제점이 있다. 실례로 항공기의 급유관은 경량 재료인 Al 합금 파이프로 되어 있는데, 이를 용접하여 사용할 때는 Al 합금의 특성상 용접부위가 취약하여 신뢰성의 확보가 어려웠지만, 위의 방법을 이용하여 연결함으로써 문제를 간단히 해결하였다.

고정 또는 체결용품으로 [그림 1-32](a)와 같이 리벳팅 연결을 할 때 성형을 한 리벳을 형상기억처리를 하고 상온에서 선단을 기계적으로 편 다음 연결부위 구멍에 끼운 후 가열하면 체결이 되도록 한 예이다. 그림(b)는 형상기억합금을 사용해 클램핑하여 고정시키는 예이다.

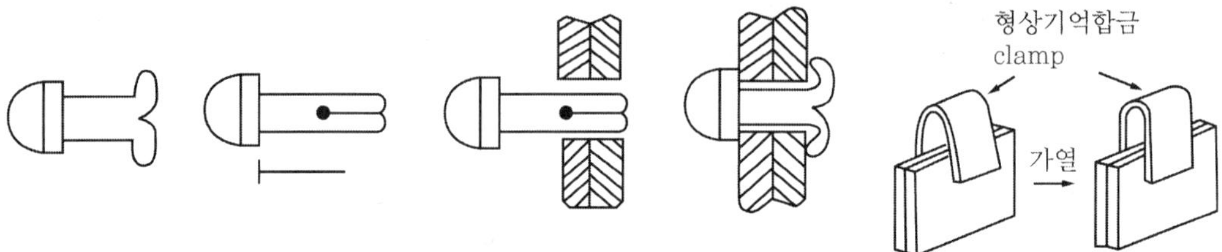

① 성형, 형상 기억　② 선단부를 기계적으로 편다.　③ 접합부에 핀을 끼움　④ 가열하여 체결한다.

(a) 형상기억합금을 이용한 고정핀의 사용 예　　(b) 형상기억합금을 이용한 클램프

[그림 1-32] 형상기억합금을 이용한 체결기구의 예

1.6.2 열기계적 응용 분야

가. 온실창의 자동 개폐 장치

형상기억합금은 합금 자신이 온도를 감지하여 변형 이전의 형상으로 회복되면서 상당한 크기의 복원력(약 40kgf/mm²)을 나타내므로, 온도 센서 또는 액튜에이터(actuator) 등으로 여러 분야에 사용되고 있다. 가장 잘 알려진 것은 Cu-Zn-Al 합금제 코일 스프링을 이용한 온실창의 자동 개폐 장치이다. [그림 1-33](a) 참조.

온실 안의 온도가 약 20℃ 이상이 되면 형상 기억 스프링력이 바이어스 스프링력을 이겨내서 창문을 열기 시작하여, 25℃에서는 창을 완전히 열어 바람이 들어올 수 있게 하고, 20℃ 이하가 되면 바이어스 스프링력이 형상기억 스프링을 수축시켜 창문을 완전히 닫아버리는 장치이다. 이러한 형상기억 소자는 온도센서와 액튜에이터의 두 가지 기능을 동시에 행하는 것이다.

나. 에어컨 풍향 변환장치

1980년대에 이르러서는 이같이 바이어스 스프링을 이용하는 이방향성 소자가 가전제품을 중심으로 응용되기 시작하여 자동차 등에도 응용되고 있다. [그림 1-33](b)는 냉난방 겸용 에어콘에 형상기억합금이 사용된 예를 나타낸 것으로, 형상기억합금은 바람의 방향을 바꾸어 주는 플랩(flap)에 연결되어 있다. 따라서 송풍되는 바람의 온도에 따라 냉풍일 때는 수평으로, 온풍인 때는 하향으로 바람을 보낼 수 있어 실내 분위기를 쾌적하게 할 수 있다. 이 외에도 자동차의 안개등, 전조등의 개폐 장치나 로봇에도 다양하게 응용되고 있다.

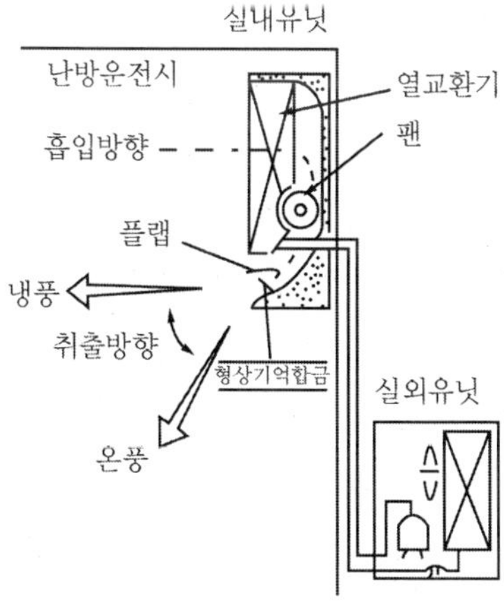

(a) 냉난방 겸용 에어콘의 구성도

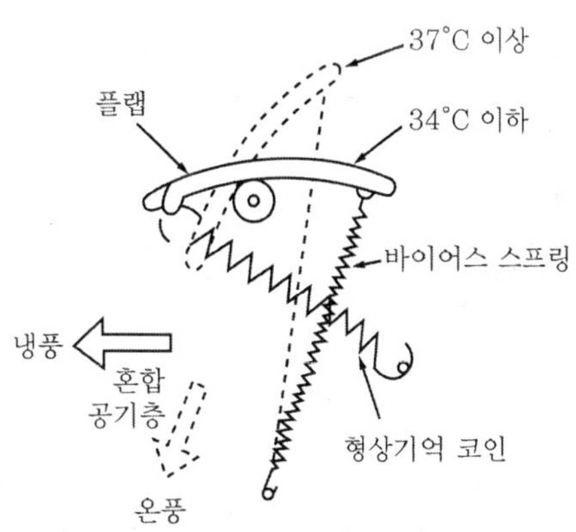

(b) 형상기억합금을이용한 풍향 조절장치

[그림 1-33] 냉난방 겸용 에이콘의 구성도 및 형싱기억합금을 이용한 풍항소절장치

다. 열감지판 응용

[그림 1-34](a)와 같이 형상기억합금 선을 코일 형태로 감은 스프링을 만들어 판에 붙이고 거기에 용수철을 붙여 가열시(역변태 시) 판이 열리게 해 주면 증기가 발생하는 온도 이상이 될 때 증기를 내보낼 수 있게 된다.

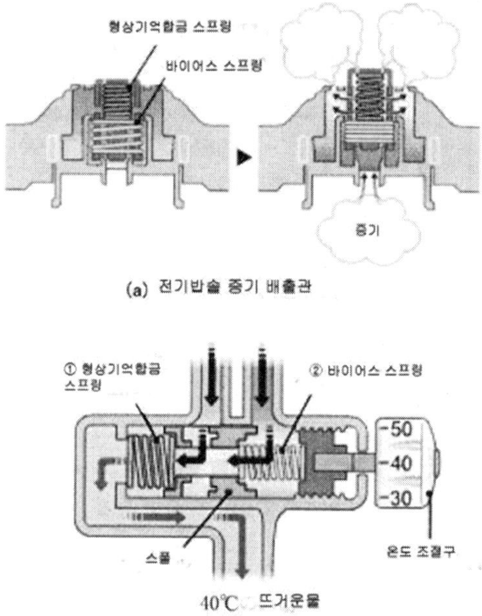

[그림 1-34] 형상기억 코일스프링

1.6.3 의료용 소재 분야

실제 사람의 임상에 사용된 것은 1980년대 후반 적용하는 분야는 정형외과, 외과 및 치과 등이며, 이 밖에 생체 조직과 직접 접촉하지 않고 신체 밖에서 환자의 동작을 보조하는 장치에 이용되었다.

내식성과 생체적 합성이 우수한 Ni-Ti계 형상기억합금이 의료용 재료로서 정형외과분야에서 주로 골절의 교정에 이용되고 있다. [그림 1-35]는 골 접합 스테이플과 본 플레이트(bone plate)의 사용 예를 나타낸 것이다. 이전에는 골절된 부위를 치료하기 위해서 뼈가 접합될 동안 스테인리스 판을 골절된 뼈에 대고 나사로 고정시키는 복잡한 수술을 행하였으나, 형상기억효과를 이용하는 스테이플이나 플레이트를 이용하면 수술이 간단할 뿐 아니라 치료 기간도 단축시킬 수 있다.

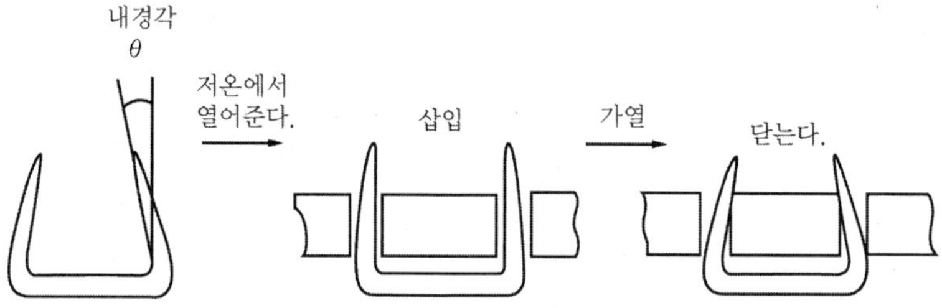

(a) 형상기억 효과를 이용한 스테이플의 동작원리

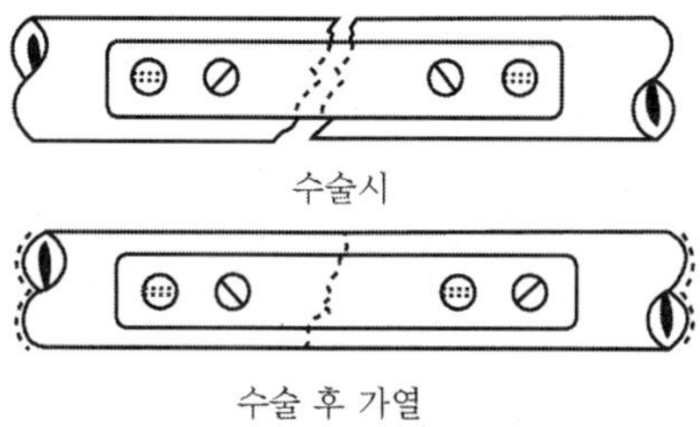

(b) 형상기억 본 플레이트(접골판)

[그림 1-35] 의료용 재료로 사용된 형상기억합금의 예

치과 분야에서는 보철용, 인공 치근용 또는 치열 교정용에 많이 쓰이고 있으며, 보철용 및 임플랜트(인공 치근)용에는 형상기억효과가, 치열 교정용에는 초탄성 효과를 이용하고 있으며, 치과용 형상기억 임플랜트(인공 치근)를 턱뼈에 심어진 후 가열에 의해 인공 치근의 뿌리 부분이 약 30°씩 엇갈려 열리는 형상 회복을 통해 교합 지지력을 향상시킨다. [그림 1-36] 참조.

[그림 1-37]은 형상기억합금의 초탄성 효과를 이용한 치열 교정의 예로서 종래의 교정에는 스테인리스강이나 Co-Cu 합금 와이어의 탄성 회복력을 이용하였으나, 이들은 0.5% 정도밖에는 회복이 되지 않는다. 따라서 교정량을 크게 하기 위하여 U자형으로 굽혀 장착하여도 이들의 회복량에는 한계가 있으므로, 치열의 교정에 따라 교정력이 상실되어 치료 기간 중에도 몇 번씩이나 와이어를 바꿔주어야만 했다. 그러나 초탄성 합금을 사용하면 회복량이 종래의 재료보다 수십 배나 커지므로, 와이어를 브래킷(bracket) 사이에 간단히 장착하는 것으로도 충분한 교정량이 확보되고, 또한 초탄성 합금의 특성상 교정이 진행되더라도 교정력의 저하가 발생하지 않으므로 와이어의 교체 횟수가 훨씬 적어지고 치료 기간도 단축된다.

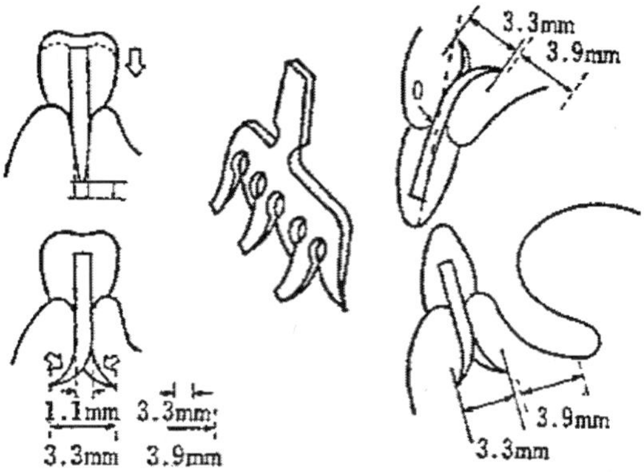

[그림 1-36] 형상기억 인플랜트의 원리

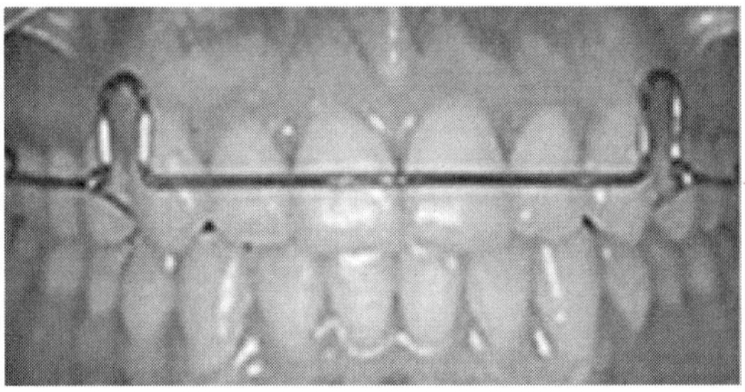

[그림 1-37] 형상기억합금의 초탄성 효과를 이용한 치열 교정의 예

[참고문헌]

1. 조현기. “신소재합금”, 경북인쇄(주), (1997)
2. 서영섭, 백승호, 이철영, “신소재공학”, 기전연구사, (2001)
3. http://www.energy.co.kr/atl/view.asp?a_id=2004
4. 김암수, “최신 기계재료학”, 도서출판 남영문화, (2012)

02 제진합금재료

2.1 개요

산업 문명이 고도로 발전함에 따라 인류의 생활은 날로 풍요롭게 변화하면서 각종 생활가전기기와 산업기기, 자동차, 철도, 항공기 등의 사용이 과거에 비하여 폭발적으로 증가함과 더불어 편의성을 추구하지만, 산업 발달의 부산물로 각종 공해가 우리의 생활환경을 위협하고 있다.

이들 공해 중 진동과 소음은 인간의 심리적 불안과 신체적 질환을 유발시키며, 공업적 측면에서도 초정밀 제품을 요구하는 상황에서 제품의 고급화에 장애가 되며, 기계적 성질의 변화를 수반하여 성능저하나 파괴의 원인이 되고 있다.

진동이란 어떤 물체가 기준위치에 대해서 반복운동을 하는 것으로서 외력에 의해 분류하면 자유진동(Free vibration)과 강제진동(Forced vibration)이 있으며, 에너지 손실 여부에 따라 비감쇠진동(Undamped vibration) 즉, 진동하는 동안 마찰이나 다른 저항으로 에너지가 손실되지 않는 경우와 감쇠 진동(Damped vibration) 즉, 진동하는 동안 마찰이나 다른 저항으로 에너지가 손실되는 진동 등으로 구분할 수 있다.

환경보존법에 명시된 소음(Noise)이란 듣는 사람에게 원하지 않는(Unwanted Sound) 소리나 기계음 같은 높은 소리라고 정의한다. 원하는 소리인지 원하지 않는 소리인지는 사람의 주관적인 판단에 의한 경우가 많다. 이것을 객관적인 물리량으로 정확하게 정의하는 것은 불가능에 가깝다. 아름다운 음악이라도 전화를 받는 중에는 당사자에게는 소음에 불과하다.

그러나 일반적으로 소음이라고 생각되는 것에는 특히 큰소리, 불쾌한 소리나 충격성 음, 음악이나 음성을 듣는 것을 방해하는 소리, 집중력이나 작업을 방해하는 소리 등을 예로 들 수 있다

2.2 진동과 소음 대책용 재료

진동과 소음을 방지하기 위해서 종래에는 진동체에 오일 댐퍼(oil damper)나 에어 댐퍼(air damper)를 설치하여 진동에너지를 흡수시키거나(system damping), 금속과 금속사이에 점탄성이 큰 고분자 재료를 끼워서 진동에너지를 흡수시키는 방법(structure damping)을 강구해 왔었다. 이러한 구조적 방법에 의해서는 진동과 소음을 제거하는데 있어서 많은 문제점들이 내포되어 있을 뿐만 아니라 공업적 이용 면에서도 그 한계성을 벗어날 수가 없다.

따라서 근래에 와서는 구조용 재료에 사용되는 금속재료 그 자체가 진동 에너지를 직접 흡수케 하는 적극적인 방식(material damping)으로 방진대책이 전환되면서 제진 및 방진합금의 개발에 관한 연구가 활발히 이루어지고 있다.

진동 및 소음 대책용 재료는 소음이나 진동을 일으키는 에너지를 흡수하여 열에너지로 변환시켜 사용하는 흡음재료와 제진재료로 구분되며, 진동에너지의 전파차단 즉, 에너지의 반사를 이용한 차음재료와 방진재료가 있으며, [표 2-1]과 같이 구분된다.

[표 2-1] 진동 및 소음 대책용 재료

기 능	대 책	
	음	진동
에너지 흡수 (열에너지로 변환)	흡음재료	제진재료 (흡진재료)
에너지 전파 차단 (에너지의 반사)	차음재료	방진재료

2.2.1 제진과 방진

진동에 대한 대책으로는 제진과 방진이 있다.

제진이란 진동 발생원, 즉 고체진동 그 자체를 감소시키는 것으로 여기에 사용되는 재료를 제진합금(Damping Alloy) 또는 흡진합금이라고 하며, 판재의 형태로 기계장치의 표면에 접착하여 진동을 제어하는데 사용되는 재료이다.

방진이란 진동의 전파를 방지하는 것으로서 사용되는 방진재료는 [그림 2-1]과 같이 탄성지

지(彈性支持)에 사용된다. 가장 많이 사용되는 것으로 방진고무가 있으나 내부마찰이 크기 때문에 별도로 차음판넬을 부착시킬 필요는 없지만 고유방진계수를 작게 하기에는 어려운 단점이 있다. 금속을 이용한 코일용수철은 고유 진동수를 고무보다 작게 할 수 있지만 별도로 차음판넬을 부착시킬 필요가 있다. 압축공기도 우수한 방진재료로서 공기용수철로 이용되지만 이를 이용한 시스템은 너무 비싸다.

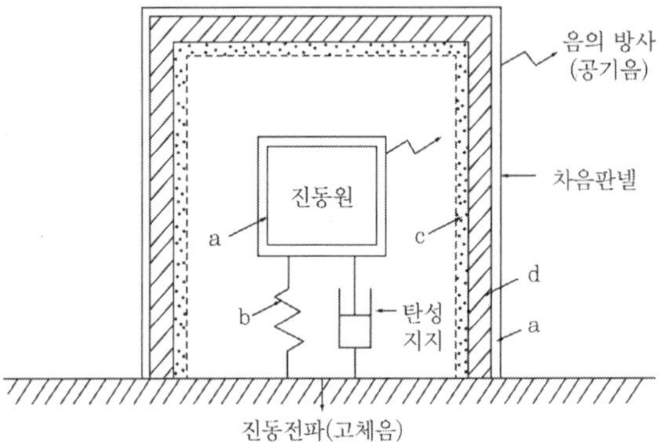

a. 제진재료, b. 방진재료, c. 흡음재료, d. 차음재료

[그림 2-1] 진동·소음대책용 재료의 개념도

가. 흡음(sound absorption)

음에너지를 표면에서 흡수시켜 소진하는 것으로 흡음의 반대 개념은 음반사이다. 다시 말해서 공기압의 진동을 열에너지로 변환시켜 흡수하는 방법을 말한다.

1) 흡음재료의 유형

흡음재는 실내의 반사음을 줄여서 음원에서 직접 나오는 소리만 듣도록 한다. 그래서 흡음 마감재는 실내음 절감효과가 있어 울림현상을 조절한다. 흡음재에는 다공질 흡음재, 판진동형 흡음재, 격벽식 흡음재 등이 있다.

다공질 흡음재는 다량의 소기공이 있으며, 흡음은 공극 내에서 공진하는 공기자체의 점성에 의해 흡음이 된다. 즉, 음파가 다공질재를 진동시키며 음에너지가 감소되고 판진동형은 음파에 따라 쉽게 진동하는 판으로 음에너지를 감소시키는 것이다. 격벽식은 많은 격벽 사이로 들어간 음파가 안에서 반사 흡수되며 음에너지를 감소시키는 것이다.

2) 흡음재료

유리섬유(glass wool), 연질 폴리우레탄, 발포금속 등이 있다.

① 발포금속

발포금속은 형태에 따라 개기공형과 폐기공형으로 구분하며, 초경량성과 높은 비탄성율 및 비강도, 압축하중에 대한 저항 특성을 이용하는 구조용재와 에너지 흡수용 및 열확산성, 넓은 표면적에 따른 우수한 열적 특성을 이용하는 열전달 매개용으로 구분할 수 있다.

발포금속은 기존의 유·무기 방음용 소재와는 달리, 내구성·내열성이 뛰어날 뿐만 아니라 비강도가 우수하며 초경량이므로 차세대 방음용 소재로서 건축, 음향분야에 활용이 증대할 것이며, 우수한 내열성과 초경량성을 이용하여 운송기기 분야와 전자파 차폐분야 등 전 산업분야에 파급될 것이다.

발포금속의 실용화를 위해서는 다기능화 설계와 저가의 제조공정 개발이 중요하며, 다공질 발포금속재료 제조 시 발포제의 열분해 방출가스를 용융금속 안에 균질 분산시키기 위한 유동성과 방출가스를 잔류시키는데 필요로 하는 적절한 점증의 문제, 가스가 발생되는 발포제를 첨가하여 기포를 균일하게 분산시켜야 되는 교반 혼합공정, 응고 시에 균질한 다공질 고체를 발생시키는 기술이 핵심사항이며, 절단 가공공정과 기능성을 부가하기 위한 2차 공정 등 많은 공업적 기술과제를 안고 있으나 2천 년대에 각광받을 고부가가치의 차세대 고기능성 소재이다.

점성과 탄성을 지닌 물체는 최적의 손실정접(loss tangent)을 찾으면 가능하고 이러한 재료는 에너지흡수특성을 지니어 충격체의 충격강도를 줄이는데 이용할 수 있다. 이러한 구조적 점·탄성체와 용융체에서 적절한 점성부여와, 높은 표면장력으로 기공(pore)를 형성시킴으로서 에너지 흡수기능을 월등히 향상시키리라 본다.

발포금속은 토목건축용으로 건축음향용, 건축내장용, 천정용, 방음벽용으로 사용되며, 운송기기나 산업기기(전자파 차폐막)로 사용된다. 생체의료용(인조골격, 인조치근), 군수용 산업(항공기 엔진경량화) 및 전자기기 등에 사용되고 있다.

② 폴리우레탄(polyurethane, PU)

폴리우레탄 발포체는 경질과 연질이 있으며 어느 것이나 고발포로서 연질은 탄성체나 차음재로 사용되며, 경질은 단열재로 이용된다.

나. 차음(sound insulation)

차음이란 공기압 진동의 전파를 차단시키는 것이며, 차음재는 소리를 차단하는 역할을 한다. 음파전달은 고체 충격음과 공기 전달음으로 나눈다.

1) 충격음

① 고체 충격음

고체 충격음에 대한 차음은 2중 바닥을 만들거나 슬래브를 중량화, 고강도화 하는 것이 좋다. 유연한 바닥마감재는 발생음을 줄이고, 2중 천정은 슬라브를 통과한 충격음을 추가 감쇠하는 효과가 있다.

고체 충격음은 고밀도판과 저밀도판을 여러 겹으로 만들면 차음효과가 좋다. 같은 두께 합성재라도 2겹보다는 4겹이 차음효과를 더 높이며, 사용하는 고체 판의 두께를 서로 다르게 사용하면 효과가 더욱 좋다.

② 공기 전달음

공기 전달음은 창이나 벽에 의해 감소 차단되므로 공기 전달음의 차음은 건축시공 시 틈새가 없도록 하여 공기층이 연결되지 않도록 철저히 차단해야 한다.

2) 차음재료

차음재는 벽, 패널 등이 사용되며, 차음 재료의 구비조건으로는 다음과 같다.

① 공기음의 진동을 반사할 것
② 흡수된 진동을 감쇠시킬 것
③ 진동을 방사하지 않을 것

2.2.2 방진이론

가. 정의

방진이란 기계, 장비 등의 운전 시 발생되는 진동을 지반 또는 건물 구조체에 전달되는 것을 차단하는 것을 말한다.

나. 방진 기초이론

진동의 매개변수 m, c, k로 이루어진 진동 시스템에서 방진설계를 위하여 진동 시스템을 자유도계로 이상화 시킨 수학적 모델로 나타내면 [그림 2-2]와 같다.

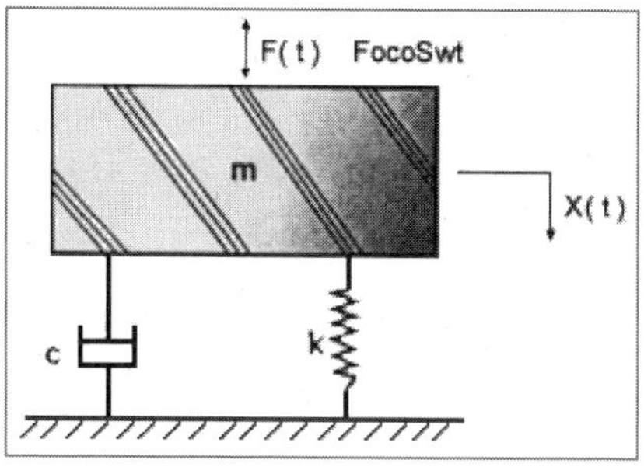

[그림 2-2] 자유도계 진동모델

이 계의 운동방정식을 뉴턴의 제2법칙으로 표시하면 다음 식과 같다.

① 외력이 가진 함수(Ft)

$$F(t) = m\ddot{x} + c\dot{x} + kx$$

여기서 $m\ddot{x}$: 관성력(m: 질량[kg])

$c\dot{x}$: 점성 저하력(감쇠계수[N/cm/s])

kx : 스프링의 복원력(k : 스프링 정수[N/cm])

F(t) : 외력의 가진함수

② 전달율(T)

$$T = \frac{\text{전달력}}{\text{외력(가진력)}} = \sqrt{\frac{1+(2\zeta r)^2}{(1-r^2)^2+(2\zeta r)^2}}$$

여기서 $\zeta = 0$일 때 $T = \dfrac{1}{1-\left(\dfrac{f}{fn}\right)^2}$

③ 최대 장비의 변위(x)

$$x = \frac{F_0/k}{\sqrt{(1-r^2)^2+(2\zeta r)^2}}, \quad \zeta = 0\text{일 때 } x = \frac{F_0/k}{1-\left(\dfrac{f}{fn}\right)^2}$$

여기서, r(진동수 비)$= \dfrac{f}{fn}$

ζ(감쇠비)$=(Y_n{}^2 - Y_{n+1}{}^2)/Y_n^2$

$Y_n = n$번째의 진동폭, $Y_{n+1} = n+1$의 진동폭

$f =$강제진동수(Hz)

$f_n =$고유진동수(Hz)$=15.76$

2.3 감쇠능과 제진기구

Hook의 법칙이 적용되는 완전한 탄성영역 내에서 어떤 금속에 진동을 주어 방치했을 이때 진동 에너지가 음파의 에너지로 외부에 전달되지 않는다고 가정하면, 그 금속은 영구히 진동을 계속해야 한다. 그러나 실제로는 내부의 어떤 원인으로 인해 가해지는 진동에너지가 열에너지로 전환됨에 의해서 진폭이 점차적으로 감쇄해 드디어 정지하게 된다.

즉, 진동이 발생된 금속은 그 내부 마찰이 커서 외부에서 가한 진동 에너지의 대부분이 열에너지로 변환시키는 것이지만 납과 같이 금속음이 전혀 없는 금속이라도 방진합금이라고 부를 수 없는 금속이 많다. 그 이유는 방진금속이 되기 위해서는 높은 강도를 유지하면서 내부마찰(진동 감쇠능)이 커야 하기 때문이다.

금속은 일반적으로 강도가 낮을수록 감쇠능이 큰 경향을 갖기 때문에 감쇠능이 크다고 해서 반드시 방진합금이 될 수 없는 것이며, 반드시 일정 수준 이상의 기계적 성질 즉, 인장강도를 유지해야 한다. 일반적으로 방진합금의 정의는 비감쇠능×인장강도의 값이 1,000% · N/mm^2 이상의 값을 갖는 합금을 방진합금이라 한다. [그림 2-3]은 각종 합금의 특정한 감쇠능과 인장특성을 나타낸 것이다.

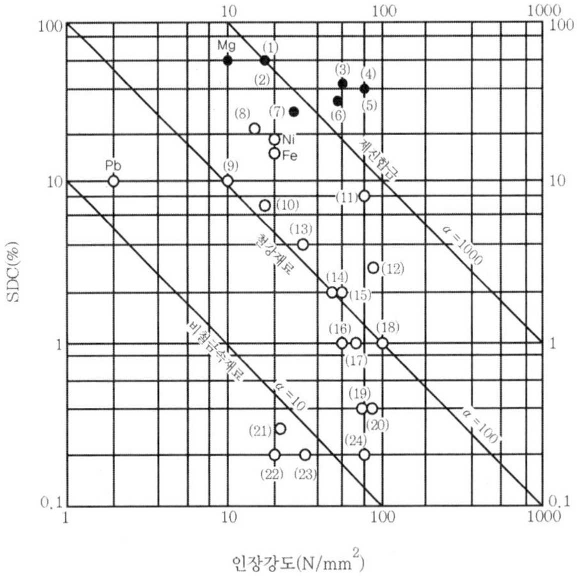

(1) Mg-Zr 합금 (2) Mg-Mg2Ni 합금 (3) Mn-Cu 합금 (4) Cu-Al-Ni 합금 (5) Cu-Zn-Ni 합금 (6) Ti-Ni 합금 (7) Al-Zn 합금 (8) 고탄소 편상흑연주철(오스테나이트 기지) (9) 편상흑연주철(GC 100) (10) Mg 합금(AZ 81A) (11) 12Cr 강 (12) 페라이트계 스테인리스강 (13) 극연강 (14)가단주철 (15)구상흑연주철 (16) 18-8 스테인리스강 (17) 0.45%C 강 (18) 0.95%C 강 (19) 0.65%C 강 (20) 0.80%C 강 (21) Al 합금(주조용) (22) 청동 (23) 황동

[그림 2-3] 각종 합금의 특정한 감쇠능과 인장특성

2.3.1 감쇠능의 표현방법

감쇠능 크기를 나타내는 방법은 일반적으로 내부마찰의 기구를 이용하여 설명하는 경우에는 대수 감쇠율(logarithmic decrement, δ), 내부마찰(internal friction, Q-1) 및 손실각(loss angle) 등이 잘 사용되지만, 실용적인 관점에서 논의할 경우에는 대수감쇠율 이외에 감쇠능(damping capacity) 비감쇠능(specific damping capacity : SDC) 및 비감쇠계수(specific damping index : SDI)라는 표현이 자주 사용된다.

2.3.2 제진합금의 성능평가(감쇠능 평가방법)

가. 제진합금의 제어성능

[그림 2-4]와 같이 외부에서 가해진 진동에너지가 열에너지로 흡수됨으로써 공진, 공명에 의해서 발생하는 소음을 저하시킨다.

나. 비감쇠능(SDC ; Specific Damping Capacity)

비감쇠능은 감쇠능의 크기를 나타내는 척도로써 기초로의 진동에너지의 감소 정도, 공진시의 진동폭의 감소 정도, 충격시의 진동이나 자유진동의 감소 정도를 식 ①과 같이 구할 수 있다.

☞ 비감쇠능(SDC) $= (Y_n^2 - Y_{n+1}^2)/Y_n^2 \times 100(\%)$ … ①

$Y_n = n$번째의 진폭, $Y_{n+1} - n+1$의 진폭

다. 대수 감쇠율(δ)

대수 감쇠율(δ)은 자유진동의 감쇠도를 나타내는 것으로 식 ②와 같이 구할 수 있다.

☞ 대수 감쇠율(δ)$= \ln(Y_n / Y_{n+1})$ … ②

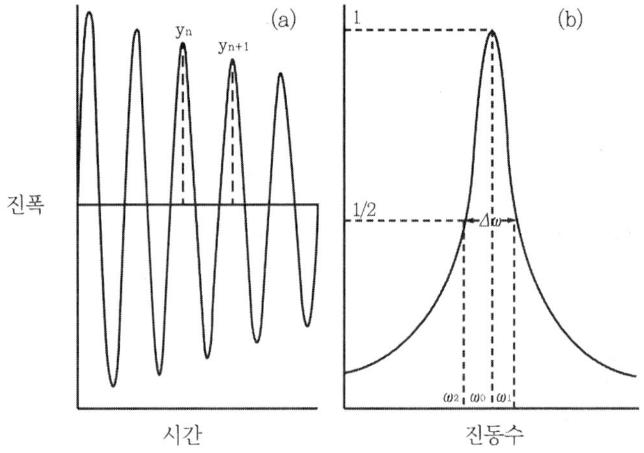

[그림 2-4] (a) 진동의 자유감쇠곡선 (b) 공명곡선

라. 공명곡선의 피크(Q−1)

공명곡선의 피크는 식 ③과 같이 구할 수 있다.

☞ $(Q-1) = (\omega_1 - \omega_2)/\sqrt{3\omega_0} = \Delta\omega/\sqrt{3\omega 0}$ … ③

ω_0 ; 공명곡선 피크의 진동수

ω_1, ω_2 ; 공면피크 진폭의 1/2일 때의 진동수

$\Delta\omega$; $\omega_1 - \omega_2$

이상 3종류의 수치가 클수록 진동감쇠능이 높은 제진합금 재료가 될 수 있다. 제진합금의 응용에는 감쇠능뿐 아니라 다른 성질도 우수하여야 한다. 예를 들면 강도, 경도, 열팽창계수, 내열성이나 제조공정의 간편성 및 양호한 가공성 등이 요구된다.

2.3.3 내부마찰(internal friction)

대부분의 제진합금에서 제진성능은 그 내부마찰에 기인하며 이때 제진기구와 내부마찰기구와 같다. 제진합금에서 감쇠능이란 말을 많이 사용하지만, 대부분의 경우 물리적 의미로는 감쇠능과 내부마찰의 의미는 같다.

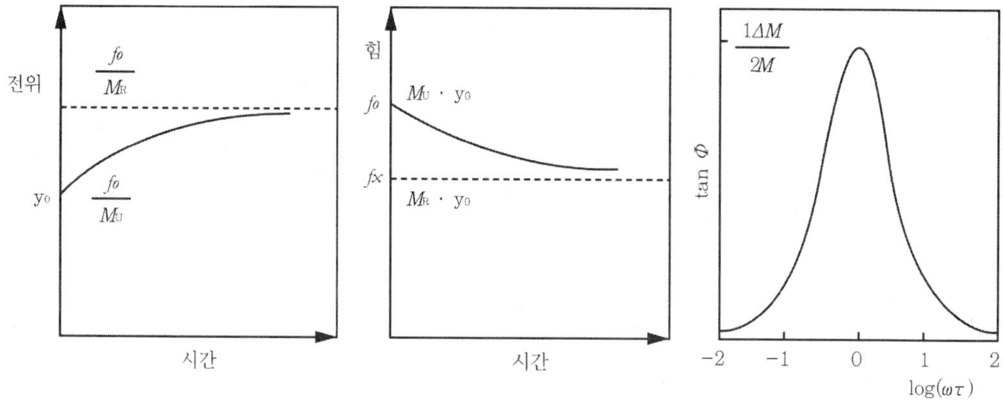

(a) 전위의 시간변화 (b) 힘의 시간변화 (c) 내부마찰의 주파수의존성

[그림 2-5] 완화현상

감쇠능을 평가하는 방법으로는 앞에서 언급한 바와 같이 자유진동의 감쇠를 기준한 대수감쇠율(δ) 및 비감쇠능(SDC), 강제진동의 공명곡선에서 공명의 피크(Q-1), 강제진동의 위상지연에서 구하는 손실계수(η) 및 내부마찰(△) 등이 있다.

내부마찰유형은 동적 히스테리시스형(완화형)과 정적 히스테리시스형으로 크게 구분된다. [그림 2-5]에서 보듯이 외부에서 힘을 가할 때 생긴 전위나 힘이 시간에 따라 변화한 후에 일정한 값으로 되는 현상, 즉 완화현상이 대부분의 재료에서 나타난다.

2.3.4 내부마찰의 기구

재료에서 내부마찰의 중요 원인은 다음과 같다.

가. 열탄성효과

고체재료에 압축이나 인장응력이 가해지면 발열이나 흡열이 생기게 되고 또한 응력의 불균일이 생기며 온도차가 나타나 열이동이 생긴다. 이 열이동은 완화현상을 가져오게 되며 횡진동에서 이에 의한 내부내찰은 SDC≃0.1% 정도이다.

나. 원자(전자) 확산효과

용매원자의 결정격자 사이에 침입한 원자는 전위장을 형성하고 외력이 작용할 때 인접 격자간 위치로 이동한다. 이 격자 사이에 침입한 원자의 확산에 의한 완화과정은 Snoek 피크의 원인이라 간주되며, 상온에서도 이 현상이 나타난다. 이 형의 내부마찰 피크는 SDC(비감쇠능)로 수%에 달한다.

본래의 격자점에 용매원자와 치환된 용질원자도 원자쌍이나 단범위 규칙배열을 한다. 외력이 작용하면 원자쌍의 방향이나 단범위 규칙도의 변화 등, 치환형 이종원자의 확산에 따른 완화과정은 Zener 피크 등의 원인 때문이라 할 수 있다. 페라이트에 외력이 작용하면 전자가 Fe^{2+}이온과 Fe^{3+}이온 사이에서 이동하며 이때 완화과정에 따른 피크는 수십 kHz범위의 진동수일 때 상온이하에서 나타나며, SDC(비감쇠능)로는 수% 이상이 된다.

다. 전위운동의 효과

불순물 원자에 의해 고착된 전위선이 외력에 의해 비가역적으로 왕복운동을 하면 정적 히스테리시스형의 내부마찰이 생긴다. 내부마찰이 있는 재료에 인장 및 압축응력을 가하면서 변형시키면 응력-변형 곡선은 [그림 2-6]에서 보는 바와 같이 O→C→D→E→F→C의 경로를 따르면서 히스테리시스 곡선을 형성한다. 곡선의 내면적은 한 주기 동안에 소모된 에너지(△W)를 나타내며, OCG의 면적은 한 주기에 이용될 최대 에너지(W)를 나타낸다.

전위선이 외력과 공진(共振)하는 경우 변위장(음파)의 에너지가 격자진동이나 전도전자 에너지로 변이되는 과정은 106~107Hz 정도의 초음파 감쇠를 유발시킨다. 전위선이 열에너지의 도움으로 결정격자의 포텐셜 장벽을 극복하여 가역적으로 이동함에 따른 와해과정은 Bordoni 피크의 원인이라 할 수 있다. -120℃ 이하의 저온상태에서 수 kHz~수십 kHz의 진동수 범위일 때 나타나는 이 피크는 SDC(비감쇠능)로서 1% 이하이다.

102~104Hz 정도의 진동수 범위에서 상온 이하의 온도에서 관측되는 내부 마찰의 피크는 이종원자 또는 공공의 확산을 동반한 전위이동에 따른 완화과정 때문이라 할 수 있다. 이때의 피크도 SDC(비감쇠능)로서는 1% 이하이다.

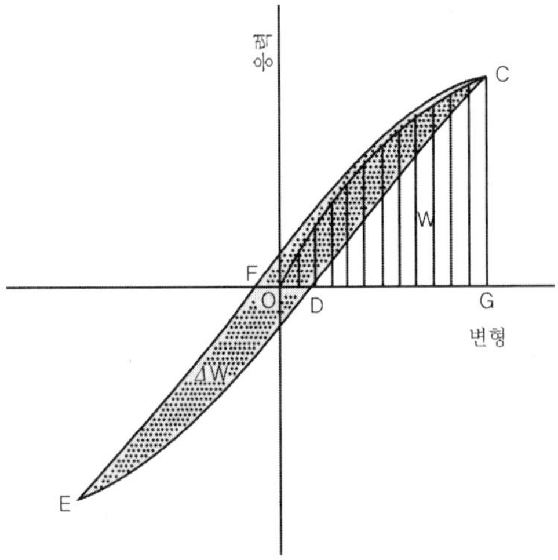

[그림 2-6] 고댐핑 합금의 전형적인 응력-변형 곡선

라. 결정입계 이상계면 이동의 효과

이종원자와 상호작용을 수반한 계면이동, 또는 계면의 전단변형을 통하여 정합성이 없는 계면은 완화현상을 일으킨다. 이것에 의해 생긴 내부마찰은 절대온도로 표시한 융점의 1/2 이상의 고온에서 특히 피크는 SDC(비감쇠능)로서 수십%가 된다.

마르텐사이트와 모상과의 계면 및 마르텐사이트 중의 쌍정계면과 같은 정합계면의 이동은 전위운동과 마찬가지로 동적 또는 정적 히스테리시스에 의한 내부마찰의 원인이 된다.

마. 강자성체

Micro 또는 Macro 와전류효과와 자기-역학적 히스테리시스 효과에 의해 강자성체는 일반적으로 높은 감쇠능을 나타낸다. 강자장에서는 이러한 효과는 나타나지 않는다.

2.4 제진합금의 종류와 특성

2.4.1 제진합금의 종류

위에서 설명한 바와 같이 제진합금이란 "두드려도 소리가 없는 합금"이란 의미이다.

제진합금으로는 Mg-Zr, Mn-Cu, Ti-Ni, Cu-Al-Ni, Al-Zn, Fe-Cr-Al 등이 있는데 이러한 합금들은 내부마찰이 큼으로써 고유진동계수가 적어서 금속음이 나지 않는다.

[표 2-2] 제진합금의 제진기구에 의한 분류

기 구	감쇠능형	합 금 명(조성예)	인장강도 (kgf/㎟)	SDC (%)
복합형	완화	편상흑연주철(Fe-3% C-2% Si-0.7% Mn)	10	10
		압연주철(RFC)(구상흑연주철)	70	20
		Al-Zn 초소성합금(Al-22% Zn)	20	20
강자성형	정적 히스테리시스	사이렌타로이(Fe-12% Cr-3% Al)	40	40
		트렁크로이 (Fe-12% Cr-1.3% Al-0.6% Mn-0.1%)	40	20
전위형	정적 히스테리시스	K1×1합금(Mg-0.6% Zr)	15	50
정합계면형 I	완화	인크라뮤트(Cu-40% Mn-2% Al)	60	40
반강자성형		소노스톤 (Cu-37% Mn-4% Al-3% Fe-1.5% Ni)		

정합계면형II	정적 히스테리시스	니티놀(Ni-50at% Ti)	60	30
열탄성 마르텐자이트형		포로테우스(Cu-16% Zn-8% Al)	30	30
기타 입계부식층 스테인레스		V.C 메탈(18-8스테인레스)		
제진강판	완화	Pipless	30	30

고무 · 플라스틱계 재료는 감쇠능이 높으며 SDC(비감쇠능)로 나타내면 60% 정도에 달한다. 그러나 이들 재료의 강도(인장강도 1~10kgf/mm^2)와 탄성률(Young률 5~50kgf/mm^2)이 기계구조용 재료로서 이용하기에는 너무 낮다.

한편, 일반적인 기계구조용 합금의 인장강도는 거의 30kgf/mm^2 정도 이상이며 탄성률은 거의 700kgf/mm^2 정도 이상이다. 순금속에 가까운 연한 합금의 SDC는 거의 10% 이하이고 강도가 높을수록 감쇠능이 낮아지는 경향이 있다. 강도가 높고 제진계수가 큰 것이 제진합금으로 바람직하며 또한 용도에 따라서는 내식성이라든지 사용할 수 있는 온도범위 등의 문제도 있다. 고감쇠능 구조용 재료로서의 제진합금은 SDC가 10% 이상, 인장강도 30kgf/mm^2 정도 이상이 요구되고 있다.

이러한 제진합금은 내부마찰이 매우 크며, 진동에너지를 열에너지로 변환시키는 능력이 크기 때문에 진동을 빠른 속도로 감쇠시키는 능력을 갖고 있다. [표 2-2]는 제진합금의 종류를 나타낸 것으로 (1)복합형, (2)강자성형, (3)전위형, (4)쌍정형, (5)기타의 분류할 수 있다.

2.4.2 제진합금의 특성

제진계수는 황동(0.2%), 강(0.6%), 구상흑연주철(2%), 회주철(6%), 순철(20%), Mg 합금(60%)의 순으로 증가한다. 제진계수가 클수록 감쇠속도가 증가되며, 동시에 공명피크가 작아짐을 볼 수 있다.

가. 복합형

복합형의 합금에서는 미세조직에 여러 종류의 상(Phase)이 존재하며, 이와 같은 상들의 이상계면이 감쇠능에 중요한 기여를 한다.

구상흑연주철은 내마모성이 우수하기 때문에 공작기계의 헤드, 기어 등에 사용되어 왔으며 압연주철은 강도가 높은 구상흑연주철을 압연하여 흑연을 편상화 시켜 감쇠능을 높게 한 것이다.

Al-Zn계 초소성 합금은 상온에서 높은 강도를 필요로 하지 않는 전자부품에 이용되며, 일반적으로 초소성합금은 초소성을 나타내는 고온에서 고감쇠능을 나타내므로 고온에서의 제진재료로서 사용될 수 있다.

나. 강자성형

강자성 결정에서는 자기스핀이 일치하도록 격자에 자왜(磁歪, Magnetic strain)가 생기게 되므로 자구(Magnetic domain)가 분할된다. 동일 자구 내에서는 스핀이 동일방향으로 향해 있기 때문에 외력을 가하면 자왜와의 상호작용에 의해 자구벽이 이동하고, 이에 따라 자기스핀의 회전이 일어난다. 내부에 생긴 이 자화변화를 소멸시키기 위하여 물체 표면에 와전류가 흐르고, 차츰 내부로 유입되고 와전류는 반대로 자왜를 통하여 변위를 일으킨다.

이 변위는 외력에 대하여 위상이 늦어지게 되므로, 열탄성효과와 같은 완화현상이 나타나며 이것을 Macro와전류 효과라 한다. 즉 자벽의 이동에 따른 전체적인 자화변화에 대응하여 자벽주위에 생성되는 와전류에 의한 효과를 말한다.
자벽의 이동에 따른 국부적인 자화변화에 대응하여 자벽주위에 생성되는 와전류에 의한 효과를 Micro와전류 효과라 한다.

자기-역학적 히스테리시스효과는 자벽의 이동이 비가역적으로 일어나게 하는 효과이며, 이에 따른 정적히스테리시스형의 내부마찰이 이 형의 제진합금 감쇠능의 주된 부분을 차지한다. 강자성형의 합금은 정합계면형에 비하여 사용온도 상한이 높은 것(예를 들어 350℃)이 특징이며 감쇠능의 진폭에 대한 의존성이 크다.

다. 전위형

전위형 감쇠기구에 관해서는 Granato-Lücke의 이론이 있으며, 이 이론에 따르면 전위의 운동에 의한 내부마찰을 진폭의 크기에 의존하지 않는 부분과 의존하는 부분으로 나누어 취급하고 있다. 전자는 주로 초음파 영역의 실험에서 중요하다. 일반적으로 방진합금에서 문제가 되는 진동수는 가청 주파수 영역(수 Hz~20kHz)내에 한정되어 있기 때문에 후자의 경우가 실제면에서 더 중요하다. 이 기구는 결정 중의 슬립전위와 불순물 원자와의 상호작용에 의해서 기계적인 이력현상이 생김에 의해서 에너지손실이 나타난다.

Mg 합금의 고감쇠능은 전위에 의한 정적히스테리시스형이라 할 수 있다. 밀도를 낮추기 위해 로켓에 적재되는 장치의 보조기구에 이용되며, 이 장치가 발사충격에 의한 고장을 방지하는 역할을 한다.

라. 정합계면형 I (반강자성형)

Mn의 γ상(FCC구조)을 주축으로 하는 합금은 Neel 변태점 이하에서 강자성을 나타냄과 동시에 저온(Tfcc/fct 이하)에서 격자가 정방형으로 변형한다. 이때 미세한 쌍정이 형성되며 외력과 격자의 정방정 격자변위의 상호작용에 의해 이 쌍정계면의 이동이 일어나고 이에 따라 -100℃와 저온(Tfcc/fct)에서 완화형의 감쇠능 피크가 나타난다.

실용 γ-Mn-Cu 합금(Incramute)에서는 조성과 열처리를 적당히 선택함으로써 반강자성을 나타내는 상과 나타내지 않는 상으로 이루어진 일종의 복합상 조직으로 된다. 이런 형태의 합금은 비교적 고강도이며, 작은 스트레인 진폭에도 고감쇠능을 나타내는 특징이 있다.

그러나 고감쇠능이 Tfcc/fct(실용적으로는 약 120℃ 정도)에서 급격히 감소하며 시간이 지남에 따라 감쇠능이 감소되는 결점이 있다. 정합계면형의 합금 중 하나인 인크라뮤트(Incramute)는 캠, 샤프트, 기어 등 기계부품에 이용되고 있다.

※ Neel 변태점 : 반강자성(反强磁性)과 그것이 소멸되는 온도

마. 정합계면형 II (열탄성 마르텐사이트형)

마르텐사이트상에서는 격자변태에 의한 변형 때문에 미세쌍정 및 전위가 존재한다. 마르텐사이트상의 감쇠능은 이러한 쌍정계면 및 전위의 이동에 의한 정적히스테리시스형이 주가 된다.

마르텐사이트상과 모상이 공존하는 경우에는 정합상태인 이상계면의 이동에 의하여(1차 상변태), 또는 계면이동을 동반하지 않는 격자변태(2차 상변태)에 의하여 매우 높은 감쇠능을 나타낸다. 그러나 100℃ 이상의 고온상 상태에서는 감쇠능이 매우 낮다.

이 형의 합금은 초탄성 및 형상기억과도 연관되어 자왜적으로 좋은 성질을 가지고 있으나 가공성이 나빠서 제진합금으로서 실용화하기에는 좋지 않다.

바. 결정립계 부식형

결정입계 부식형 오스테나이트계 스테인레스강은 재료표면의 결정입계를 선택적으로 부식시켜 표면에 미세한 홈이 형성되면 홈의 양측에 생기는 외부마찰에 의해 감쇠능이 높아지게 된다. 이 강의 방진 처리공정은 용체화 처리(보통은 생략)→예민화→열처리→가공→부식처리→수세 등의 과정을 밟는다. 이때 부식액은 황산-황산동 수용액이며 부식시간은 대개 0.1~0.5 시간이 적당하다.

감쇠능은 진폭이 클수록 그리고 부식 깊이가 깊을수록 커진다. 그러나 실용적인 부식층의 체적률이 재료 전체의 약 20%가 적당하기 때문에 두꺼운 재료는 이 방법을 적용할 수 없다.

사. 기타

다공질 주철은 주철 분말을 소결한 것으로 감쇠능이 높고 흡음성이 매우 높으므로 차음판 및 오디오 관련 방진용으로 이용되고 있다.

제진강판은 제진재료의 플라스틱막을 표면에 부착시키거나 또는 막을 판으로 하여 샌드위치 형태로 이용한 일종의 복합재료이며 차음판넬 및 자동차의 오일팬(oil fan)등에 이용된다.

2.5 제진합금의 응용

일반적으로 강도가 큰 금속재료일수록 탄력성도 있고 타격을 가하면 큰소리를 내기 쉽다. 즉 소리가 감쇠되기 어렵다.

그러나 편상의 흑연을 포함한 회주철은 강에 비하여 소리의 감쇠가 심하고 빠르다. 이것은 10vol% 정도의 부드러운 흑연이 포함되어 있으므로 두드리면 기지조직인 페라이트와 퍼얼라이트 조직 부분과 편상흑연의 계면에서 점성유동이 일어나서 진동에너지가 흡수되기 때문이다. 회주철은 이 우수한 제진기능 때문에 일찍부터 공작기계의 베드로 사용되어 오고 있다.

[표 2-3]은 제진합금의 응용 예를 나타낸 것이다. 특히 소노스톤(Sonostone)이라는 Mn-Cu계 합금은 잠수함의 스크류 재료로서 사용되며 조용한 잠행능력 때문에 호평을 받고 있다.

사이렌타로이(Silentalloy)는 12~13%의 Cr과 2~3%의 Al을 포함한 고 Cr강으로 강자성체이며 자기변화가 크고 외력에 의해 자벽의 이동을 발생시켜 진동에너지를 흡수하는 강자성형으로 분류되는 제진합금이다.

[표 2-3] 제진합금명과 조성

합금명	사용 예	조성
소노스톤 (Sonostone)	잠수함 어뢰의 스크루 체인 콘베어 고속테이프 펀치등	Mn-Cu계 합금
Incramute	핫코트 레일의 헤머 원판기 등	Cu-Mn-Al계 합금
Silentalloy	DC솔레노이드플런저 철도선로의 보수기 대전력 직류개폐기 등	고 Cr강 (12-13% Cr, 2-3% Al를 함유한 강)
압연구상흑연주철	원판	10%Vol의 흑연 포함한 주철
Fe-Cr-Al 합금	M113형 장갑차	

이 밖에 Ti-Ni 합금과 인크라뮤트(Incramute)라 하는 Cu-Mn-Al계 합금 및 위에서 말한 소노스톤(Sonostone) 등은 쌍정형으로 분류되는 제진합금이다.

또한 제진재료로서는 위에 기술한 합금단체재료 외에 수지를 활용한 복합형 재료도 있다. 이 복합형재료는 다시 수지의 상하를 강판으로 구속한 복합구속형 제진강판과 한 장의 강판위에 아스팔트 고무를 주성분으로 하는 고분자재료 시트를 접합한 복합비구속형 제진강판으로 크게 나누어진다.

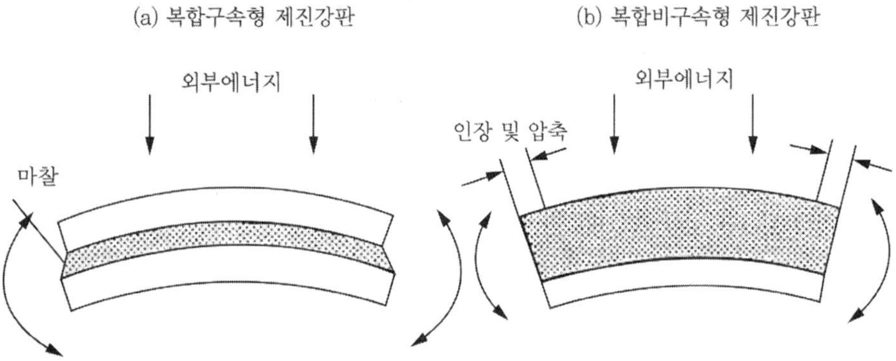

[그림 2-7] 복합구속형과 복합비구속형 강판의 제진기구

이러한 제진기구는 [그림 2-7]에 나타낸 바와 같이 외력에서 가해진 진공에너지를 수지의 마찰과 신장 및 압축에 요하는 열에너지로 흡수함으로써 공진 · 공명에 의하여 발생되는 소음을 저하시킨다.

종래의 제진합금과 비구속형 제진강판에 비하여 우수한 제진성능을 지니고 있는 복합구속형 제진강판은 적층 제진강판과 경량 적층 제진강판으로 분류하기도 한다. 적층 제진강판은 강판(0.4mm)과 강판 사이에 0.05~0.1mm의 점탄성 수지를 삽입한 강판으로 자동차 보디의 대시패널 인슐레이터, 룸 파티션 패널에 사용되고 있다. 점탄성 수지는 에틸렌, 에스테르, 아크릴 등이 주성분인 수지이다. 경량 적층 강판은 강판(0.2mm)과 강판 사이에 비교적 두꺼운 수지층(0.6mm)을 삽입한 것으로 강성이 크고 경량효과가 있는 강판이다.

또 이것들과는 전혀 별도로 알루미늄분말을 낮은 압축력 하에서 소결한 다공성 재료도 우수한 방음특성을 가진 것으로 알려져 있다. 즉 내부에 많은 가스(공기)를 함유하고 있는 다공질 금속은 초경량(비중〈1.0), 고강성, 흡음특성, 진동흡수능, 고충격 에너지 흡수능력 등의 특성을 가지고 있다.

근래에는 절삭공구 지지용으로서 제진합금의 응용이 시도되고 있다. 즉 절삭공구의 상크

(shank)재로서 일반탄소강(SM45C) 대신에 강자성형의 제진합금인 젠다로이(Cr-Mo계 합금강)를 사용함으로써 절삭가공 중에 발생하는 공구의 진동을 억제시켜 가공면의 조도 및 절삭안정성을 향상시킨 시험 결과도 나와 있다.

[참고문헌]

1. 日本音響材料協議會編 : "騷音·振動對策 Handbook", 技報堂出版, (1982)
2. 趙顯麒 著 : "신소재합금", 경북인쇄(주), (1998)
3. 김암수, "금속·기계재료", 한국산업인력공단, (2004)
4. 서영섭, 백승호, 이철영, "신소재공학", 기전연구사, (2001)
5. http://nongae.gsnu.ac.kr/%7Ehurby/gsnu/gsnu.htm

03 비정질(amorphous) 금속

3.1 비정질 금속의 역사

3.1.1 개요

금속의 결정립의 크기는 0.1㎛ 정도의 미세 결정립에서 조대한 단결정까지 다양하다. 이러한 결정질의 금속에 열을 가하여 액체상태로 만든 후에 고속으로 급랭하면 원자가 규칙적으로 배열되지 못한 상태에서 과랭액체가 급속히 응고하는데 이것을 비정질(amorphous)이라 한다. [그림 3-1] 참조.

보통의 금속재료는 결정체로서의 여러 가지 특성을 유효하게 이용한 것이었고, 결정체내 원자의 장범위 규칙배열을 기초로 해서 금속 재료학이 발전되어 왔다. 그러나 최근에 장범위 규칙성을 갖지 않는 극히 혼란된 원자배열로 된 특수한 구조를 갖는 비정질(non crystalline, 또는 amorphous)은 장범위 규칙도(long-range order)를 갖지 않고 액상 그대로의 원자구조를 지닌 채, 유리전이온도(glass transition temperature, Tg) 이하로 과냉각되어 굳은 것이다. 통상 3배의 원자거리 안에서 규칙도가 존재하지 않는 경우를 일컫는 것으로 종래의 금속학의 개념으로는 이해가 곤란한 성질을 나타내고 있기 때문에 재료물성 분야와 재료공학 분야에서 일명 비결정형 재료로서 새롭게 개발되어 다양하게 사용되어 가고 있다.

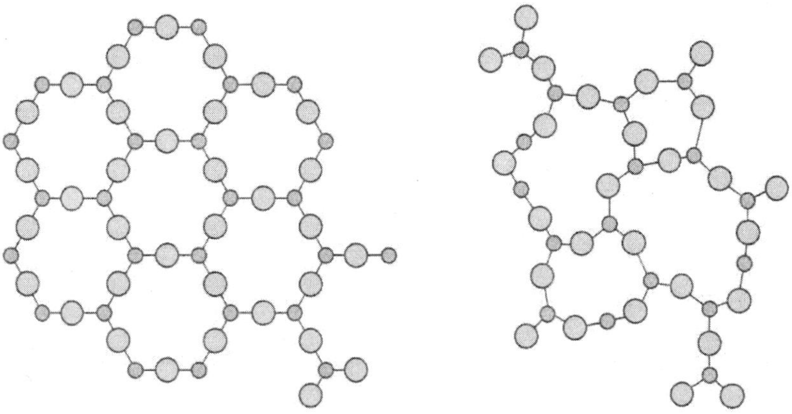

(a) 결정질(장범위 규칙격자)　　　(b) 비정질(단범위 규칙격자)

[그림 3-1] 원자 배열 2차원 모식도(SiO_2)

3.1.2 역사적 배경과 현황

비정질 금속이 1970년 이후 급격히 발전하게 된 것은 비정질 금속 테이프의 제조가 가능했기 때문이며 비정질 금속 제조기술의 발달과 함께 많은 합금계의 비정질 재료가 개발되어 흥미로운 성질도 아울러 발견하게 되었다.

[표 3-1] 비정질 재료 개발과 특성

년	합 금 계	제조법	특성
1960	(Au-Si 합금)	코팅법, 증착법	비정질, 자성이론 전기저항
		건(gun)법, 피스톤 앤빌법	
	철증착막		비정질 강자성
1965	(Pd-Si, Pd-Si-Cu 합금)		
	(Pt-Ni-P 합금)		
	Fe-P-C 합금		
	(비정질막)	원심법	(스위칭법)
	(Cu-Zr, Nb-Ni 합금)	쌍롤법	
1970	Fe-P-B, Ni-P-B, Co-P-B 합금		
	(Cd-Co스퍼트막)	(고속 스퍼트법)	메모리 특성
	메타그라스(5mm폭) P-B-Al계	단롤	고내식성, 고투자율성

1975	Co-Fe-Si-B 합금		(자기:실드재)
	메타그라스,Fe-Ni-P-B 합금		초전도성
	Fe-Si-B 합금	스프레이법	고자왜성
	Fe-B 합금, Co-B 합금	레이저 표면처리법	내방사선 특성
	Fe-Cr-C, Fe-Mo-C	플라즈마법	
	Fe-W-C계 등이 강	Triple롤법	
	Fe-Zr, Co-Zr, Ni-Zr계 합금	액척, 분출법	촉매법
1980	(Ti, Zr, Hf)-Si계 합금		경자기 특성(결정화) (Cartridge재)

[그림 3-2]에서처럼 비정질 합금은 금속-비금속계와 금속-금속계의 2종류가 있고, 전자는 경험에 의해 B, C, Si, Ge, P 등의 반금속원소를 약 15~35at% 포함한 합금이며, 후자는 주로 주기율표의 우측과 좌측의 금속을 조합시킨 합금이다. 비정질 합금에 관하여 주로 연구되고 있는 내용은 원자배열 및 전자상태와 같은 구조, 비정질 형성능과 기구, 구조안정성과 결정화기구, 강도와 변형·파괴기구, 열팽창, 열전도, 전기전도도, 수송현상과 확산, 자성, 내식성, 가스흡수, 촉매성, 초전도성 등 넓은 범위에 걸쳐 있다.

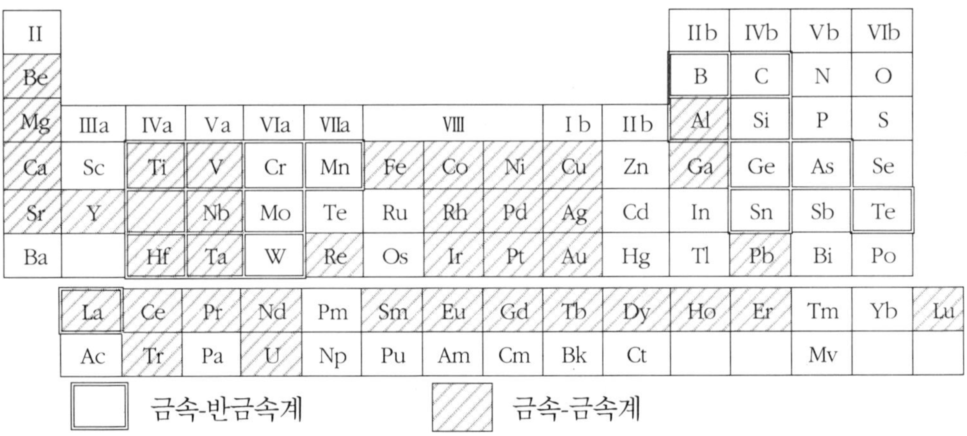

[그림 3-2] 액체 냉각법에서 얻을 수 있는 비정질 금속의 주요원소를 주기율표상에서 종합한 그림

그 결과 같은 결정금속재료에서는 얻기 어려운 성질을 얻을 수 있다. 그 예로서 고강인성, 고내식성, 고투자율성, 초전도성 등이 우수한 것으로 알려져 있다.

3.2 비정질의 특성

Tg(glass transition temper ature 유리 전이온도 = 비정질화 온도) 이하의 비정질을 유리(glass)라 하고, Tg에서 융점(Tm) 이하까지의 비정질을 과냉각 액체(under cooled liquid)라 한다.

일반적으로 액체를 서랭하면 Tm(응고온도)에서 결정화되지만 냉각속도를 증가시키면 액상은 Tm을 통과하여도 바로 결정화하지 않고 어느 온도까지 과랭액체 상태를 유지한다. 냉각속도를 크게 하여 저온까지 냉각시키면 액상구조는 그대로 유지된 채로 원자의 상호이동이 불가능하여 비정질화 된다.

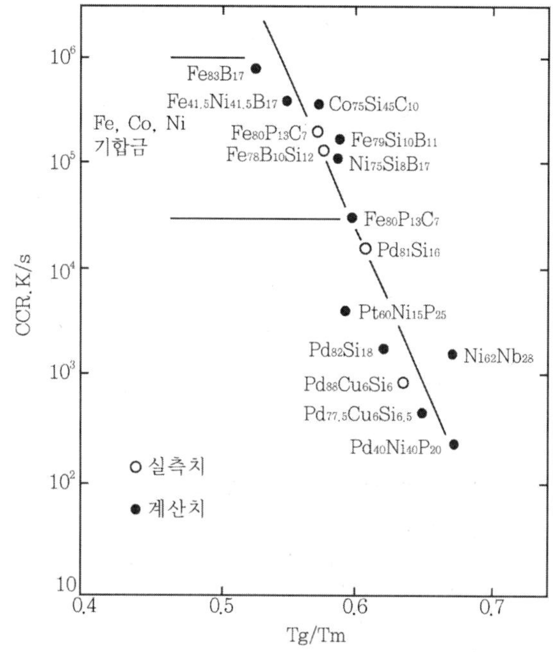

[그림 3-3] 여러 종류의 합금에서 비정질 형성능을 나타내는 임계냉각속도와 Tg/Tm과의 관계

3.2.1 비정질 형성능

액체를 급랭하여 비정질상을 얻기 위해서는 과랭액체 중에서 결정핵의 생성과 성장을 저지하도록 충분한 냉각속도, 즉 임계냉각속도 이상으로 냉각하지 않으면 안 된다. 따라서 장치의 냉각능력이 합금의 임계냉각속도 이하로 되는 경우에는 비정질화가 되지 않고 결정질이 된다. 또 동일 합금의 경우에서도 냉각속도는 박막의 두께에 따라서 비정질이나 결정질화가 될 수 있다. 따라서 비정질상을 얻기 위해서는 사용 장치의 냉각능력과 합금의 임계냉각속도, 형상 등이 중요한 인자가 된다. 일부 합금에 대한 임계냉각속도에 대한 시험결과를 [그림 3-3]와 같이 나타내었다.

[그림 3-3]와 같이 귀금속을 모상으로 한 합금들을 제외하고는 대부분의 합금의 임계냉각속도 ≒ $10^5 \sim 10^6$℃/sec 부근이다. 비정질 형성능은 Tg/Tm과 밀접하게 연관되어 있으며, 이 비가 클수록 비정질화는 용이하다. 산화물 glass의 임계냉각속도는 일반적으로 $10^{10} \sim 10^{-2}$℃/sec 정도로서 Tg/Tm은 약 0.65 정도로 되는 경우가 좋다고 알려져 있다.

금속 · 합금의 비정질 형성능은 임계냉각속도 또는 Tg/Tm 값으로 평가되나 이 값을 실측하기는 용이하지 않다. 이 때문에 실험적으로 용이하게 구할 수 있는 비정질화를 위한 합금의 최대두께(임계두께)의해 비교하는 것이 용이하다.

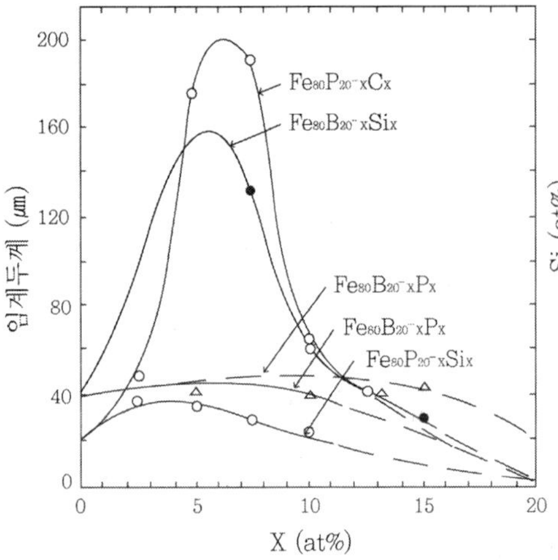

[그림 3-4] $Fe_{80}M_{20}$ 합금의 비정질 형성능력을 나타내는 임계두께

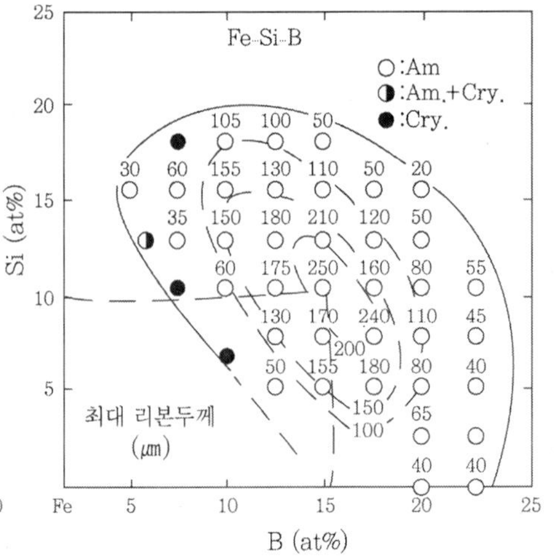

[그림 3-5] Fe-Si-B계 3원합금의 임계두께의 조성 의존성

[그림 3-4]는 반금속원소 P, B, C, Si의 총량을 20at%로 고정하고 임계두께에 미치는 반금속원소의 효과를 나타낸 것이다. 비정질화가 가능한 임계두께는 2원계 합금보다 3원계 합금에 반금속원소를 첨가한 특수합금에서는 임계두께가 급격히 증가한다.

2원계 합금인 $Fe_{80}B_{20}$의 임계두께는 40㎛이고, $Fe_{80}P_{20}$의 임계두께는 20㎛ 정도이나 3원계 합금인 Fe-B계에 Si5at%를 첨가한 합금의 임계두께는 155㎛, Fe-P계에 반금속원소인 5at%C를 첨가한 경우에 임계두께는 200㎛로 2원합금 보다 현저히 비정질화 할 수 있는 두께가 두꺼워졌다. [그림 3-5]는 3원계 합금인 Fe-Si-B계에 대한 비정질화 임계두께를 등고선으로 나타낸 것으로 Fe-10at%Si-15at%B계 부근에서 최대 임계두께를 얻을 수 있으며, 약 250㎛ 정도이다.

3.2.2 열적 안정성과 결정화

비정질 금속의 본질적인 결점은 열에 대하여 불안정한 구조를 갖는데 있다. 따라서 성질의 안정성도 나쁘다. 그 이유는 열을 받을 때 구조완화와 결정화가 일어나기 때문이다. [그림 3-6]은 이 현상을 정성적으로 나타낸 것이다.

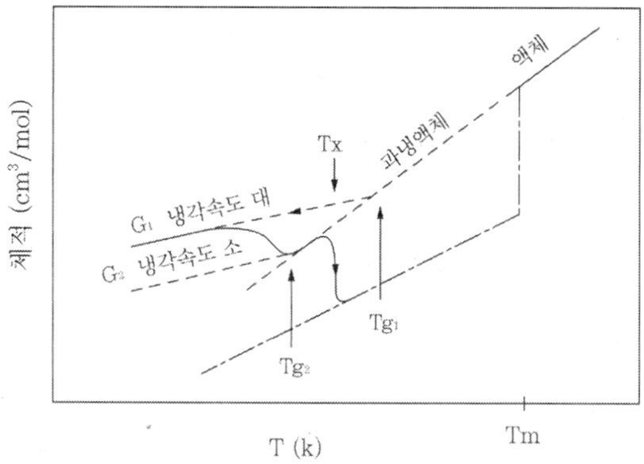

[그림 3-6] 비정질 금속의 체적과 온도와의 Tg,Tx와의 관계

비정질 고체는 액체(L)를 급랭하여 결정의 핵발생과 성장을 억제하여 유리 전이온도(Tg) 이하에서 얻을 수 있다. 이 Tg는 과랭속도에 의존하고 속도를 크게 하면 $Tg_2 \rightarrow Tg_1$으로 유리 전이온도가 상승한다. 이것은 냉각 중에 과랭액체 중의 원자의 확산이 불충분하여 과잉공극(free volume)을 남긴 채로 고체가 되기 때문이며, 이 비정질상 G_1은 냉각속도가 낮은 G_2보다 밀도가 낮게 된다. 따라서 이 G_1을 가열하면 급랭 시 도입된 여분의 과잉공극이 소멸되고, 보다 안정한 상태 G_2로 이동한다. 이것을 구조완화 현상이라 하며 급랭된 그대로의 비정질 금속의 성질이 시효에 의해 점점 변화되는 원인이 된다. 따라서 보다 성질을 안정시키기 위해서는 급랭한 후 결정화하는 온도(Tx) 이하에서 일단 일정시간동안 가열하여 열처리한 뒤 구조완화 현상을 제거하는 것이 좋다.

비정질 금속은 산화물 글라스와 비교하여 원자의 확산이 일어나기 쉽고, 결정화온도(Tx)가 낮다. 이 때문에 많은 합금은 구조완화 후 유리전이온도(Tg)보다 낮은 온도에서 결정화하게 된다.

비정질화한 금속을 결정화온도(Tx) 이하에서 열처리를 했을 때의 효과는 단 범위 규칙화, 상분해 및 클러스터 생성 등 구조변화와 급랭 시 비정질재료에 남게 되는 내부응력을 완화시키고, 강자성 비정질 금속은 큐리점 이하에서 유도자기 이방성이 일어남으로써 자기불안정의 원인을 제거할 수 있다.

3.2.3 재료특성(구조상)

비정질 금속의 구조는 아직도 명확하게 밝혀지지는 않았지만 정성적으로 다음과 같은 구조상의 특징을 지적할 수 있다.

첫째, 각 원자 간에는 보다 등방적인 금속결합이 작용하여 이상에 가까운 무질서 구조로 되어있다.

둘째, 거시적으로는 균질인 동시에 등방적인 구조로 되어 있고, 결정에서 볼 수 있는 결정구조 이방성, 조성 이방성, 결정성 결함(입계, 전위, 면결함 등) 및 조성 편석 등이 없다.

셋째, 원자의 인접배위 결정과는 그렇게 다르지 않고 금속적 성질을 유지한다.

현재 얻고 있는 비정질 금속은 액체상태보다도 상당히 단 범위 규칙도가 발달되어 있고, 그 밀도는 결정상태보다 1% 정도 작다. 따라서 단 범위 규칙도가 크게 반영되는 성질의 경우에는 결정과는 현저하게 다른 성질을 나타낼 가능성이 있다.

가. 기계·물리적 성질

금속은 전연성이 우수한 것이 중요한 특징이지만, 비정질 구조를 가진 금속에서는 결정이방성이 없기 때문에 특정한 슬립면이 없다. 이 때문에 변형기구는 결정금속과 현저하게 다른 기계적 성질을 나타낸다고 생각된다.

이와 같은 이유 때문에 비정질 금속의 강도가 대단히 높을 뿐만 아니라 높은 인성을 갖는다고 알려져 있다.

비정질 합금의 인장강도는 Fe기 비정질 합금에서는 3,920MPa, Co기 비정질 합금은 2,940MPa, Ni기 비정질 합금은 2650MPa 정도이며, 비정질 금속의 인장특성은 온도, 인장속도, 시료의 크기 등에 따라 그 값이 변한다.

일반적으로 비정질 합금의 탄성적 연신율은 1.5~2% 정도 높고, 소성적 연신율은 0.1% 이상의 소성변형이 생겨 톱니모양이 나타나는 것이 특징이다. 강성률(G)과 영률(E)은 같은 결정화 합금보다 20~30% 적고, 체적탄성률(B)도 5~6%가 더 적다. 강성률(G) 및 체적탄성률(B)의 값은 합금 조성과 관계없이 B/G의 값이 일반적으로 약 5정도이다. 비정질 합금은 일반 결정금속과 같이 피로파괴가 일어나는데 $Pd_{80}Si_{20}$ 합금의 피로한도는 440MPa 정도이다.

각종 비정질 합금의 인성은 인장 파열에너지로 나타내며, 인장파열에너지의 예로서 $Fe_{80}P_{13}C_7$는 $1.1\times10^8 erg/㎠$, $Pd_{80}Si_{20}$는 $0.4\times10^8 erg/㎠$, $Cu_{57}Zr_{43}$는 $0.6\times10^8 erg/㎠$ 정도이다. 비정질합금의 인장파열에너지는 약 $10^8 erg/㎠$로서 유리에 비하면 10^5배 크고, 일반 결정금속에 비하여 약간 높은 값을 갖는다.

비정질 합금의 파괴에 따른 변형기구는 점성유동기구와 전위형 변형기구가 있다.

점성유동기구는 고응력이 집중 작용하는 부분에는 고변형(과잉공극)부분이 생겨 전단점성이 크게 저하되어 점성유동에 의해서 변형이 일어나는 기구로써 과잉공극모델(Free volume model)과 비열적 변형모델(Adiabatic deformation model)이 있다.

전위형 변형기구는 전단단계, terminate 슬립 및 천이 크리프 등을 발생시키는 전위에 의해서 변형이 일어나는 기구로써 전위모델, 전위격자모델(Dislocation lattice model), 분리모델(Disjunction model)이 있다.

비정질 합금의 변형은 최대전단면상의 원자군의 집단운동에 의해 생긴다고 생각된다. 이와 같은 결과로부터 비정질 합금의 항복강도가 대단히 높다고 설명될 수 있다.

[표 3-2]는 Fe기, Co기, Ni기 등의 비정질 합금의 기계적 성질을 나타낸 것으로서 결정질 합금에 비하여 경도, 인장강도 등이 우수하다.

[표 3-2] 비정질 합금의 기계적 성질

합금조성		경도(Hv)	인장강도(σ f) kgf/㎟	Young률(E) kgf/㎟	σ f/E	Hv/σ f
Fe 합금	$Fe_{80}B_{20}$	1,080	350	17×10^3	0.020	3.1
	$Fe_{90}Zr_{10}$	640	220	-	-	2.9
	$Fe_{80}P_{13}C_7$	760	310	12.4×10^3	0.025	2.5
	$Fe_{78}B_{20}Si_{12}$	910	340	12×10^3	0.028	2.7
Co 합금	$Co_{90}Zr_{10}$	600	190	-	-	3.2
	$Co_{73}Si_{15}B_{12}$	910	306	9×10^3	0.034	3.0
Ni 합금	$Ni_{90}Zr_{10}$	550	180	-	-	3.1
	$Ni_{78}Si_{10}B_{12}$	860	250	8×10^3	0.034	3.4
기타	$Pd_{80}Si_{20}$	325	136	6.8×10^3	0.020	2.4
	$Cu_{80}Zr_{20}$	410	190	-	-	2.7

비정질 금속재료는 고강도재료에서 볼 수 있는 인성 저하현상이 없으며, 동일한 강도에서 비교하면 현재 사용되는 고강도재료에 약 3배의 인성 값을 갖는다고 보고되고 있다. 즉, 비정질 합금은 특정 Slip면이 없기 때문에 결정금속보다 강도, 인성, 항복강도 등이 대단히 높다.

[그림 3-7]과 같이 철합금($Fe_{75}Si_{10}B_{15}$)의 세선과 탄소강의 피아노선의 인장응력과 연신율곡선을 비교한 결과, 피아노선(탄소강선)의 인장강도는 2,800MPa이지만 비정질 합금의 급랭재는 3,100MPa로 피아노선보다 높으며, 36%로 인발한 가공재와 85% 가공 인발재의 인장강도는 약 3,600MPa로서 약 800Mpa 정도가 높다. Fe-B계 및 Fe-Zr계 비정질재는 열팽창의 온도계수나 탄성율의 온도계수가 작은 특성이 있다.

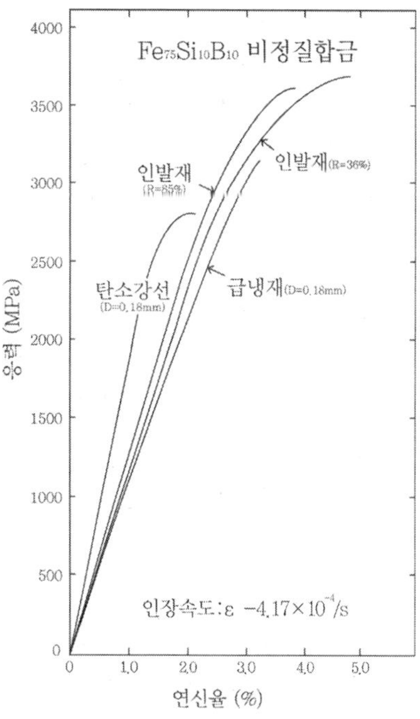

[그림 3-7] 비정질 합금과 탄소강 피아노선의 응력-신율 곡선

나. 화학적 성질

비정질 금속-반금속이 한가지의 금속성분만 포함된 경우에는 내식성이 나쁘지만, 비정질 금속-반금속에 제2의 금속원자를 첨가하면 내식성이 향상된다. 화학적 활성이 높고, 금속의 표면에 부동태 피막을 형성하기 쉬운 Cr이나 Mo 등의 금속원소를 첨가한 비정질 합금은 고내식성이 우수하여 산성, 중성, 알카리성 등 모든 용액 중에서 현저한 내식성을 나타낸다. 이것은 비정질의 등질성과 화학적 활성 때문에 균일하고, 균질한 산화피막이 급속히 형성되기 때문이다.

이 부동태 피막의 형성은 수소취화를 어렵게 하고, 응력부식, 공식, 극간(隙間)부식에 대하여도 큰 저항이 나타난다. 즉, 비정질 합금은 결정에서 나타나는 입계, 격자결함, 등의 구조상의 불균일성과 편석 등 조직상의 불균일성이 화학적으로 균일한 물질이기 때문이며, 화학적인 균일성으로 표면에 생성하는 부동태 피막이 균일하게 형성되기 때문이다. 내식성이 우수한 비정질 합금 중 Fe에 소량의 Mo를 첨가한 합금은 금속으로는 절대로 견딜 수 없는 가혹한 60℃의 염산용액에서도 충분한 내식성을 유지한다. Fe에 소량의 Cr를 첨가한 합금을 비정질화 하면 부식은 현재의 스테인리스강의 100만분의 1 이하로 감소한다. 비정질 합금에 Cr과 Mo를 동시에 첨가할 때에는 부동태 피막(CrOx(OH)3-2x·H2O)이 형성되어 내식성을 현저히 개선시킨다.

금속-금속계 비정질 합금은 금속-반금속계 비정질 합금처럼 내식성이 우수하지 않다. [그림 3-8]은 결정 금속과 비정질 금속의 표면상태를 비교한 것이다. 비정질금속은 노출된 그대로는 용해속도(부식속도)가 대단히 높지만 시간의 경과에 따라 급격히 저하된다.

비정질은 COgas에서의 수소화 반응율은 결정상에 비하여 비정질상 쪽이 210배나 되고, 에틸렌 등의 장쇄탄화수소의 생성율은 결정의 약 3배가 된다.

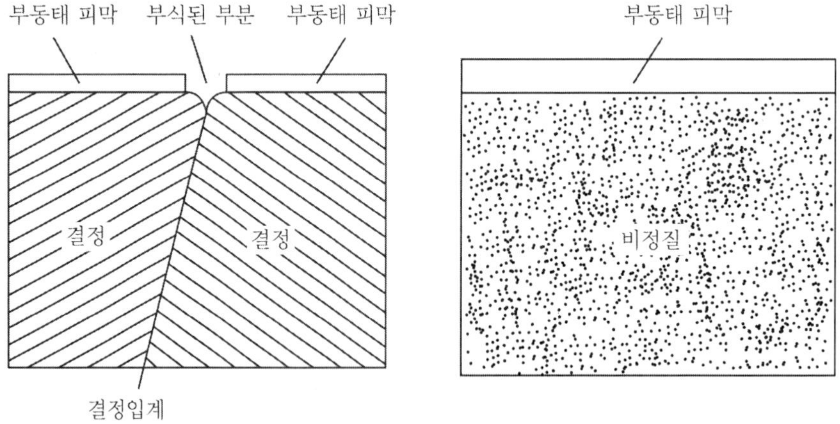

[그림 3-8] 결정질과 비정질 금속의 표면상태 비교

다. 비정질 합금의 열적 성질

비정질 합금은 온도변화에 따른 특성변화를 살펴보면, 큐리점(Tc) 이하에서 열팽창이 적고, 결정화 온도(Tx)에서 수축한다. 탄성특성은 온도 의존성을 나타내며, 일반적으로 온도가 상승하면 영률이 작게 된다. 또한 비정질 합금은 큰 전기 저항률을 갖고 있으며, 그 온도계수는 작고, 결정화 온도 부근에서 급변한다.

열에 약한 특성이 있어 열처리에 의한 구조완화가 된다. 즉, 급랭에 의해 비정질화한 합금은 가열에 의해 구조완화를 일으킨 후 결정화한다. 비정질상태에서 구조완화를 일으켜 결정화하면 구조적 결함이 확산에 의해 소실되는데 이는 물리적 단 범위 규칙도가 증대되기 때문이며, 아울러 화학적 단 범위 규칙도가 증대됨에 기안한다고 생각한다. 비정질재가 열에 의해 결정화하는 온도는 비정질금속의 열적안정성을 측정하는 기준이 된다. 융점이 높은 금속을 포함할수록 비정질금속의 결정화 온도는 높아진다.

라. 자기적 성질

비정질 자성합금이란 강자성 금속(Fe, Co, Ni 등)을 주성분에 반금속(P, B, Si, C 등)과의 합금이나 강자성 금속과 IVa 천이금속(Zr, Ti, Hf 등)과의 합금을 말한다. 비정질 구조를 갖는 자성합금은 자벽의 운동에 대한 저항이 작고 자기이방성이 없기 때문에 현저한 연자성 특성을 나타낸다고 생각된다.

비정질 자성합금은 보자력이 작고, 투자율이 높으며, 히스테리시스 손실이 적은 특성이 있으며, 결정금속에서 나타나는 상변태가 없으므로 자기적 성질이 연속적으로 변하는 장점이 있으나 비정질 자성합금은 다량이 비금속 원소를 포함하고 있으므로 포화자속밀도가 낮고 큐리점이 낮은 결점이 있다.

철합금이 비정질일 때는 자기에 매우 민감하여 약한 자계(磁界)를 걸어도 즉각 반응하며, 자계를 제거하면 즉각 원래 상태로 돌아간다. 이와 같은 성질은 자계가 빈번히 변화하고, 그에 민감하게 반응해 주어야만 하는 데에서 사용하기에는 안성맞춤이다. 비정질 합금은 고성능 테이프 레코더의 자기(磁氣)헤드에 사용되고 있다.

마. 전기적 성질

변압기의 철심에는 규소강판이 박판형태로 겹쳐서 사용되는데 이 철심부에서의 발열에 의한 에너지 손실이 상당히 크다. 비정질 금속을 사용하면, 손실을 1/3~1/5로 감소시킬 수가 있다. 비정질 합금은 결정금속에 비하여 약간 전기저항이 높고 그 온도계수가 작은 특징이 있다. 이러한 성질은 투자율의 주파수 특성을 개선하고, 자심의 와전류 손실을 경감시키는 효과가 있다.

또한 저항율의 온도계수가 작고 조성에 따라서는 0의 계수를 얻을 수 있으며 이와 같은 특성으로 표준 저항재나 자기저항 센서재로 이용될 수 있다.

비정질재 중 Mo 합금, Nb 합금은 저온에서 초전도성을 나타낸다고 보고되고 있다.

3.3 비정질 합금의 제조법

3.3.1 제조법 분류

비정질 합금는 금속가스, 금속이온, 금속액체를 이용하여 제조되며, [표 3-3]은 합금을 비정질로 만드는 방법들을 세부적으로 구분한 것이다. 이들 가운데 가장 일반적인 방법은 스퍼터(sputter)법과 액체 급랭법이 있으며, 이 중 액체 급랭법은 분말, 세선, 박대 등의 제조에 이용된다.

[표 3-3] 비정질 합금의 제조법

<table>
<tr><th>구분</th><th colspan="2">방 법</th><th>재료형상</th><th>합금 예</th></tr>
<tr><td rowspan="5">금속
가스</td><td colspan="2">진공증착법</td><td>극박막(10~10^2Å)</td><td>Fe, Ni, Mo, W,…</td></tr>
<tr><td colspan="2">이온 도금법</td><td>박막(10^2~10^3Å)</td><td rowspan="3">희토류 -금속계
금속-금속계
금속-반금속계</td></tr>
<tr><td rowspan="2">스퍼터법</td><td>저속</td><td>박막(10^2~10^3Å)</td></tr>
<tr><td>고속~㎛/분</td><td>후막(수 mm)</td></tr>
<tr><td colspan="2">화학기상 반응법</td><td>후막(~수 mm)</td><td>SiC, SiB, SiN,…</td></tr>
<tr><td rowspan="3">금속
이온</td><td colspan="2">코팅법 : 전해법</td><td>후막(~수 mm)</td><td>Ni-P, Co-P, Fe-P</td></tr>
<tr><td colspan="2">무전해법</td><td></td><td>Ni-B, Co-W, Fe-W</td></tr>
<tr><td colspan="2"></td><td></td><td>Cr-W, Fe-Mo,…</td></tr>
<tr><td rowspan="11">금속
액체</td><td colspan="2">액체급랭법</td><td></td><td></td></tr>
<tr><td colspan="2">건(gun)법</td><td>박편 : 수100㎎</td><td rowspan="10">금속-반금속계
금속-금속계
금속 -희토류계</td></tr>
<tr><td colspan="2">원심법</td><td>박편 : 수100㎎</td></tr>
<tr><td colspan="2">단롤법</td><td>박대(~5㎜ 폭)</td></tr>
<tr><td colspan="2">쌍롤법</td><td>박대(~200㎜ 폭)</td></tr>
<tr><td colspan="2">스프레이법</td><td>분말</td></tr>
<tr><td colspan="2">회전액중 분사법</td><td>분말</td></tr>
<tr><td colspan="2">스파크법</td><td>분말</td></tr>
<tr><td colspan="2">수류중 방사법</td><td>세선</td></tr>
<tr><td colspan="2">회전액중방사법</td><td>세선</td></tr>
<tr><td colspan="2">글라스피복방사법</td><td>세선</td></tr>
</table>

가. 액체 급랭법

액체 급랭법은 용융한 합금을 $10^5 \sim 10^6$K/sec로 급랭응고시켜 결정의 핵생성 및 성장속도보다 빠르게 글라스 전이온도 이하로 냉각시키는 것이다.

액체 급랭법으로 비정질재를 얻기 위한 조건은 합금에 함유된 이종원소의 원자반경이 현저하게 다른 것과 상태도에서 공정점의 온도가 낮은 것이 요구된다.

[그림 3-9]와 같이 액체 급랭법은 원심법, 단롤(single roll)법과 쌍롤(double roll)법 등이 있다.

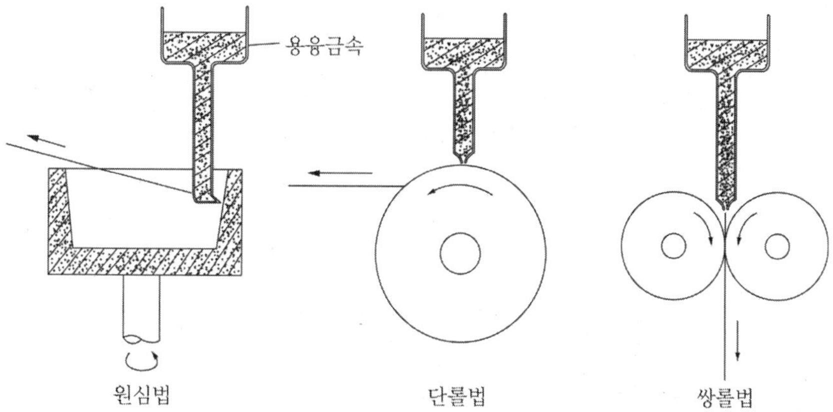

[그림 3-9] 연속 액체 급랭법에 의한 리본형태의 비정질재를 제조하는 장치의 개념도

1) 단Roll법

용탕을 담는 도가니의 선단에 구멍이 뚫려 있으며, 도가니의 압력을 높여서 고속 회전하는 롤 표면에 분출하여 리본상태의 비정질재를 제조한다.

제조 조건은 불활성 가스분위기로 하여 용액의 산화를 방지하며, 사용되는 롤의 재질은 철계 및 동계합금이 사용되고 있다.

롤의 회전속도를 20m/sec 이상으로 하여 리본상태의 비정질재를 제조하며, 리본의 두께는 용액의 분출압력, 롤의 회전수, 노즐-롤 간의 거리 등에 의해 결정된다.

2) 쌍Roll법

단롤법의 단점을 개선한 방법으로서 용탕의 냉각과 압연을 동시에 하는 방법이다. 쌍롤법의 장점은 단롤방식에 의한 것보다 두꺼운 것이 얻어지며 면조도 및 판 두께의 정도가 양호하며, 복합재료를 만들 수 있는 가능성이 크다.

단점은 제조 및 운전조작이 복잡하며, 구조상 단롤법의 경우와 같이 노즐을 수mm 정도까지 롤에 접근하기 곤란하여 노즐과 용탕낙하 위치간 거리가 멀다.

나. 진공증착법

금속을 가열하여 기체상태의 원자를 저온으로 유지된 기판 위에 직접 응고시키는 것이다. [그림 3-10]과 같이 진공장치는 고진공펌프를 사용하여 높은 진공상태를 유지시키고, 아래쪽에는 증발시킬 비정질 원재료인 소스(증발원)를 설치한다. 그리고 상부 쪽에 기판을 장착한다. 보통 초기 진공도는 10^{-4}torr 이하의 고진공을 만들고, 전기저항을 주거나 전자빔 등으로 소스를 가열한다. 고진공 상태에서 소스를 기체화하면 증발되어 기판까지 날아가면 상대적으로 낮은 온도상태를 유지하는 기판 위에 기체원자들이 응축되어 비정질의 박막이 형성된다.

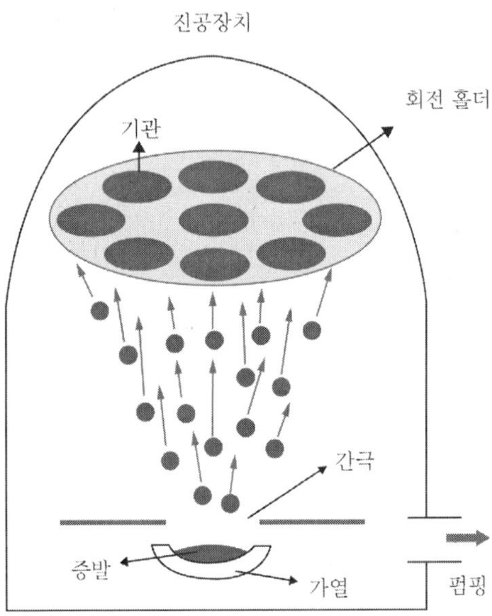

[그림 3-10] 진공증착(Thermal Evaoration)의 원리

다. 기타 액체 급랭법

1) 건법과 피스톤 앤빌법

① 건(gun)법

밑바닥에 약 1.5mm폭 정도의 작은 구멍이 있는 흑연도가니에 100mg 정도의 합금을 용해하고 이것을 고압 불활성가스에 의하여 동제 냉각판 위에 고속 분출하여 제조하는 방법이며, 냉각속도는 10^6℃/sec 이상으로 한다.

② 피스톤 앤빌법

건법에 비해 제조조건이 불리하지만 시료의 두께가 일정하다.

그 외에 원심급랭법, Atomize법 등이 있다.

3.3.2 급랭법에 의한 비정질 생성의 조건

액체에서 고체로 냉각될 때 응고과정에서 결정의 생성, 성장이 장 범위로 일어나는 것을 제어하는 조건으로 Rc(임계냉각속도)보다 더 큰 온도구배로 냉각시킬 것이 요구된다.

Rc(임계냉각속도)의 예로서 Ni은 5×10℃/sec, Pd-Cu-Si는 100℃/sec로 냉각속도를 유지해야 한다. 이 때에 Tg/Tm의 값이 클수록 비정질화하기 쉽다.

* Tg ; 유리전이온도(비정질화 온도), Tm ; 융점

3.4. 비정질 금속의 구조

비정질 금속은 장 범위 규칙도가 없으나 단 범위 규칙도는 어느 정도 있는 것으로 본다. 단범위 규칙도를 갖은 원자결합 구조는 [그림 3-11]과 같이 4면체, 8면체, 3각 프리즘, 안티프리즘, 3각 12면체로 되어 있다.

비정질 조직의 특징은 결정과 같은 이방성이 없고 특정한 slip면이 없다. 또한 결정에서 볼 수 있는 입계면, 쌍정, 적층결함 등과 같은 국부적인 불균일 조직이 존재하지 않는다. 비정질 구조를 갖는 유리, 고분자 등과는 달라 단순한 원자구조를 가지면서 금속결합 특유의 성질을 나타낸다.

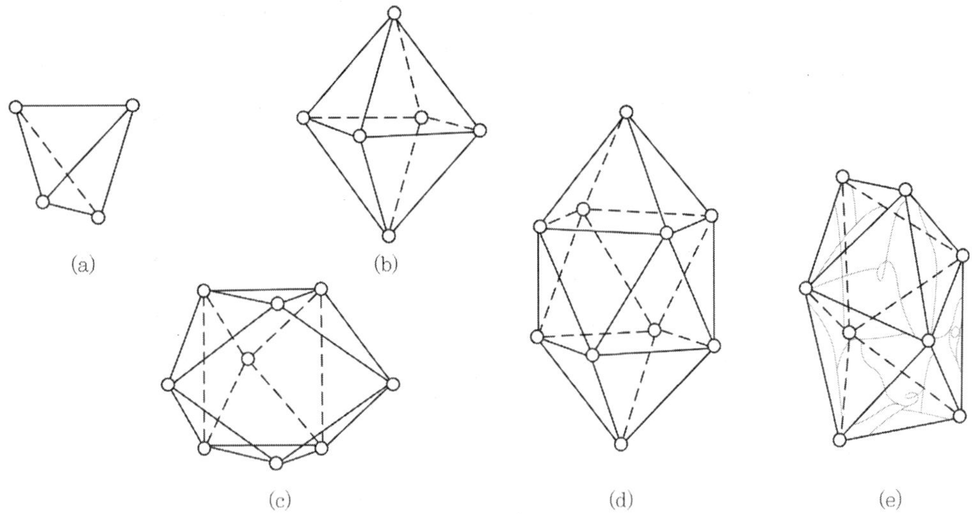

(a) 4면체, (b) 8면체, (c) 3각 프리즘, (d) 안티프리즘, (e) 4각 12면체

[그림 3-11] Bernal 공극

[참고문헌]

1. 김기범, 김현미, 정운룡, 최현진, 홍성현, 황종목, "나노재료", 번한서적주식회사, (2012)
2. 조현기, "신소재합금", 경북대학교출판부, (1998)
3. http://cafe.naver.com/goldphoenix/134
4. M.Hagiwara, A.Inoue, T. Masumoto, "Sci. Rep. RITU. A-29,351. (1981)
5. http://marriott.tistory.com/73
6. 서영섭, 백승호, 이철영, "신소재공학", 기전연구사, (2001)
7. 김암수, "최신 기계재료" 도서출판 남영문화, (2012)

04 초소성(superplasticity)합금재료

4.1 개요

초소성 현상은 1912년 Bengough가 $\alpha+\beta$ 황동을 700℃에서 인장하여 163%의 연신율을 얻은 결과를 처음 보고함으로써 주목을 끌기 시작하였다. 본격적인 초소성 및 관련 성형 연구는 1964년 Backofen이 Zn-Al 합금의 연구를 통해 공업적 잠재력을 확인한 후 활발해지기 시작하였다. 현재까지 보고된 연구결과에 따르면 Al-Cu 합금에서 얻은 8000%가 최고 연신율로 기록되고 있다. 1990년대 들어 소성가공이 불가능한 것으로 여겨져 온 세라믹재료를 비롯해 금속간화합물, 복합재료들의 초소성 연구가 시작됨에 따라 초소성 현상의 공업적인 응용은 난가공성 소재의 소성가공 기술로 확실하게 자리 잡게 되었다. 더욱이 21세기에 접어들면서 나노재료가 크게 각광을 받고 있어 결정립 크기를 비롯한 금속학적 인자의 나노크기화에 대한 연구가 활발하게 이루어지고 있다. 구조재료의 나노화방법 중에서 SPD(Severe Plastic Deformation)법에 대한 연구가 많이 진행되어 있으며 대표적인 공정으로는 ECAP(Equal Channel Angular Pressing) 및 ARB (Accumulative Rolling Bonding)이 있다. 이상의 공정으로 제조된 소재들은 수백㎛ 이하의 결정립 크기를 가지기 때문에 뛰어난 초소성 특성을 나타낼 뿐만 아니라 사용조건에서도 뛰어난 물성을 나타낸다.

초소성 성형 공정은 기존 공정에 비해 공정비용 및 장비가 상대적으로 낮아지는 장점뿐만 아니라 부품의 일체화 설계를 통해 부품경량화 및 보수유지의 간략화를 달성할 수 있다. 이상의 장점은 높은 비강성과 경량화가 동시에 필요한 항공 산업용 부품 및 모듈의 제조에 최적 공정으로 자리매김 되고 있다.

초소성 성형 기술은 1970년 군수용 항공기 부품에 적용되기 시작해 현재는 민수용 항공기, 자동차, 의료, 전자산업 등으로 적용범위가 넓어져 왔다. [그림 4-1]은 항공기 및 유도무기에 사용되는 초소성 성형품을 나타내는 사례이다. 현재까지 초소성 관련 연구는 미국, 러시아, 유럽 등과 같이 항공 산업의 두터운 기반을 가진 국가들을 중심으로 발전해 오고 있다. 일본의 경우, 자동차산업과 같은 민수용도를 목표로 새로운 초소성 재료에 대한 연구가 국가적인 지원 하에 이루어지고 있다. 초소성 소재 및 관련 기술은 대부분 기술이전이 미사일 기술 통제체제(Missile Technology Control Regime, MTCR)하에 국가적으로 금지되어 있는 첨단기술로 우리나라도 전투기 도입 시 보상 교역 사업(trade-off program)으로 기술도입이 시도되었으나 모두 좌절되었다. 최근 초등훈련기(KT-1), 고등훈련기(T-50) 및 한국형 다목적헬기(KMH)사업 등과 같은 항공기 제조 국책사업이 진행됨에 따라 초소성 기술의 수요는 크게 높아지고 있다.

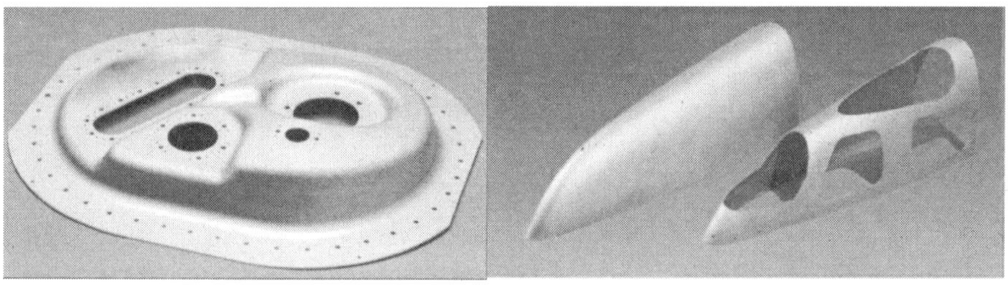

(a) Sump plate(Tiger 헬기) (b) Wing tip(Boeing 777)

[그림 4-1] 항공기, 유도무기에 사용된 초소성 부품의 예

4.1.1 초소성의 의미

재료의 초소성 변형(Superplasticity Deformation)은 특정 변형조건(온도, 변형율 속도)에서 변형 안정성이 높아져 금속재료가 유리질처럼 늘어나는 특수한 현상, 즉 수백% 이상의 연신율을 나타내는 현상이다. [그림 4-2] 참조.

인장시험에서 국부적으로 잘록하게 변형되지 않고 정상적으로 수백% 연신되는 합금을 초소성 합금이라 하며, 초소성은 고온 크리프의 일종이다.

초소성 변형은 합금을 그 융점(Tm : 절대온도로 나타내는 융점, Kelvin)의 1/2 이상인 고온에서 변형시킬 때에 일정 온도에서 특정 범위의 변형속도로 하중을 가할 때 생기는 초소성을 미세결정립 초소성(등온 초소성)이라 하며, 소성 전 하중을 걸어놓고 적당한 속도로 가열-냉각을 반복할 때 나타나는 초소성을 상변태초소성(동적 초소성)이라 한다.

또한, 초소성 변형 시 재료는 수MPa 정도의 낮은 유동응력을 나타낸다. 초소성 변형을 공업적으로 이용할 경우, 복잡한 부품도 낮은 가공력으로 용이하게 제조할 수 있기 때문에 부품 설계의 자유도가 크게 높아진다. 또한, 일부 초소성 재료들은 0.5Tm 이상의 고온에서는 확산접합(Diffusion Bonding)이 가능하여 부품의 일체화 성형이 용이하다. 즉, 기존 다수의 부품으로 구성된 복잡한 모듈들도 최근 초소성 성형/확산접합 공정을 이용하여 한 번의 공정으로 제조할 수 있게 되었다.

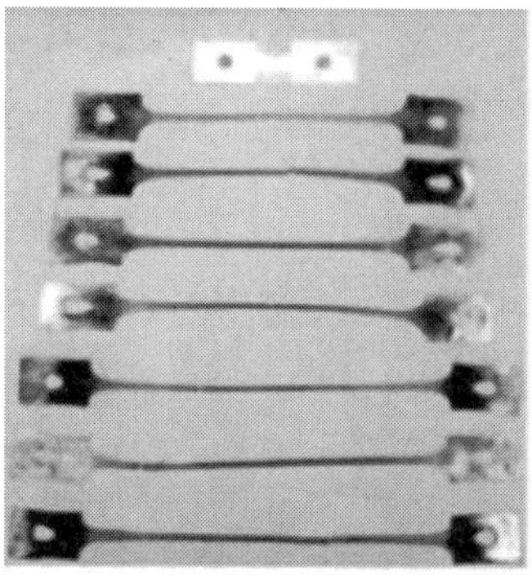

[그림 4-2] Al-Zn-Mg 합금의 초소성 변형, 최대 연신율 : 400~500%,

4.1.2 초소성 재료의 특성

초소성 재료의 초소성은 일정한 온도영역과 변형속도에서만 나타나며 일반적으로 300~500% 이상의 연성을 가지고 있다.

초소성 영역에서는 강도가 낮고 연성이 매우 크지만 온도가 저하되면 강도 등의 기계적 성질이 우수해져야 하며, 초소성 재질은 결정입자가 극히 미세(10㎛ 이하)한 크기이고 등방성이어야 하며, 외력을 받았을 때 슬립변형이 쉽게 일어나야 한다.

초소성 온도영역에서 결정입자의 크기를 미세하게 유지하기 위해서 2차상이 모상의 결정입계에 미세하게 분포된 공정 또는 공석조직을 나타내는데 소성변형 중의 결정입계에 응력집중을 극소화시키기 위해서 2차상의 강도와 차이가 적어야 한다.

소성변형 시 결정입계의 유동성이 좋아야 하는데 이때 결정입계가 인장응력에 의해 쉽게 분리되지 않아야 한다. 현재 상품화되어 사용되는 대표적인 초소성 재료는 [표 4-1]과 같다.

[표 4-1] 대표적인 초소성 재료

종 류	초 소 성 합 금
알루미늄 계	AA 7575, supral 100, supral 220, PM 64
티 타 늄 계	Ti-6Al-4V, Ti-6Al-6V-2Sn, Ti-5Al-2.5Sn
니 켈 계	IN-100, IN-744, INCO 718, asteralloy
철 강 계	Fe-2Mn-0.4C, UHCS(Fe-1.2~2.1C), Fe-4Ni
기 타	Bi-Sn, Cu-Al, Sn-Pb, Zn-Al, zircalloy 2

4.1.3 초소성을 얻기 위한 조건

소성가공 전 결정립이 10㎛ 이하로 미세하게 할 것과 초소성 온도에서 변형 중의 미세조직을 유지하려면 모상의 결정성장을 억제하기 위해 제2상이 수%~50% 존재하게 한다. 또한 제2상의 강도는 원칙적으로 모상과 같은 정도인 것이 좋다.

만약 제2상이 단단하면 모상입계에서 공공(cavitation)이 생기기 쉽고, 입계슬립이나 전위밀도는 원자의 확산이동이 저지된다. 이를 위해 2상을 미세하게 균일 분포시켜 완화해야 한다. 온도 사이클에 의하여 반복적인 상변태가 일어나는 것이 필요하다.

4.2 초소성 변형기구

4.2.1 미세결정립 초소성(fine grained superplasticity)

일명 등온 초소성, 구조 초소성(structural superplasticity)이라고도 하는 미세결정립 초소성은 온도 변화, 상 변화 또는 상 변태의 어느 것도 수반하지 않는 변형에 의하여 얻어지는 초소성으로서 초기 결정 입자의 치수를 10㎛ 정도 이하의 미세조직으로 하고, 그것을 변형 중에도 어느 정도 유지함으로써 얻어진다.

미세결정립 초소성에서 파단에 이르기 전에 생기는 연신은 온도(T), 변형속도(ε), 결정입도의 함수관계이다. 일반적으로 초소성의 정도는 m(변형률 속도 민감계수)으로 나타낸다.

$$m = \frac{d\log\sigma}{d\log\epsilon}$$ 단, $\log\sigma$: 소성유동응력, $\log\epsilon$: 변형속도

일반적으로 이상(異常)연신이 생기는 경우는 $m > 0.3$이고, 정상변형이 생기는 경우는 $m < 0.2$이다. 즉, 변수 m의 값이 1에 접근할수록 연신이 크게 초소성이 가능하고 m의 값이 작을수록 국부변형이 생기기 쉽다.

초소성 변형의 기구는 결정립의 회전과 확산으로 나누어 설명된다.

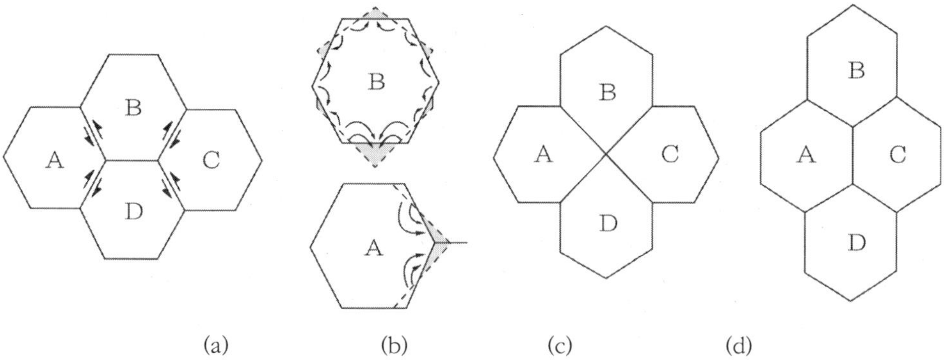

[그림 4-3] 결정립 교대에 의한 변형의 모식도

[그림 4-3]은 초소성이 진행되는 과정을 설명하는 것으로써 그림(a)의 인장응력을 받는 각 결정립은 연신되지 않고 등축립 그대로이고, 그림(b)와 같이 물질의 흐름이 진행되어, 그림(c)의 중간상을 거쳐서 그림(d)와 같이 결정립에서 인접한 결정립의 어긋남과 결정립의 회전이 일어나면서 소성이 진행 완료된다. 이때에 결정립의 연신은 일어나지 않는다고 본다. 즉, 인접하고 있는 결정립의 입계면이 미끄러짐에 의해 결정립이 회전하여 인접한 것과 치환되어 가는 과정이 초소성을 가지는 크리프변형의 기본적인 기구이다.

[그림 4-4]는 확산에 의한 초소성 변형기구로서 그림(a)는 응력을 받은 결정립이 그림(b)와 같이 결정립을 통과하거나(체확산), 결정립을 통과하는(입계확산) 원자의 이동에 의해서 그림(c)와 같이 변형이 생기는 것으로 결정립의 변형이 수반된다. 등온 초소성은 고온에서 변형하므로 가공경화는 일어나지 않는다.

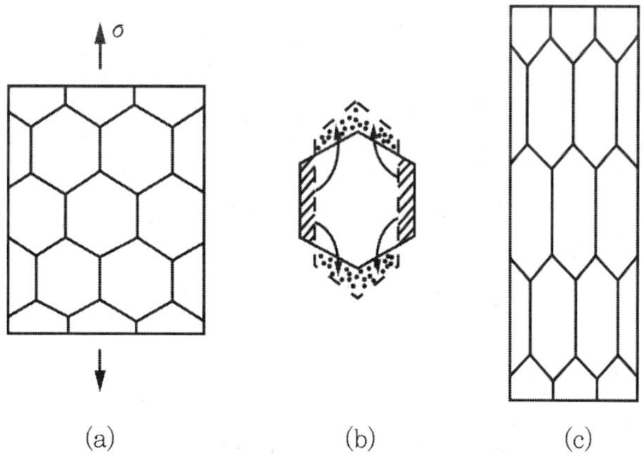

[그림 4-4] 확산에 의한 변형의 모식도

4.2.2 상변태 초소성(phase transformation superplasticity)

상변태 초소성은 변형 중인 상 변태에 의해 얻어지는 초소성으로서 온도 변화에 의한 상 변태를 이용하는 것과 등온 변형 중의 상 변태를 이용하는 것이 있다.

소성변형 속도는 응력과 가열 및 냉각속도의 함수관계이다. 응력이 낮을 경우, 정변태-역변태의 1사이클이 생기는 변형은 응력에 비례하며, 누적되는 변형은 사이클의 횟수에 비례한다.

상변태로 인한 기본적인 변형기구는 미세결정립의 초소성과 동일하게 입계(이상계면)에서의 미끄럼이라고 할 수 있다. 즉, 상변태의 초기에는 생성상이 모상의 입계면에 따라 생기며, 그 결과 이상계면은 입계 미끄럼이 일어난다.

4.3 초소성 함금설계 및 제조

4.3.1 합금설계

가. 초소성 재료의 조직 및 변형조건

초소성이 일어나기 위하여 필요한 재료의 조직 및 변형조건으로는 융점의 1/2[k] 이상인 고온에서 상변태 할 것과 10㎛ 이하의 미세한 등축결정립이 장시간 유지될 것이 요구된다.

나. 합금설계의 중요한 지침

초소성 합금설계는 상변태 온도가 1/2Tm 이상인 합금조성을 선택할 것과 미세결정 조직(열적으로 불안정)을 고온에서 유지시키기 위해서 그 온도에서 2상(相) 이상을 공존시키거나 또는 미세입자를 분산시켜야 한다. 미세입자의 분산을 위해서 석출을 일으키는 미량원소를 첨가한다.

미세결정은 열적으로 불안정하기 때문에 공존하는 2상의 강도가 유사해야 하며, 2상 공존상태에서 결정립의 성장이 일어나기 위해서는 조성변화에 의한 장거리 확산이 필요하므로 그 성장 속도가 느리다.

4.3.2 미세조직의 제어

초소성 재료는 일반적으로 10㎛ 이하의 미세한 결정립을 가져야 한다는 전제 조건하에 미세조직의 제어는 필수적이라고 할 수 있다. [표 4-2]는 합금의 초소성 조건과 연신율을 나타낸 것이다.

[표 4-2] 초소성 합금의 예

분 류	합금명·조성	온도(℃)	m값	연신율(%)
미세립-1	Cu-9.5-Al-4Fe	800	0.5	550
	Al-25.2Cu-5.2Si	500	0.4	1,300
미세립-2	Fe-26Cr-6.5Ni	870~980	0.5	600
	Ti-6Al-4V	950	0.7	600
미세립-3	Supral150 (Al-6Cu-0.5Zr)	350~475	0.5	2,000
	AA 7075 (Al-5.6Zn-2.5Mg-1.6Cu-0.3Cr)	350~475	0.4	190
미세립-4	Ni-10Cr-15Co-4.5Ti-5.5Al-3Mo	930~1,090	0.5	1,300
	Mg-5.5Zn-0.5Zr	270~310	0.5	1,000

Al-Cu, Al-Mg-Si계 등의 공정합금에서는 응고 시의 냉각속도를 크게 하여 미세한 층상조직을 얻은 후 고온에서 소성가공에 의해 조직을 구상화시켜 미세한 등축의 2상 공존조직을 만든다.

미세립-1은 공정조성의 과포화고용체의 분해에 의해 미세한 등축의 2상 조직이 직접 형성되며, 미세립-2는 재결정과 석출을 조합시켜 $\alpha+\beta$의 미세한 2상 공존조직으로 만들어진다.

미세립-3은 1상인 Al 합금에서는 재결정에 의해 형성된 미세결정립($AlZr_3$) 등의 석출입자에 의하여 고온에서도 유지할 수 있으며, 미세립-4는 미세결정 조직의 형성과 결정립 성장의 억제 역할을 하는 미세입자의 분산을 동시에 행할 수 있다.

4.4 초소성 재료의 분류

초소성 재료는 금속계, 세라믹계, 금속간화합물 등으로 분류된다.

금속계 초소성 재료는 일반적으로 10㎛ 이하의 결정립 크기가 고온변형 중 안정적으로 유지될 수 있으면 상대적으로 쉽게 초소성 특성을 얻을 수 있는 것으로 알려져 있다. 금속계 중 공업적으로 가장 많이 사용되는 초소성 재료는 Ti과 Al계 합금으로 항공 · 우주용 부품의 경량화와 일체화 성형을 동시에 만족할 수 있는 대표적인 합금이다. 전형적인 난성형 재료인 세라믹은 결정립 크기를 미세하게 조절할 경우 초소성 변형을 얻을 수 있다. 금속간화합물과 복합재료는 세라믹과 함께 소성가공이 어려운 재료들로 초소성 현상을 성형에 이용하고자 하는 연구가 많이 진행되고 있다.

4.4.1 철계 초소성 재료

철계 초소성 재료는 탄소강, 합금강, 공구강 등이 있으며 공석강은 704℃에서 100%의 연신율이 있으며, 고 Cr-Ni강인 Fe-24.66Cr-6.82Ni은 950~1,050℃에서 연신율이 2,000%정도이다. 금속계 중에서는 [표 4-3]과 같은 철강계 초소성 재료가 많이 사용되고 있다.

[표 4-3] 철강계 초소성 재료

명칭	조성(%)	온도℃	최고 m값	최대 연신율(%)	비고
공석강	Fe-0.8C	704	0.35	100	공석
과공석강	Fe-1.3~1.9C	600~800	0.52	750	
합금강	Fe-0.42C-1.9Mn	727	0.5	460	AISI 1340
IM 744	Fe-26Cr-6.5Ni	870~980	0.5	200~600	Uniloy 326
고합금강	Fe-4Ni-3Mo-1.6Ti	900	0.58	820	
Fe-Cu	Fe-50Cu	800	0.32	300	분말소결재
공구강	Fe-0.88C-1.15Mn	650	0.5	1200	
δ/γ_2상	Fe-24.66Cr-6.82Ni	950~1,050	0.5	2000	

4.4.2 비철금속계 초소성 재료

비철금속계 초소성 재료는 [표 4-4]와 같이 다양하게 개발되어 사용되고 있다.

[표 4-4] 비철계 초소성 재료

합금계	명 칭	조 성(%)	온도(℃)	최고 m값	최대 연신율 (%)	비고
Ag합금	Ag-Cu	Ag-28.1Cu	675	0.53	500	공정
Al합금	Al-Cu	Al-33Cu	440~520	0.8	〉500	공정
	Al-Cu-Mg	Al-25Cu-11Mg	420~480	0.69	〉600	공정
	Al-Cu-Si	Al-25.2Cu-5.2Si	500	0.43	1,310	공정
	Supral 100	Al-6Cu-0.4Zr	623~748	0.5	〉1,000	
	A8090	Al-2.5Li-0.Cu-0.12Zr	773~813	0.6	875	
	AA7075	Al-5.6Zn-2.5Mg-1.6Cu-0.3Cr	773~793	0.7	800	
	Al-Zn-Mg-Zr	Al-10.7Zn-0.9Mg-0.4Zr	550	0.9	1,550	

Bi합금	Bi-Sn	Bi-44Sn	20~30	-	1,500	공정
Cd합금	Cd-Zn	Cd-27Zn	20~30	0.5	350	
Co합금	Co-Al	Co-10Al	1,200	0.47	850	공정
Cu합금	Cu-Al	Cu-9.8Al	700	0.7	700	공정
	CDA 619	Cu-9.5Al-4Fe	800	0.5	~800	공정
	IN 836	Cu-15Ni-37.5Zn	580	0.45	678	
	Cu-P	Cu-7P	410~600	0.5	600	
	Cu-Zn	Cu-40Zn	600	0.64	515	
Ni합금	IN 100	Ni-10Cr-15Co-4.5Ti-5.5Al-3Mo	927~1,093	0.5	1,300	분말 압출재
	Ni-Fe-Cr-Ti	Ni-26.2Fe-34.9Cr-0.58Ti	795~855	0.5	〉1000	
Pb합금	Pb-Cd	Pb-17.6Cd	100	0.5~0.6	〉350	
	Pb-Sn	Pb-19Sn	20	0.5	〉350	공정
Sn합금	Sn-Bi	Sn-5Bi	20	0.68	~1,000	
	Sn-Pb	Sn-38.1Pb	20	0.5	〉1,100	공정
Ti합금	IMI 318	Ti-6Al-4V	800~1,000	0.85	1,000	
	IMI 679	Ti-11Sn-2.25Al-1Nb-5Zr-0.25Si	800	-	500	
W합금	W-Re	W-15-30Re	2000	0.46	200	
Zn합금	Zn-Al	Zn-22Al	200~300	0.46~0.6	500 ~1,500	공석
	Zn-Al-Cu	Zn-22Al-4Cu	250	0.5	1,000	공석
	Zn-Ni-Mg	Zn-0.1Ni-0.04Mg	23~252	0.5	〉980	
Zr합금	Zircalloy	Zr-1.5Sn-0.15Fe-0.1Cr	900	0.5	200	

가. Ti계 초소성 합금

대표적인 Ti계 초소성 합금은 $\alpha+\beta$형 합금인 Ti-6Al-4V계, Ti-6Al-6V-2Sn계 합금 등이 있으며, 대표적인 Ti 초소성 부품으로는 항공기용 Nacelle Structure, ECS Door, Center Beam 등이 있다. 이상의 Ti 초소성 부품들은 경량화와 제조원가 절감을 동시에 달성할 수 있는데 평균적으로 제조원가 35% 절감과 30%의 경량화를 달성할 수 있다. 일부 합금계에서는 초소성 성형 후 원소재 상태에 비해 물성이 떨어지나, 초소성 Ti 합금은 원소재와 유사한 성질을 유지하고 있다.

초소성 Ti 합금은 초소성 변형조건에서 매우 우수한 확산접합 특성을 나타내며, 실제로 항공우주 부품으로 AFT Fan Duct, Fan Blade 등이 있다. [그림 4-5]는 초소성 성형과 확산접합의 복합공정으로 제조된 팬 브레이드로서 내부에 샌드위치 패널을 가지고 있어 높은 경량화를

을 얻을 수 있다.

Ti-6Ali-4V계 합금은 경량, 고강도이면서 내식성과 내마모성과 함께 인체와 친화성이 좋은 소재이며, 초소성 성형 시 금형과 거의 동일한 형상 및 치수를 얻을 수 있고 잔유응력에 의한 탄성회복이 거의 없기 때문에 개개인의 치아구조에 맞는 치아를 제조할 수 있는 이점이 있다. [그림 4-6] 참조.

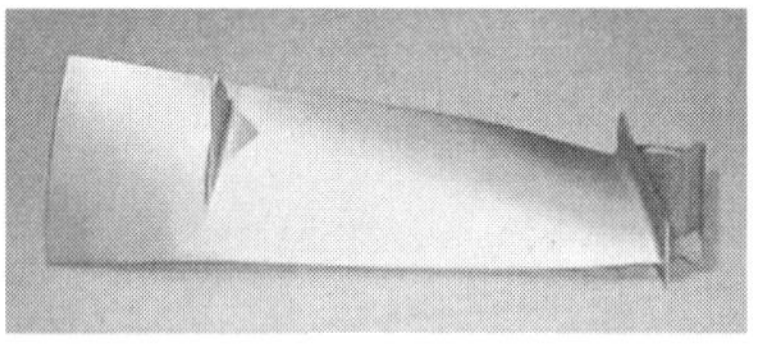

[그림 4-5] Hollow Fan Blade
(PW4000 6th stage 113-inch)

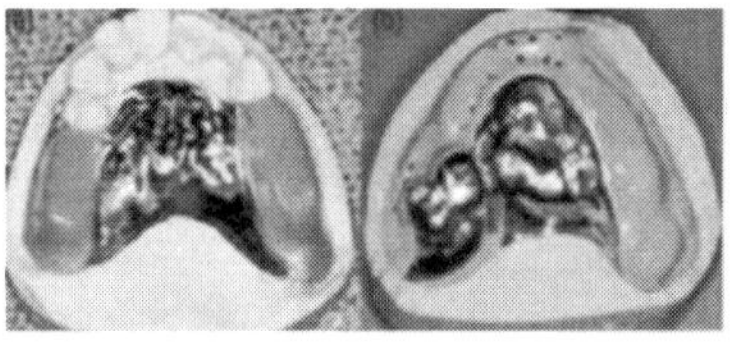

[그림 4-6] 초소성 Ti 합금
(치아용 Implant)

나. Al계 초소성 합금

Al계 초소성 합금은 2XXX, 5XXX, 6XXX, 7XXX, 8XXX계에서 다양하게 존재하고 있다. 일반적으로 7XXX계의 Al-Zn-Mg-Cu 합금(7475, 7075 등) 및 5xxx계의 Al-Mg(Supral 5000, 5083 등) 합금은 과시효 후 압연 등의 소성 가공한 소재를 재결정하는 방식으로 초소성 특성에 필요한 결정립 미세화를 얻는 반면, Al-Cu(Supral 100), Al-Li(2090, 8090) 등은 초소성 변형 중 동적재결정에 의해 미세한 결정립을 얻는다, 이외에도 급속응고법, 분말야금법 등의 공정을 통해 제조된 미세 결정립을 한 Al 합금들이 초소성 특성을 나타낸다.

초소성 Al 합금들도 초소성 Ti 합금과 마찬가지로 항공우주용 구조부품에 가장 많이 적용되고 있다. 대표적인 부품들은 Door Panel, Sine Wave Beam, Copilot's Floor, Waffle Pan 등과 같으며, 고강도 7XXX, 2XXX합금들이 많이 적용되고 있다. 약 250Mpa급의 중강도 Al 5083 합금의 경우, 예술적 미려함을 갖춘 건축 외장재 및 기차 내장재 및 좌석, 레저용 보트, 2륜차 연료탱크, 자동차 부품 등에 광범위하게 적용되고 있다.

초소성 Al 합금도 최적 초소성 변형조건에서 확산접합이 가능하나 Al 합금 표면에 존재하는 매우 안정한 알루미나 산화물로 인해 초소성 Ti 합금과 같은 우수한 확산접합 성능을 얻을 수는 없다.

일반적으로 Ti 합금은 확산접합 후 물성이 원소재 대비 100% 수준을 유지하지만 Al 합금의 겨우 60~80% 정도이며 이로 인해 초소성 Al 합금의 경우, 초소성 성형과 확산접합의 복합공정을 이용한 부품 제조는 매우 어렵다.

Al 합금의 초소성 기술 중 가장 중요한 점은 성형 시 발생하는 공동(Cavitation)의 제어이다. 공동의 발생은 구조용 부품의 강도 및 신뢰성을 크게 해치기 때문에 엄격하게 제어되고 검사되어야 한다. 초소성 변형 중 공동의 발생은 Ti 합금에서는 나타나지 않으나 기지에 비해 높은 경도를 가지는 제2상 입자를 포함하는 초소성 Al 합금의 경우, 변형 중 제2상 입자 주위에 응력집중으로 인해 불가피하게 발생하는 결함이다. 초소성 Al 합금의 공동발생 억제는 크게 초소성 Al 합금과 초소성 성형 공정제어를 통해 달성할 수 있다.

일반적으로 결정립 크기가 작아질수록 제2상 입자 주위에 발생하는 응력의 크기도 작아지므로 공동 발생이 현저하게 감소한다. 즉, 결정립 크기의 미세화를 공동의 핵생성에 필요한 임계응력 이하로 제어할 경우 공동발생을 방지할 수 있다. 그러나 소재의 결정립 미세화를 위해서는 소재 제조 공정비용을 증가시키기 때문에 쉽게 적용하기가 어렵다. 이에 반해 초소성 성형공정 시 성형 압력이 작용하는 반대 방향에서 가압하면 공동의 발생을 제어할 수 있다. 즉, 배압(Back Pressure)을 작용시키면 소재는 정수압 변형 상태에 들어가 공동을 발생시키는 전단변형의 역할을 억제할 수 있다.

4.4.3 세라믹계 초소성 재료

초소성 성질이 있는 세라믹계 재료에는 지르코니아, 세라믹기 복합재료, 질화규소 등이 있다. 세라믹의 초소성 발현의 외부인자는 온도, 응력, 변형속도 등이 있는데 연구의 목표는 가능한 한 온도와 응력을 낮춘 상태에서 보다 높은 변형속도를 얻고자 하는 것이므로 이를 위해 결정립 미세화와 입계제어 등이 소재개발의 궁극적인 목표가 되고 있다. 세라믹 초소성 재료의 입자크기(Grain Size)는 1㎛ 이하이며 입계제어 인자는 미량불순물의 조성과 량에 있다. 고순도 세라믹에서는 용질의 입계편석, 석출입자와 분산입자가 변형속도에 영향을 미치므로 이를 제어하는 것이 중요한 기술이다. 강도와 인성이 우수하며 고온에서 사용되는 고강도, 내마모 소재인 지르코니아의 일종인 TZP는 1,400℃ 이상의 온도에서 초소성 성질을 얻는데 용이하다. 의도적으로 비정질상을 첨가하면 저온에서 초소성 성형이 가능하게 되어 1,200℃에서 변형속도를 2배 이상 증가시킬 수 있게 된다. 세라믹기 복합재료는 세라믹의 인성향상을 위해 세라믹을 모상으로 하는 입자분산 복합재료인 휘스커(Whisker) 분산복합재료가 개발되고 있다. 일반적으로 제2상 입자를 분산하면 모상의 입도성장을 억제할 수 있으므로 미세립 재료를 얻을 수 있어 복합재료화는 초소성화에 유효한 수단이다. 강도와 인성의 적절한 고온 내마모 소재인 질화규소의 초소성은 탄화규소와의 복합화에 의한 결정립 미세화에 의해서 최초로 실현되었으며, 최근에는 질화규소 단상재료 또한 초소성을 발현하는 것으로 보고되고 있다.

또한, 결정립 미세화에 의해서 굴곡강도가 1.6~2GPa라는 경이적인 고강도 질화규소가 개발되었으며 초소성 성질을 나타낸다는 보고도 있다.

분말야금법에 의해 제조된 세라믹 성형체는 소결단계에서 수축되어 치수정밀도가 매우 좋지 않으며 따라서 연삭, 연마가공이 필요하다. 그러나 초소성 성형에 의해 제조하면 우수한 치수정밀도와 표면조도를 얻을 수 있으므로 후 가공을 생략할 수 있다.

4.4.4 금속간화합물 초소성 재료

금속간화합물은 타 합금에 비해 가공이 매우 어려운 소재이며 냉간이나 열간 모두 세심한 주의가 필요한 소재인데 최근 TiAl 합금에서 초소성 변형 시 입계 미끄러짐을 촉진시키는 제2상을 변형 후 열처리로 제거하는 기술이 개발되어 금속간화합물에서도 초소성 성형의 개발 및 응용이 활발히 추진되고 있다. Nobuki는 결정입경이 10㎛ 이하의 V첨가하여 $r/a_2/\beta$ 3상 TiAl 합금을 성형온도 1,047~1,147℃, 변형속도 10^{-3}/sec. 이하에서 600%의 연신율을 얻을 수 있었으며 Ameyama는 MA-HIP처리된 초미세립 Ti-48mol%Al 소재를 이용하여 초소성 발현을 실현하였다. 이외에도 Ni_3Al/fcc 고용체, Ni_3Si/fcc 고용체, NiAl/Ni_3Al 등에서도 초미세립 초소성이 확인되었다.

또한 Ti을 첨가한 Fe_3Al(Fe-28mol%Al-2mol%Ti)에서도 585%까지 초소성 신장이 보고되었는데 조직 관찰결과에 의하면 결정립의 미세화에 동적재결정이 중요한 역할을 하고 있음을 확인하였다. 따라서 초기 조직의 크기를 미세하게 제어하면 금속간화합물에서도 초소성 성형을 이용할 수 있다.

4.5 초소성 성형(SPF : Super Plastic Forming)기술

4.5.1 blow forming법

초소성 재료를 초소성 상태에서 블로 성형(부풀림 성형)하는 것으로서 압력 매체는 주로 가스, 진공, 액체, 미분말 등을 이용하여 성형하는 것으로서 판 및 관의 초소성 성형의 주된 성형법이다.

blow forming법은 일명 가스성형이라고 하며, [그림 4-7]과 같이 판상의 Al계, Ti계 등의 초소성 재료를 15~300psi의 가스 압력으로 어느 형상의 양각 또는 음각에 성형하거나 금형이 필요 없는 자유성형 방법이다.

이 방법의 특징은 성형에너지 소모가 적고, 공구의 사용이 저렴하며, 복잡한 형태의 용기 등을 단순공정으로 제품을 생산할 수 있다.

blow forming법 등의 초소성 판재성형 공정은 기존의 박판 금속부품을 성형하는 방법에 비해 많은 장점이 있다. 소성 가공성(formability)이 높으며, 제품 설계 자유도(design flexibility)가 높기 때문에 성형용 금형(forming die) 제작비용이 절감된다. 초소성 성형을 할 때 스프링백 효과가 없기(no springback effect) 때문에 높은 가공 정밀도(shaping accuracy)를 구현할 수 있다. 초소성 상태로 성형한 후 부품에 잔유응력이 남지 않고(no residual stress), 조립공정(assembly process) 생략으로 인한 생산비 절감효과가 있으며 구조부품에서 볼트 구멍 및 이음매의 수가 감소함에 따라 유지비가 절감된다.

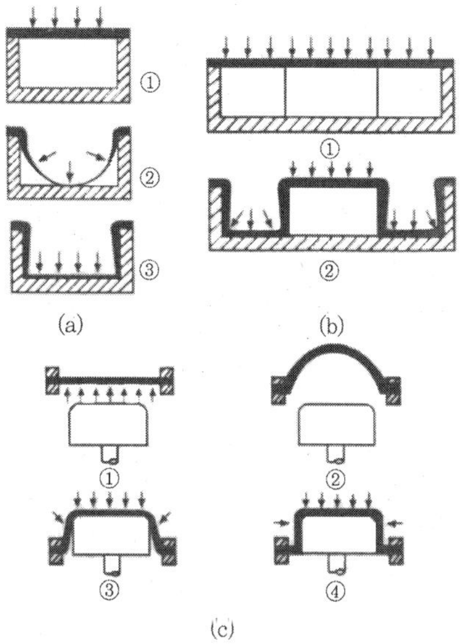

[그림 4-7] blow forming 과정도

4.5.2 gatorizing 단조법

gatorizing 단조법은 Ni계 초소성 합금을 터빈 디스크로 만들기 위해 개발된 기법으로, 초소성 재료를 사용하여 컴을 오목한 형상의 틀에 밀어 넣어 양각하는 것과 유사한 방법으로 제품을 만드는데, 제품 가공용 재료가 기존방법의 1/3 정도 소요된다.

이 방법으로 소성할 경우의 특징으로는 제품의 내부조직이 균일하고 편석이 완전히 제거되며, 초소성 후 기계적 성질 우수하여 제품 수명이 길기 때문에 유지 및 보수비가 절감된다.

4.5.3 SPF/DB법(Super Plastic Forming/Diffusion Bonding)

초소성 재료를 이용하여 초소성 성형(SPF)과 확산 접합DB)을 동시에 하는 일체 성형법으로 최종 제품에 가까운 치수 · 모양을 가진 복잡한제품을 성형할 수 있다. [그림 4-8]에 나타나 있는 바와 같이 초소성 성형법과 고체상태에서 용접하는 확산접합 기술이 합해진 방법이다.

이는 복잡한 구조물을 일체형으로 성형하는데 매우 유리한 공정기술로서 항공기 부품과 같이 수많은 리벳에 의해 조립되는 구조용 부품제조에 특성상으로나 경제적으로 모두 우수한 공정이다.

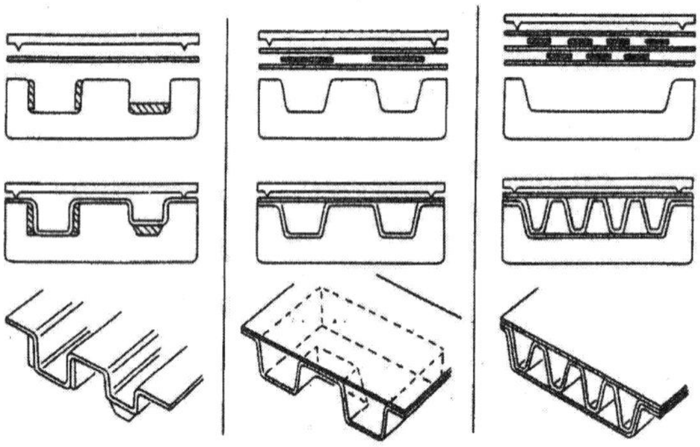

(a) I 형태 보강재 접착구조　(b) II 형태 내부보강 구조　(c)III형태 샌드위치 구조

[그림 4-8] 확산접합(SPF/DB) 성형 방법

사용재료는 Ti-6Al-4V계 합금이며, 상품명으로 IMI 318가 있다. 초소성 온도는 800~1,000℃ 정도이며, 최대 연신율이 1,000% 정도이다.

* Diffusion Bonding란?

탄성영역 내에서 접합면을 가압 · 밀착시켜 재결정온도 부근으로 가열하여 금속원자를 확산시킴으로써 접합하는 방법이다. 일반적으로 공중에서 행하므로 텅스텐 · 몰리브덴 · 지르코늄 등 활성이 높은 고융점 금속의 접합도 가능하다. 이 방법은 접합부의 형상을 변화시키지 않고 접합할 수 있어서 정밀접합이 가능하다. 또한, 용융응고조직이 생기지 않고 접합온도가 낮기 때문에 복합재료 · 소결합금(燒結合金) · 이종(異種) 금속 간의 접합이 가능하다.

4.5.4 초소성 성형법의 장애요인

가. 초소성 재료의 준비

초소성 재료의 미세한 결정립과 고온에서의 열적 안정성을 가지는 재료를 제조하기 위해서는 일반적인 제조공정 외에 특수한 가공열처리 공정을 추가해야 함으로써 재료의 제조비용이 높아지는 단점이 있다.

나. 공정제한 요소

초소성 변형은 특정 변형률 속도 및 온도에서만 발생하는 특징을 가지고 있다.

Al 합금은 450~530℃, Ti 합금은 900~950℃의 고온 환경이 요구되며, 초소성 합금의 가공속도는 10^{-2}~10^{-5}/sec 정도로 기존 판재 성형법에 비교할 때 생산성이 상당히 낮다.

성형온도를 낮추기 위해, 한 예로 Ti-6Al-4V 합금의 성형 시 수소 분위기를 사용하면 약 100℃ 정도의 낮은 온도에서 성형이 가능하다.

다. 성형 부품의 성능

초소성 성형법으로 제조된 부품은 공동(cavitation), 거친 표면(surface roughness), 산화(oxidation) 등과 같은 결함을 가질 수 있다.

공동(cavitation)은 초소성 변형 중에 입계에 발생하는 공동 모양의 결함으로서 초소성 성형 후 재료의 기계적 성질 열화의 주요인이 된다.

[참고문헌]

1. 권용남,이영선,이정환, "초소성 성형기술의 현황", 한국기계연구소, 기계와 재료 (2004)
2. 조현기, "신소재 합금", 경북인쇄(주), (1998)
3. 超塑性研究會編, "超塑性과 金屬加工技術", 日刊工業新聞社, (1980)
4. 井口信洋, "機能材料", 3. No.3, (1983)
5. 井口信洋, "材料科學", 17, No.2, (1980)
6. J.C. Huang and T.H.Chung, "Materials Chemistry and Physics", 57. (1999)
7. GD. Bengough: J.Inst. Metals.7, (1912)
8. R.Z.Valiev etc:Prog in Mater.Sci.45, (2000)
9. N.Chandra etc:Mater.Sci.Eng,45. (1997)
10. F. Wakai, Curret opinion in solid state and materials science 4, (1999)
11. 김암수, "최신 기계재료", 도서출판 남영문화, (2012)

05 초내열 합금
(Superalloy)

5.1 개요

초내열 합금이란 약 1,000℃ 이상의 고온에서 강도가 높고, 산화와 부식이 잘 되지 않는 특수합금이다. 빠른 속도로 대기권을 통과하는 우주왕복선이나 로켓뿐만 아니라, 연료를 태우는 항공기 엔진의 효율은 터빈의 작동온도가 높으면 높을수록 추진력이 커지는데 필요한 특성인 내열성이 중요하다. 즉 항공우주재료는 좀 더 가벼우면서도 강도가 높고, 고온에서 잘 견뎌야 한다. 또 고온에서 기계적인 특성도 우수해야 한다. 항공기 구조에 사용되는 대표적인 금속재료는 알루미늄 합금과 티타늄 합금이었다. 종래 알루미늄 합금은 150℃ 정도까지 사용될 수 있다. 반면 Ti 합금, 예를 들어 티타늄-알루미늄-바나듐 합금(Ti-6Al-4V)은 최고 약 500℃에서 사용 가능하다. 이 합금은 날개, 동체, 엔진의 부품으로 널리 쓰인다. 하지만 현재까지 티타늄 합금을 소재로 한 내열재료는 600℃ 이상의 온도에서는 한계가 있다.

항공기의 젯트엔진 재료는 초내열 합금(superalloy)이 사용되어 왔다. 대표적인 초내열 합금은 Ni 합금이다. Ni 합금은 Ti 합금에 비해 무겁지만 최고 1,000℃ 정도까지 사용 가능하다. 전투기의 경우 전체 무게 중 50%가 엔진이고, 엔진 가운데 50%에 초내열 합금이 쓰이기도 한다. 최근에는 새로 개발된 금속간화합물(두 가지 이상의 금속원소가 간단한 정수비로 결합된 화합물)을 이용해 초내열 합금을 대체하려는 연구가 활발히 진행 중이다. 특히 Ti과 Al의 금속간화합물이 주목받고 있다. 이 경우 Ti 대 Al의 비가 1:3, 1:1, 3:1이 가능한데, 이 가운데 1:1로 결합하는 티타늄알루미나이드(TiAl)가 고온과 저온 모두에서 가장 강한 특성을 보인다.

티타늄알루미나이드는 현재 전투기의 엔진에 시험적으로 사용 중이며 미국과 아시아를 4시간에 주파하는 일명 '오리엔트 익스프레스'라 불리는 차세대 비행체의 개발에 큰 역할을 할 것으로 기대된다.

음속 이상으로 비행하는 항공기에서도 공기와의 마찰로 인해 온도가 상승한다. 때문에 항공기의 겉판이 고열에 견디는 소재여야 한다. 예를 들어 항공기의 속도가 음속의 3배가 된다면 공기와의 마찰로 인해 온도가 450℃까지 올라간다. 이 정도 온도에서는 대부분 항공기 겉판으로 쓰이는 알루미늄 합금은 약해진다. 따라서 보통 초음속 비행기의 외판에는 알루미늄 합금 대신 고온에서 강도를 유지하는 재료인 티타늄 합금을 사용한다. 실제로 티타늄 합금은 미국 차세대 전투기 F-22와 초음속 순항항공기 SR-71의 외판에 적용되고 있다.

우주왕복선이나 로켓에 사용되는 재료는 1,200℃에서도 고열을 견디고 충분한 강도를 가져야 한다. 특히 초음속으로 비행하거나 지구대기에 재진입할 때 부분적으로 온도가 1,800℃이상까지 올라간다고 알려져 있다. 이들 우주비행체에 사용되는 항공우주재료로는 세라믹 재료, 탄소-탄소 복합재료가 연구 중이다. 1,800℃ 이상의 고온이 요구되는 로켓 엔진이나 로켓의 앞부분(노즈콘)에는 탄소 복합재료가 사용된다.

고온에서 사용하는 내열 금속재료를 분류하면 [그림 5-1]과 같다. 이 그림에서 보는 것처럼 내열강은 철을 기초로 하는 합금이며 그 위에 저합금 내열강은 탄소강에서 발전하고,
페라이트계 내열강은 페라이트계 스테인리스강의 개량이다. 오스테나이트계 내열강은 오스테나이트계 스테인리스강에서 발전한 것이다. 페라이트란 보통 철이나 동과 같은 결정구조를 가진 금속조직에서 나타낸다. 오스테나이트란 18-8 스테인리스와 같은 결정구조를 가진 금속조직을 나타낸다.

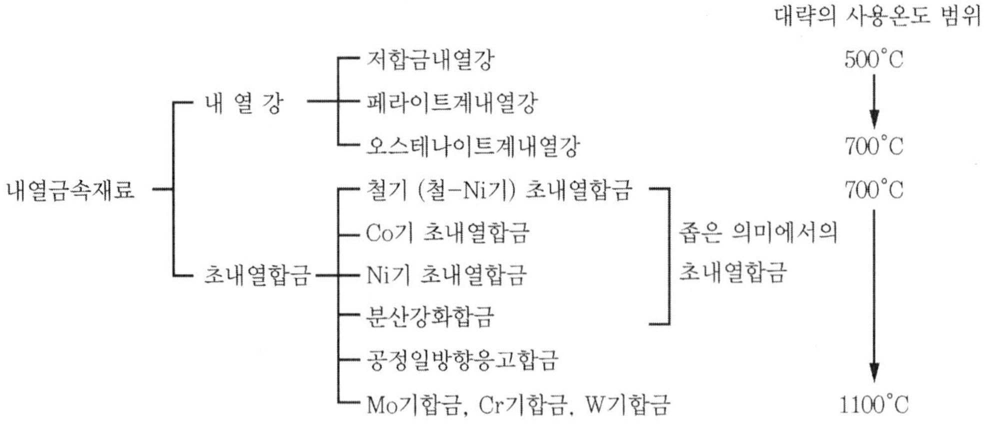

[그림 5-1] 초내열합금의 분류

초내열 합금은 내열강 사용 범위보다 이상의 온도에서 사용하는 것이지만, 좁은 의미로는 공정 일방향 응고합금이나 Mo기 합금 등을 제외하고 생각하는 것도 있다. [그림 5-1]의 우측의 사용온도 범위는 목표로써 정확한 것은 아니다. 종종 그 합금은 몇 도까지 사용하는지 질문을 받는다. 합금의 사용온도는 거기에 덧붙여 응력과 예정된 수명 또는 허용하는 크리프 변형속도보다 크게 변화한다. 예컨대 크리프 파단수명이 1,000시간, 응력 147MPa로 온도가 1,123K의 재료가 있다고 하면, 같은 재료를 응력 196MPa로 사용하면 10,000시간의 수명을 갖는 온도는 1,083K 정도이다.

5.2 초내열 합금에 필요한 성질

초내열 합금에 한정되지는 않지만 재료에서는 여러 가지 특성이 동시에 요구된다. [표 5-1]는 초내열 합금에서 요구되는 성질을 나타내었다. 열피로 강도는 부재에 주어진 불균일한 온도분포의 반복에 의한 피로 강도를 의미하며, 고온피로 강도는 외부로부터 응력의 반복에 의한 피로 강도를 의미 한다. 고온부식으로는 주로 연료 중의 황(S)분과 대기 중의 미량의 NaCI과의 온도반응에서 생긴 Na_2So_4로부터 일어난다. 고온, 황화부식이 문제이다. 연성은 응력을 크게 하면 열균열 강도가 크게 되는 것과 흠의 약화가 생기는 경향이 작기 때문에 그 값이 어떤 크기 이상의 것이 요구된다. [표 5-1]의 제 성질을 동시에 전부 염두에 두고 재료를 개발하는 것은 대단히 곤란하다.

[표 5-1] 초내열 합금에 필요한 성질

구분	A [중요특성]	B [상당히 중요한 특성]	C [물리적 특성]	D [제조성]	E [경제성]
1.	크리프 강도	내력과 인장강도	열전도성	주조성	가격
2.	열피로 강도	자성	열팽창성	주조성	자원성
3.	고온피로 강도	내산화성	탄성률 비중	용접성	리사이클성
4.	내고온부식	내부식성	감쇠 특성	파코팅성	유통성
5.	연성	응력완화법	피조사특성	피삭성	
6.	용접	열 라쳇	유도방사특성		

〈추가보충설명〉
B4, 내부식성 : 먼지를 포함한 고온가스의 피 흐름 등으로부터 재료가 마모되는 것에 견디는 특성
B5, 응력완화법 : 어떤 일정의 변형을 유지하는 응력이 차제에 저하하는 성질, 볼트가 조여지는 힘이 차제에 저하되는 경우에 해당
B6, 열 라쳇 : 복잡한 구조물 전체에 가열, 냉각을 반복해 주면 부분적으로 변형이 진행하는 현성
C4, 감쇠특성 : 진동을 흡수하는 특성

5.3 초내열 합금의 분류

내열금속은 내열강과 초내열 합금으로 분류할 수 있다. 700℃ 이상에서 사용되는 초내열 합금은 Fe기, Ni기, Co기이다. 분산강화 합금을 좁은 의미의 초내열 합금이라 하고, 공정 일방향 응고합금, Mo기 합금, Cr기 합금, W기 합금으로 분류할 수 있다.

5.3.1 Fe기 초내열 합금(iron-base superalloy)

Fe기 초내열 합금은 Ni, Cr 함유량이 많고, Mo 이외에 W, Nb, Ti을 첨가하여 탄화물 석출에 의한 석출경화를 이용한 Timken16-25-6, ATA-2, 19-9DL 및 ATS 6 등이 있다. 이들은 열냉가공(HCW;Hot Cold Work)을 함으로써 고온 크리프 특성이 개선되어 650~750℃에서 사용할 수 있다.

석출경화형 합금인 Discaloy, A-286, V-57에 약 15%의 Cr을 첨가하여 내식성을 부여하였고, 고용강화를 위해 Mo과 W를 γ'상($Ni_3(Al,Ti)$)에 의한 석출경화를 위하여 Al과 Ti을 합하여 2~3%가 첨가 되었다. 또 페라이트가 생기지 않도록 하기 위해서 Ni이 25%까지 함유되어 있다. 이들 Fe기 초내열 합금에서는 강화 원소량을 더욱 증가시키면 복잡한 결정구조의 σ상(AB형), μ상(A_7B_6형), Laves상(A_2B형) 등의 TCP(Topologically Close-packed) 금속간화합물이 석출되기 쉬어진다. 따라서 이것을 방지하면서 강화원소를 더 첨가할 수 있도록 Fe량을 줄이고 그 대신에 Ni량을 증가시켜서 효과적으로 강도를 높인 Ni-Fe기 합금인 Incoloy 901, Incoloy 825가 개발되었다. 철계 초내열 합금은 [표 5-2]와 같다.

[표 5-2] 철계 초내열 합금

종류	화학조성(%)	상품명
Fe-Cr-NI계 (주조)	Fe-20Cr-8～30Ni, 그 외 Mo, Co, Ti, Ta 를 함유	Timken, Tinidur 등
Fe-Cr-Co계 (단조)	위에 것에 20% 전후의 Co를 첨가	G18, N-15, S-816 등

5.3.2 Ni기 초내열 합금

초내열 합금의 주류는 세계적으로 볼 때 Ni기의 합금으로 되어 있다. Ni기 합금이 많이 이용되는 이유는 Ni기의 합금에서는 뒤에 설명한 γ'상이라고 부르는 고온강도가 높은 결정을 생성하여 얻기 때문이다. Co기 초내열 합금에서는 이와 같이 유용한 결정의 상이 목적한 대로 생성되지 않을 뿐이지 자원적으로 Ni보다 입수하기 어려운 결점도 있다. 그러나 전술의 고온 황화부식의 관점에서는 일반적으로 Co기 합금 쪽이 Ni기 합금보다 유리하므로 가스터빈의 일단 정적 회전으로 이용되는 것이 있다. 이것은 일단 정적 회전에는 엄청난 고온이지만 증가하는 응력이 작기 때문이다.

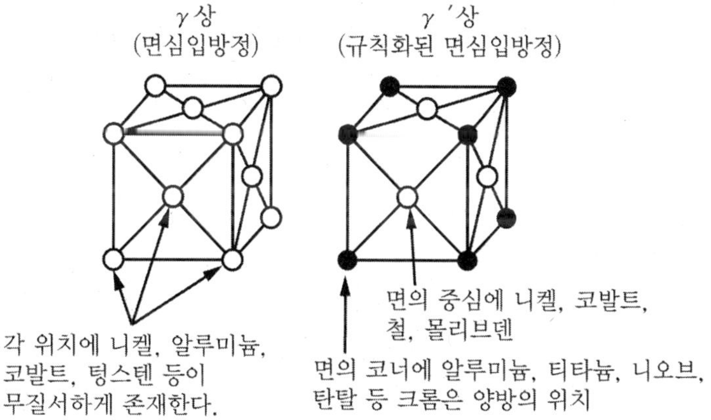

[그림 5-2] Ni기 초내열 합금의 결정 모형도

[그림 5-2]는 Ni기 초내열 합금의 주요한 구성상이다 γ상과 γ'상의 결정구조를 나타내고 있다. γ라 부르는 이유는 특별히 없다. 단순한 기호라고 생각된다. γ'쪽은 γ와 비슷하기 때문에 dash(')을 붙이고 이와 같이 부른다. [그림 5-2]에서 γ상은 Ni과 동일한 결정구조를 하고 있고 Ni원자의 위치에 여러 가지 원자가 무질서하게 치환되어 있다. γ'상은 Ni_3Al이라는 금속간화합물

을 기본으로 하고 γ상을 주사위라 생각하면 그 면의 중심에 Ni, 주사위의 각에 Al이 존재하고 여러 가지 원소를 첨가하면 Ni의 위치 Al의 위치에서 각 원소가 치환하고 있다. 이 γ'상은 불가사의한 성질을 가지고 있으며 변형저항이 온도의 상승과 함께 증가한다.

물론 엄청난 고온이 되면 연화하지만 700~800℃ 정도에서 강도가 최고치가 된다. 이 현상은 정상적으로는 γ'상의 변형기구에서 설명되고 있다.

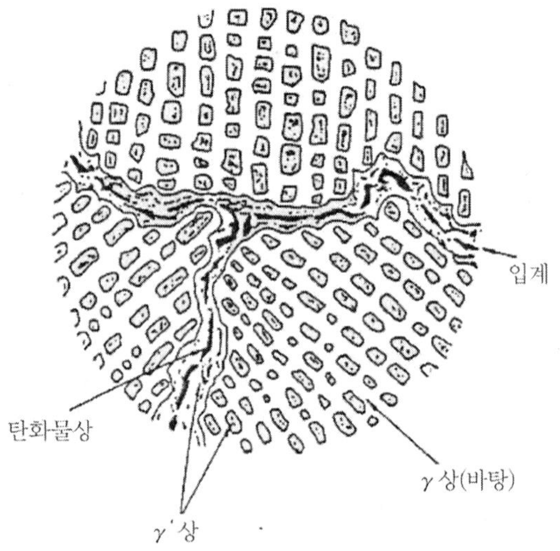

[그림 5-3] 보통주조법에서 응고한 Ni기 초내열 합금 조직의 개략도

[그림 5-3]은 Ni기 초내열 합금의 금속조직의 스케치이다. 배율은 2~3,000배로 생각된다. 합금이 응고한 직후의 고온에서는 대부분 r상으로 보이지만 냉각 도중 또는 그 후의 시효로부터 다량의 γ'상이 생성(석출이라 한다.)되고 있고 γ'상과 잔류 γ상의 양이 거의 같은 양으로 되어 있다. 합금에서는 γ와 γ'상의 경계, 다시 말하면 입계가 되고 거기에 탄화물이 생성하고 있다.

생성된 탄화물이 입계를 강화하기 때문에 첨가된 탄소와 Ti 등의 원소가 화합하는 것이다. γ상에서 γ'상이 석출된 상황을 조금 더 자세하게 설명한 것이 [그림 5-4]이다. γ상과 γ'상의 결정구조는 전술한 것과 같이 대단히 유사하고 동시에 격자상수도 거의 동일하다. 거기서 γ상에서 γ'상이 석출될 때 그림에서 나타낸 것처럼 결정이 나란히 연속된다(엄밀하게 연속된다고 생각되고 있다). 이 상태를 석출이 정합한다고 한다. 즉, 격자상수가 완전히 일치한 경우이다. (b)는 γ'상의 격자상수가 γ상의 그것보다 조금 큰 경우이다. 후자의 경우 계면에 변형이 생긴다. 정합한 석출계면의 존재가 Ni기 초내열 합금의 강도 향상에 기여하고 있다고 생각된다.

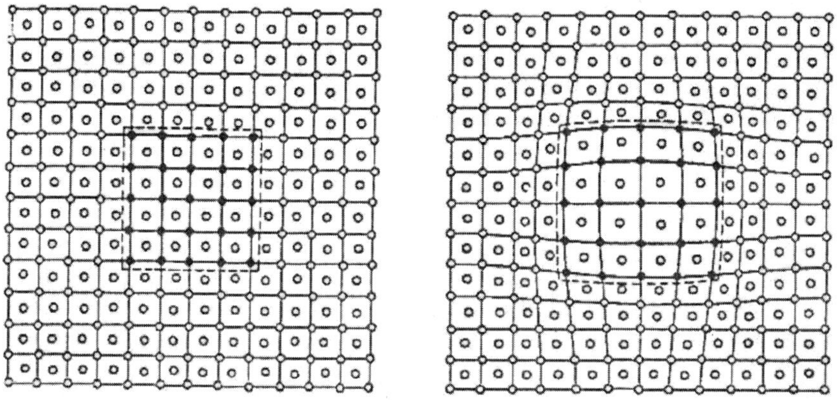

(a) 완전 정합

(b) 정합이지만, mismatch가 있는 계면에 변형이 있다.

[그림 5-4] γ 상과 γ '상의 결정의 정합성(점선내 : γ '상, 점선외 : γ 상)

비교적 고온(거의 800℃ 이상)에서는 [그림 5-4]의 (a)와 같이 변형이 없는 완전한 정합석출이 크리프 강도의 향상에 좋다고 생각된다.

γ상과 γ′상의 격자상수의 차이를 불일치라 부르지만 이 불일치가 작은 쪽이 고온크리프성이 양호한 것이 된다. γ상, γ′상 탄화물은 Ni기 초내열 합금에서 대단히 필요한 상이다. 이것들을 적당한 조성과 양이 되도록 하면 바람직한 특성을 얻는다.

한편, 유해한 상도 있다. 그 대표가 σ상이다. σ상은 현미경으로 보면 조대한 침상(입체적으로는 판상)으로 석출하는 것으로 합금을 취약화 하는 것으로 알려져 있으므로 합금설계에서는 이것을 제거하도록 해야 한다. σ상은 대단히 복잡한 결정구조를 가진 전자 화합물이다.

5.3.3 Co기 초내열 합금

Co는 417℃ 이하에서는 HCP의 ε상, 417℃ 이상에서는 FCC의 γ상으로 존재하고, Fe, Mn 및 Ni의 첨가 시 강하고 인성이 있는 γ상을 안정화시킨다. 그러나 Mn은 Co 합금의 강도를 저하시키고, Fe의 첨가 시 강도개선에 기여하지 못하므로 γ상 안정화 원소로는 전적으로 Ni만 첨가한다.

Co기 초내열 합금은 용탕의 유동성이 좋아 비교적 저렴한 인베스트먼트 주조법에 의해 진공 용해할 필요 없이 성형이 가능하다. Ni기 초합금의 주 강화기구인 석출강화를 가능하게 하는 γ상과 석출형 탄화물들은 대부분 700℃ 이상에서는 분해되기 시작하고 이로 인해 900℃ 이상에서의 기계적 특성은 감소하고 안정성이 떨어지게 된다. 이에 반해 Co기 초합금의 강화상인 γ상은 안정적이다. 이로 인해 고온강도가 Ni기 초합금에 비해 한층 높으며 고온에서의 크리프 강도가 높고 열전도율이 우수하다. 대체로 Cr의 함유량이 많기 때문에 고온 내부식성이 크고, 열팽창률이 작으며 내열피로성이 뛰어나고 고온에서의 적응력이 커서 긴 수명의 정지 부품에 적합하다. 발전기 가스터빈용 회전날개, 고정날개나 연소기에 사용된 Co기 초합금은 [표 5-3]와 같다.

[표 5-3] 주요 발전 가스터빈용 고온재료

부 위	합금명	화 학 조 성	제조방법
회전날개 /고정날개	X-40	Co-25Cr-10Ni-1Fe-8W-0.5C-0.01B	진공주조 (대기용해)
	X-45	Co-25Cr-10Ni-1Fe-8W-0.25C-0.01B	
	FSX414	Co-29Cr-10Ni-1Fe-8W-0.25C-0.01B	
	ECY768	Co-23.56Cr-10.13Ni-3.61Ta-7.01W-0.6C-0.002B-0.07Fe	일방향 응고
연소기	HA188	Co-22Cr-22Ni-1.5Fe-14W-0.05C-0.01B	압연 (대기용해)

5.4 초내열합금 제조법

5.4.1 정밀주조 합금

Ni기 초내열 합금은 γ량이 20~30%까지는 단조가 가능하지만, 그것보다 γ′량을 많게 해서 강력하게 사용하면 소성가공이 곤란한 재료에 정밀 주조법이 적용된다.

[표 5-4] Ni기 초내열 합금의 조성 (중량 %)

No	합금	Ni	Cr	Co	Mo	W	Ta	Nb	Al	Ti	Fe	B	Zr	기타
1	U 500	bal	18.5	18.5	4.0	4.0	-	-	3	5.0	-	0.01	-	
2	MarM247	bal	8	10	0.6	10	3	-	5.5	1.0	-	0.02	0.03	1.4Hr
3	TM-321	bal	8.1		8.2	-	12.6	4.7	-	5.0	0.8	0.11	0.05	0.9Hr
4	MarM247(DS)	bal	8.0		9.5	-	9.5	3.0	-	5.6	0.8	0.07	0.015	1.4Hr
5	TMD-5	bal	5.8		9.5	-	13.7	3.3	-	4.6	0.9	0.07	0.015	1.4Hr
6	PWA1480	bal	10.0	5.0	-	4.0	12.0	-	5.0	1.5	-	-	-	-
7	TMS-12	bal	6.6		-	-	12.8	7.7	-	5.2	-	-	-	-
8	MA 6000	bal	15	-	2.0	4.0	2.0		4.5	2.5	-	0.01	0.15	$1.1Y_2O_3$
9	TM-O2	bal	5.9	-	2.0	12.4	4.7	-	4.2	0.8	-	0.05	-	$1.1Y_2O_3$

[표 5-5] Ni기 초내열 합금의 사용온도(137.3MPa에서 1,000h의 수명을 갖는 온도)

No.	합 금	제 조 법	사용온도(K)
1	U 500	주조	1,133
2	Mar-M247	보통주조	1,230
3	TM-321	보통주조	1,246
4	MarM247(DS)	일방향응고	1,254
5	TMD-5	일방향응고	1,273
6	PWA 1480	단결정	1,283
7	TMS-12	단결정	1,323
8	MA 6000	입자분산강화	1,341
9	TM-O2	입자분산강화	1,443

[그림 5-5]는 보통주조법으로 제조 된 Ni기 초내열 합금(대표 예는 [표 5-4]와 [표 5-5]의 No.3)의 특성을 상용합금(대표 예: [표 5-3]와 [표 5-4]의 No.2)의 그것과 비교한 것이다. 횡축은 초내열 합금의 중요한 성질의 한 가지인 고온황화 부식성을 나타내고 있다. 좌측은 내식성이 좋고 종축은 크리프 파단수명을 나타낸다. 첫 대면에서 알 수 있듯이 내식성을 향상시키려고 하면 크리프 파단수명이 저하하는 경향을 볼 수 있다.

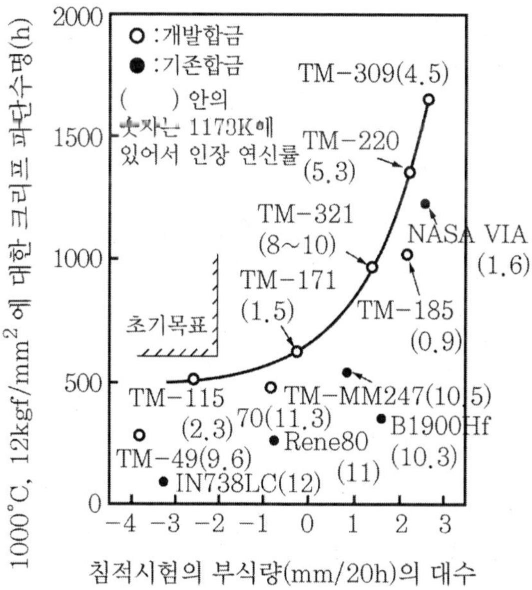

[그림 5-5] 진공주조 Ni기 초내열합금의 크리프 파단수명과 고온황화 부식속도의 관계

5.4.2 일방향 응고합금

1960년 초합금의 일방향 응고에 의해 입계를 인장응력 방향으로 배열시킴으로써 응력방향과 수직되는 입계를 없게 하여 크리프 강도가 크게 향상되는 것을 발견하였다. 주형에 용탕을 주입하여 과랭부분에 응고가 시작되면 주형내의 온도구배는 고액계면(固液界面)의 진행방향이 과랭면에 대하여 수직으로 되도록 제어하여 방향성을 가진 나란하게 배열된 주상계면이 형성된다.

일방향 응고 주상정합금의 제조법이 [그림 5-6]의 (b)에 표시되어 있다 즉 (a)는 전 항의 보통주조 합금의 제조 프로세스를 나타내고 있다.

[그림 5-6]의 (b)에서 주형(실리콘 등을 주성분으로 하는 로스트 왁스법으로 제조)은 진공중에서 주조된 합금의 용융온도보다 고온으로 가열되어 있다. 용융합금을 이 안에 주입하면 주형의 저부 이외에서는 합금은 용융상태로 보존된다. 그 다음 주형을 가열하고 있는 로에서 주형을 서서히 인발(200mm/h 정도)하면 아랫방향에서 일방향으로 응고하고, 가늘고 긴 γ'상의 결정이 어느 정도 생성된다. 이것들은 기둥과 같으므로 주상정이라 한다. 이와 같이 되는 이유는 고온에서 합금에 힘이 가해질 때 생기는 균열은 대부분의 경우 결정과 결정의 계면에서 생기기 때문이다.

[그림 5-6]의 (a)와 같이 보통 주조합금에서는 그림에 나타낸 것처럼 많은 수의 구상에 가까운 결정(r상)의 집합체로써 응고한다. 이것으로 가스터빈 블레이드를 만들면 응력방향에 직각인 결정계면을 따라서 고온균열이 일어난다. 그런데 (b)와 같이 결정이 일방향으로 늘어나고 동시에 이 방향으로 응력을 지나치게 증가시키면 결정계면 균열은 일어나지 않고, 그 때문에 일방향 응고합금은 보통주철 합금보다 고온강도가 향상된다.

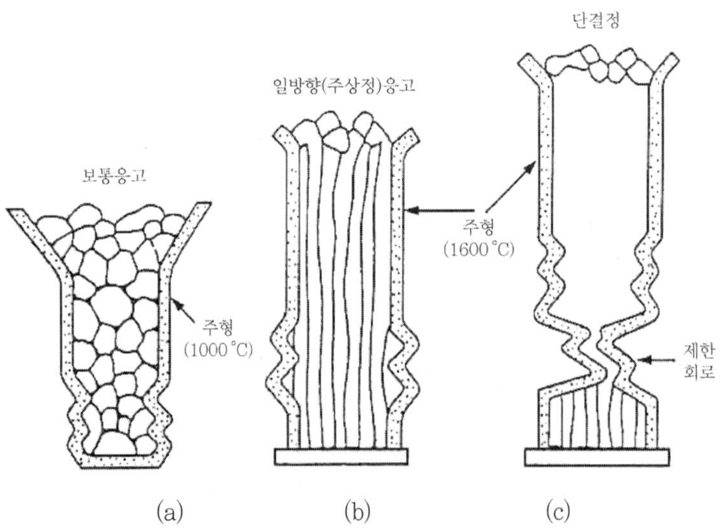

[그림 5-6] 초내열합금의 3종류 주조방법

[표 5-3]과 [표 5-4]의 No.5가 개발되어 현재 고효율 가스터빈의 실용화 연구가 진행되고 있는 합금이다. 이 TMD-5 합금은 No.4의 Mar-M247(DS) 합금과 비교되는 합금이다. 개발합금은 약 20℃ 정도 사용온도가 향상되었다. 20℃의 온도상승은 작지만 냉각공기량의 감소 등을 통해서 상당히 큰 효과를 갖는다. 일방향 응고합금으로 제조된 것은 Mar-M247(DS)(Ni-8Cr-9.5Mo-9.5Ta-3Nb-5.6Ti-0.8Fe-0.07B-0.015Zr-1.4Hf)와 TDM-5(Ni-5.8Cr-9.5Mo-13.7Ta-3.3Nb-4.6Ti-0.9Fe-0.07B-0.015Zr-1.4Hf) 등이 있다.

5.4.3 단결정 합금

[그림 5-6]의 (c)는 단결정화 주조의 방법을 나타내고 있다. 일방향 응고, 주상정 응고와 매우 비슷하지만, 일방향 응고 도중에 제한회로를 설계한다. 이것은 가늘게 꺾어진 부분으로 여기에 들어 있는 주상정의 몇 개 중 한 개를 위쪽 방향으로 빼내는 작용을 한다. 꺾어질 때 내측 결정이 먼저 성장하는 효과를 이용하고 있다. 제한회로에서 1개로 된 결정은 그 후 위쪽 방향으로 성장하고 횡방향으로도 성장해서 터빈 블레이드 전체가 단결정화 된다. 단결정에 있어서도 최초의 융액에서 발생하는 γ상이 단결정으로 되어 있고 γ상에서 미세한 γ'상을 많이 석출한다. 이 단결정화의 의의는 일방향 응고 주상결정합금과 비교해서 고온에서 취약한 성질을 나타내는 결정의 계면을 포함하지 않기 때문에 고온 균열의 걱정이 대단히 작게 되며, 고온에서의 수명이 극대화 되어 항공기 제트 엔진이나 가스터빈의 블레이드 소재로 사용할 수 있다. 단결정 초내열 합금은 일방향 응고, 주상정 합금에서 문제되는 것은 사용 중의 균열보다 응고 직후에 일어나는 중자(내부)에 의한 균열이 발생한다.

중자란 수형의 공동부 안에 넣은 세라믹세의 부품으로 응고 후에 제거하고 주물 중에 공간을 만든다. 이 공간은 가스터빈 날개 아래로 부터 공기를 불어 넣고 측면에서 분출시켜 터빈날개를 냉각하기 위한 것이다. 이 중자의 열팽창률(이 경우 수축률)이 합금의 그것보다 작으므로 응고 후의 냉각 중에 중자에서 주위의 합금에 응력이 증가하고 주상정과 주상정 계면에 고온균열이 일어난다. 이 균열을 일으키지 않기 위해서는 합금의 γ'량을 너무 증가시키지 말아야 한다. 때문에 크리프 강도의 증가가 제한된다. 단결정으로 하면 이와 같은 제한이 있고 강력한 합금을 만들 수 있다.

가. Ni기 단결정 초내열합금

Ni기 단결정 초내열 합금은 입계강화원소인 C, B, Zr 등의 첨가를 억제하고 내화합금원소인 W, Ta, Mo 등을 다량 첨가하였으며, 합금 온도의 수용성을 획기적으로 향상시키기 위해 Re를 첨가하였다.

1) Ni기 제1세대 단결정 합금

[표 5-6]에서 볼 수 있듯이 제1세대 Ni기 초내열 합금의 주요 합금원소는 Cr, Co, Mo, W, Al, Ti, Ta 등이다. Cr, Co, Mo 등은 FCC구조의 γ기지에 분배되어 주로 고용 강화의 역할을 하며, 특히 Cr은 Cr_2O_3 산화막의 형성을 촉진시켜 고온 내식성에 결정적인 역할을 한다. 이 합금들은 $\gamma'(Ni_3Al)$ 상을 약 60% 이상 포함하고 있다. Ti, Ta, Nb, V는 Ni_3Al의 Al를 치환해 들어감에 따라 γ'상을 강화시킨다. Al은 Al_2O_3의 산화막을 형성해 더 이상의 산화진전을 방해하는 중요한 역할도 함께 수행한다.

[표 5-6] 제1세대 단결정 초내열 합금의 화학조성(wt%)

합금명	Ni	Cr	Co	Mo	W	Al	Ti	Ta	기타
NASAIR 100	bal	9	-	1	10.5	5.75	1.2	3.3	
CMSX-2	bal	8	4.6	0.6	8	5.6	1	6	
CMSX-3	bal	8	4.6	0.6	8	5.6	1	6	Hf 0.1
CMSX-6	bal	9.8	5	3	-	4.8	4.7	2	Hf 0.1
PWA 1480	bal	10	5	-	4	5	1.5	12	
SRR99	bal	8	5	-	10	5.5	2.2	3	
RR2000	bal	10	15	3	-	5.5	4	-	V 1
Rene N4	bal	9	8	2	6	3.7	4.2	4	Nb 0.5
AM1	bal	7.8	6.5	2	5.7	5.2	1.1	7.9	
AM3	bal	8	5.5	2.25	5	6	2	3.5	

2) Ni기 제2세대 단결정 합금

일련의 단결정 초내열 합금에 Re을 3% 정도 첨가하면 단결정 합금의 크리프 강도가 상당히 증가함이 발견되어 최초로 Re을 첨가한 초내열 합금을 제2세대 단결정 합금 군으로 분류한다. 이들의 조성은 [표 5-7]과 같다. 제2세대 단결정 합금은 고온에서 장시간 노출되었을 경우, TCP(rhombohedral ; μ, tetragonal ; σ, orthohombic ; ρ)상들의 형성경향이 커진다.

[표 5-7] 제2세대 단결정 초내열 합금의 화학조성(wt%)

합금명	Ni	Cr	Co	Mo	Re	W	Al	Ti	Ta	기타
CMSX-4	bal	6.5	9	0.6	3	6	5.6	1	6.5	Hf 0.1
PWA 1484	bal	5	10	2	3	6	5.6	-	8.7	Hf 0.1
Rene N5	bal	7	8	2	3	5	6.2	-	7	Hf 0.2
SMP14	bal	4.8	8.1	1	3.9	7.6	5.4	-	7.2	Nb 1.4
MC2	bal	8	5	2	-	8	5	1.5	6	-

3) Ni기 제3세대 단결정 합금

보다 최근에는 Re의 함유량을 6wt%까지 증가시킴으로써 단결정 합금의 온도수용성을 더욱 향상시킨 합금을 제3세대 단결정 합금으로 분류한다. 대표적인 제3세대 단결정 합금의 화학조성은 [표 5-8]과 같다.

[표 5-8] 제3세대 단결정 초내열 합금의 화학조성(wt%)

합금명	Ni	Cr	Co	Mo	Re	W	Al	Ti	Ta	기타
CMSX-10	bal	2	3	0.4	6	5	5.7	0.2	8	Nb 0.1, Hf 0.1
Rene N6	bal	4.2	12.5	1.4	5.4	6	5.75	-	7.2	Hf 0.15
Alloy5A	bal	4.5	12.5	-	6.25	5.75	6.25	-	7	Hf 0.15
TMS-75	bal	3	12	2	5	6	6	-	6	Hf 0.1
TMS-80	bal	2.9	11.6	1.9	4.9	5.8	5.8	-	5.8	Hf 0.1

4) Ni기 제4세대와 제5세대 단결정 합금

Re를 포함한 단결정 초내열 합금에 백금족 금속(Ru 또는 Ir)을 첨가하여 TCP상의 형성경향을 감소시킨 합금으로 프랑스의 MC-NG(Mono Crystal-Nouvelle Generation)를 제4세대 합금이라 한다.

한편 일본 NIMS의 Harada 그룹에서는 제4세대 단결정 합금인 TMS-138의 Ru 함유량을 6wt%까지 높여 온도수용성을 한층 높인 TMS-162 합금을 개발하였는데, 이 합금을 제5세대 단결정 합금으로 분류하고 있다. [표 5-9]는 제4, 5세대 단결정 초내열 합금의 화학조성이다.

[표 5-9] 제4세대 단결정 초내열 합금(MC-NG, TMS-138)과 제5세대 단결정 초내열 합금(TMS-162)의 화학조성(wt%)

합금명	Ni	Cr	Co	Mo	Re	W	Al	Ti	Ta	Hf	Ru
MC-NG	bal	4	-	1	4	5	6	0.5	5	0.1,	4
TMS-138	bal	2.4	5.9	2.9	5	5.1	5.8	-	5.6	0.05	1.9
TMS-162	bal	2.9	5.8	3.9	4.9	5.8	5.8	-	5.6	0.09	6

5.4.4 입자분산 초내열 합금

분말야금법(powder metallurgy ; P/M)에 의한 초내열 합금제조는 냉각 가능한 터빈 블레이드의 새로운 제조방법을 모색하는 과정에서 시작되었다.

주조법으로 만들어진 니켈기 초내열 합금은 1,000℃ 이상의 온도에서 강도에 크게 기여하는 γ'상 석출물의 조대화 및 재용해로 인하여 강도가 급격히 감소하는 단점이 있다. 이러한 단점을 개선하기 위해 기계화 합금법(mechanical alloying ; MA)을 이용하여 Ni기 초내열 합금 내에 고온에서도 안정한 산화물을 미세하게 분산시킨 산화물 분산강화(oxide dispersed strengthened ; ODS) 초내열 합금이 개발되어 900℃ 이상에서 기존의 단결정 초내열 합금보다 우수한 강도를 얻을 수 있었다. 즉, 분산강화형 초내열 합금은 고온변형 시 기존의 고용강화형 및 석출경화형 초내열 합금에 비해 매우 높은 활성에너지와 비정상적으로 높은 응력지수를 가지며 Threshold거동을 하는 것으로 알려져 있다. Threshold거동은 특정 응력 범위 내에서는 재료의 변형이 더 이상 진행되지 않거나 지연되는 것을 말하며, 이때의 응력을 Threshold응력이라 한다.

ODS 초내열 합금은 INCO사가 개발한 합금이 [표 5-3]와 [표 5-4]의 No.9의 TM-O2라는 합금이 있다. 이것은 No.8의 MA 6000 합금과 비교되는 것이다. TM-O2를 현재 사용하고 있는 보통주철 합금 MarM 247([표 5-3]과 [표 5-4]의 No.2)과 비교하면 실제로 200℃에 가까운 사용온도의 상승을 얻는다. TM-O2는 세계 최강의 초내열 합금이다.

Ni기 초내열 합금인 경우 그 여러 가지 제조법의 특징에 대하여 기술하였지만 중요한 점은 제각각의 제조법 특징에 적용된 합금조정이다. 단지 같은 조성의 합금에 여러 가지 제조법을 적용하는 것이 아니고, 어떤 제조법에 적용한 합금을 설계하는 것으로부터 위에서 언급한 것과 같이 성과를 얻는다. 또한 반대로 어떤 합금조성에 적합한 프로세스 조건의 연구도 당연하다. 요컨대 어떤 프로세스에 적합한 합금, 어떤 합금에 적합한 프로세스 조건의 연구라는 양방향의 연구로부터 초내열 합금의 연구가 진행되고 있다. 당연한 것이지만 완전한 새로운 프로세스, 합금계의 연구도 크게 기대된다. 예를 들면 단결정화된 입자분산 강화합금 등이 생각된다.

초내열 합금의 연구는 세계 각국에서 꾸준히 연구되고 있다. 내열재료로써의 세라믹과 초내열 합금이 잘 비교된다. 세라믹은 자성이 작고 부품을 아주 무결함으로 하는 것이 불가능에 가깝다. 재료에도 프로세스가 필요하고 합금의 연성, 인성은 그것을 보장하는 것이다. 프로세스에서 제조된 제트엔진이라도 그것으로부터 항공기에는 맞지 않는다. 초내열 재료에는 여러 가지 특성이 동시에 요구된다. 어떤 한가지의 특성이 그 이외의 특성을 희생시켜 크게 향상되는 것처럼 재료는 긴 안목에서 보면 실용화되지 못한 것은 과거의 예로부터 알 수 있다. 세라믹은 그 특성을 활용해 특수한 용도에 사용되는 편이지만 초내열 합금을 추구하여 내열재료가 전부 세라믹화 되는 것처럼 완전히 그대로 되는 것은 아니다.

[표 5-10]은 Ni기 분산강화 초내열 합금의 종류 및 화학조성을 나타낸 것이다.

[표 5-10] Ni기 [MA법에 의한 산화물 분산강화] 초내열 합금

합금	Ni	Fe	Cr	Al	Ti	C	Y_2O_3	Mo	W	Ta	B	Zr	Co
MA 754	bal	1.0	20	0.3	0.5	0.05	0.6	-	-	-	-	-	-
MA 6000	bal	-	15	4.5	2.5	0.05	1.1	2.0	4.0	2.0	0.01	0.15	-
MA 760	bal	-	20	6.0	-	0.05	0.95	2.0	3.5	-	0.01	0.15	-
MA 758	bal	1.0	30	0.3	0.5	0.05	0.6	-	-	-	-	-	-
MA 757	bal	-	16	4.0	0.5	0.05	0.6	-	-	-	-	-	-
TM 02	bal	-	5.9	4.2	0.8	-	1.1	2.0	12.4	4.7	-	-	9.7
MA 956	bal	-	20	4.5	0.5	-	0.5	-	-	-	-	-	-

[참고자료]

1. http://ss7893.blog.me/21640402
2. 한국기계연구소 부설재료 연구소, "분산강화형 초내열 합금 개발", 한국과학기술원 (1991)
3. 조현기, "신소재합금", 경북인쇄(주), (1997)
4. 서영섭, 백승호, 이철영, "신소재공학", 기전연구사, (2001)
5. 변재원, 최성배, 이재중, "분산강화형 초내열 합금의 threshold 응력 예측을 위한 모델링", 대한금속학회지, Vol.35, No.6, (1997)
6. 한국기계연구소 부설 재료 연구소, "저가형 단결정 초내열합금 및 주조공정 개발", 한국과학기술원 (2005)
7. 김암수, "최신 기계재료", 도서출판 남영문화, (2012)

06 초경 · 소결합금

6.1 초경합금(Sintered hard alloy)

초경합금은 일반적으로 원소주기율표 제 Ⅳ, Ⅴ, Ⅵ족의 천이금속 탄화물 분말과 철족 금속(Fe, Ni, Co 등) 분말을 함께 소결(燒結)하여 만든 복합합금을 말한다.

이 합금은 1923년 독일의 K.Schőter씨 등이 발명하여 2년 뒤 비디아(Widia)라는 상품명으로 시판되기 시작하였다. 이 합금이 탄생하기까지는 오랜 시간이 걸렸으며, 19세기 이후에 여러 가지 경질물질(탄화물, 질화물, 붕화물, 규소화물 등)에 관한 기초적 연구에서 발단되었다. K.Schőter씨 등의 개발 요점은 W 분말과 흑연분말의 혼합물을 환원분위기 속에서 가열하여 얻어진 화학량적인 조성을 갖는 WC 분말을 사용하는 것과, 이것에 10% 이하의 철족 금속분말과 혼합하여 액상이 존재하는 상태에서 소결하여 합금을 만드는 것이다.

이후 미국이 개발한 카블로이(Carboloy), 일본의 당갈로이(Tangaloy) 등이 대표적인 소결합금이다.

6.1.1 제조

주성분인 WC는 텅스텐 분말과 카본블랙을 원료로 하여 전기로에서 가열하여 850℃ 정도에서 W 분말이 C를 흡수하여 1,400℃에서 생성된다. 이 때 탄소량은 6.1~6.15% 정도이다.

초경합금의 제조공정은 [그림 6-1]과 같다. 초경합금에 사용되는 원료 분말은 평균지름 0.5~8μm의 WC 분말이며, 그 밖에 필요에 따라 2~4μm의 TiC, TaC 분말과 결합제인 Co 분말을 쓴다. 이들을 정해진 조성대로 배합하여 볼밀 등의 혼합기로 충분히 혼합한다. 분말의 성형을 쉽게 하기 위하여 파라핀 등을 약간 첨가하고, 일반적으로 금형 성형법으로 49~392MPa 정도의 압력을 가하여 성형체를 만든다. 그 뒤 성형체를 수소나 진공 속에서 500~1,000℃로 예비 소결한다. 이때에 파라핀 등을 제거하고 어느 정도 그 강도를 증가시킨다. 필요에 따라 절삭이나 연삭가공으로 모양을 갖추게 한 뒤 2차 소결을 한다.

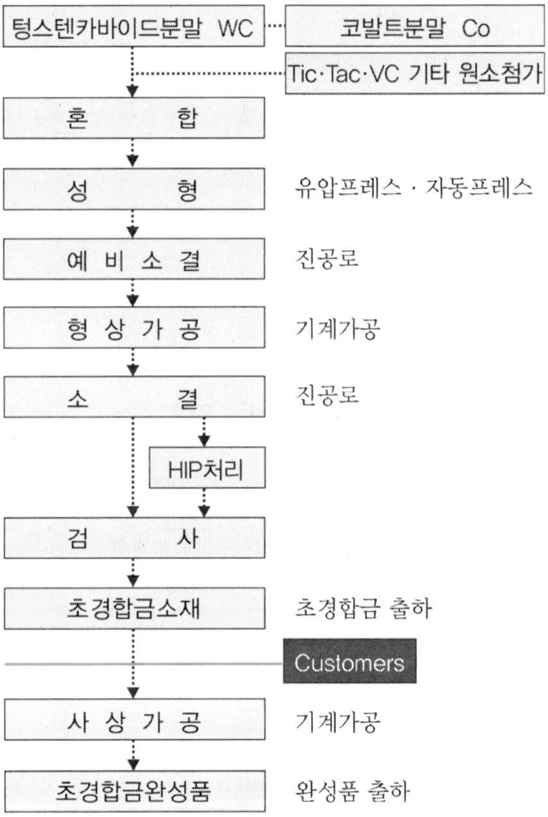

[그림 6-1] 초경합금의 제조공정도

보통 진공 속에서 1,350~1,500℃로 1~2시간 동안 소결하는데, 저(低)Co의 소결체에는 10~150μm의 기공(氣孔)이 약간 남는다. 이것을 제거하기 위하여 열간정수압(熱間靜水壓, HIP : Hot Isotatic Pressing)으로 소결(약 1,000기압의 아르곤가스 속에서 약 1,360℃로 가열)한다. 그 후에는 일반적으로 연삭 · 연마 가공하여 모양, 치수, 표면 상태를 정해진 형태로 제품화한다. 특히 절삭공구용 슬로어웨이칩에 대해서는 그 내마모성을 향상시키기 위해 다시 합금 표면에 TiC, TiN, Al2O3 등의 경질물질을 화학증착법이나 물리증착법으로 피복하는(피막두께는 2~8μm) 방법도 널리 행해지고 있다.

6.1.2 초경합금의 특성

가. 초경합금 조성과 제품성질과의 일반적인 관계

초경합금은 HRc 80 정도로 경도가 높으며, 고온경도 및 강도가 양호하여 고온에서 변형이 적다. 또한 내마모성과 압축강도가 높다. 사용목적과 용도에 따라 재질의 종류 및 형상이 다양하다.

초경합금의 기계적 성질을 보면 압축강도 5.9GPa, 인장강도 1.8GPa, 항절력 2.0~2.9GPa, 충격강도 4.9~11.8N · m/cm, 탄성계수(영률) 539.4~617.8GPa를 나타낸다. 또한 내마모성은 6~35(1/Vol, loss)이며 연신율은 0.1~0.4% 정도이다. 절삭공구용일 경우 Co는 3~9wt%(통상 6wt%)이며 광산공구 및 다이는 최고 25~30wt%이며 통상은 11~16%이다.

물리적 성질은 열팽창계수 4.5~6.0(10^{-6}/℃), 열전도도 0.4~1.3W/(m · k)를 나타낸다.

나. 초경합금의 기계적 성질에 미치는 요소

1) 결합량 및 탄화물입도

Co량이 증가할수록 압축강도와 경도는 감소하고 마모량은 증가한다. 항절력의 최대치는 WC입도가 약 3㎛근방에서 최대가 되며, WC가 약 2㎛일 때 Co량이 증가할수록 항절력은 증가한다. 경도는 Co가 일정한 양일 때에는 WC입도가 클수록 감소하며, WC입도가 일정할 경우 Co량이 증가할수록 낮아진다.

2) 합금탄소량

초경합금에서는 합금탄소량에 따라 유리탄소(free carbon) 또는 η상(Co_3W_3C)이 조직 중에 생겨 합금의 강도를 저하시키고, 건전상 영역(WC + γ상)에서도 탄소량에 영향을 받는다. WC-10%Co 합금에서는 6.2%의 탄소를 함유하고 있을 때 최대 항절력을 가지며, 경도와 비중은 탄소량이 증가할수록 감소한다.

3) 첨가 탄화물의 영향

TiC 첨가량이 증가할수록 경도는 상승하고 탄성률, 압축강도, 항절력은 감소하며, 내열성은 증대된다. WC성장을 억제하여 조직에서의 입도를 미세화하면 경도는 약간 상승하나 항절력은 감소한다.

VC는 주로 WC의 결정립 성장 억제를 위해 사용되며 가장 효과적이다. 소량 첨가 시 VC>

NbC > TaC > TiC > Cr_3C_2의 순으로 효과가 좋다. Cr_3C_2는 합금의 내식성을 향상시키기 위해 첨가한다.

6.1.3 초경합금용 탄화물의 종류

가. W-C계

이 계에서는 W_2C, WC의 2종류의 탄화물이 생긴다. W_2C는 저탄소측(C/W = 0.35~0.5)에서 생기는 α-W_2C와 고탄소측(C/W = 0.5)에서 생기는 β-W_2C있다.

α-W_2C는 실온에서 약 2,780℃ 범위에서 존재하고, β-W_2C는 2,450~2,750℃의 고온에서만 존재하며, α, β-W_2C의 결정구조는 육방정이다.

WC는 C/W = 0.6~0.67에서 생기는 WC-x(NaCl형)과 C/W = 0.6~0.8에서 생기는 WC(육방정)이 있다. 이들의 융점은 2,780℃이다.

나. Ti-C계

TiC의 결정구조는 NaCl의 결정구조이며, TiC의 결합 C량은 매우 큰 폭으로 변화하는데, TiC는 TiC 0.5(C/Ti)에서 0.95까지 안정적으로 존재한다. TiC의 융점은 결합 C량에 따라 크게 변하여 3,067~1,645℃의 값을 갖는다.

다. Ta-C계

이 계에서는 TaC와 Ta_2C 두 종류의 탄화물이 생긴다. Ta_2C의 결정구조는 2,000℃이하에서는 α형, 그 이상에서는 β형이 된다. Ta_2C는 1,500℃에서는 C/Ta비가 0.72~1.0까지 변하는데, 그 변동폭은 TiC에 비하면 at%로 약 1/2이다. (Wt% = 1/6)TaC의 융점은 C량에 따라 4,000~3,080℃로 변화한다.

라. Cr-C 계

이 계에서는 $Cr_{26}C_6$, Cr_7C_3, Cr_3C_2의 세 종류의 탄화물이 생긴다. 이들의 융점은 각각 1,520℃, 1,780℃, 1,895℃이며 다른 탄화물에 비해 꽤 낮은 것이 특징이다. 결정구조는 $Cr_{26}C_6$는 면심입방정, Cr_7C_3는 육방정, Cr_3C_2는 정사방정이다.

6.1.4 초경합금의 용도

초경합금은 경한 성질 때문에 주로 절삭용 공구류 및 내마모성과 내식성을 요구하는 기계부품으로 사용되고 있다. 절삭공구에는 바이트 · 프레이즈 · 드릴 · 엔드밀 · 커터 등이 있고 내마모공구에는 다이스와 플러그 · 제관용 다이스 · 분말 성형용 다이스 · 게이지 말단부 등이 있다. 절삭공구용으로는 WC-TiC-TaC-Co계 합금이 쓰이며, 그 밖에는 거의 WC-Co계 합금(3~25% Co)이 쓰인다.

순수한 WC-Co계 초경합금은 칩이 짧은 주철과 비철금속 재료인 절삭에 적합하고, Co함량이 높은 것은 내마모용 공구 부품에 쓰인다. Co 함량은 3~30%이나 Co가 증가하면 인성은 증가하나 내마성이 감소한다. 더욱 높은 경도와 내산화성을 요할 때는 TiC 2~25%나 TaC 5~10%를 첨가하면 좋다. TaC는 NbC로 대체할 수 있다.

특히 비자성(非磁性)이 요구되는 경우에는 WC-Mo-Ni 합금, 내식성이 요구되는 경우에는 Cr_3C_2로 초경합금에 Ni이나 Ni-Cr 합금을 접합시켜 사용한다. 강을 접합금속으로 사용한 TiC기의 초경합금은 열처리가 가능하므로 비절삭 소성 가공 시 내마모용으로 응용된다. 황금빛 색조를 내는 경우(장식용품)에는 TaC-Ni 합금이 쓰인다. 내충격공구(광산용 비트 · 헤딩다이 · 각종 구멍 뚫기용 공구 · 페이싱다이 등), 초고압 발생용 부품 등의 재료로 널리 쓰이고 있다. 그 밖의 응용품으로써 고급시계의 외장물, 볼펜의 볼, 스노타이어용 핀, 인쇄장치용 핀 등이 있다.

근래에는 인성이 큰 WC기 초경합금 표면에 경도가 매우 높은 TiC, TiN 및 Al_2O_3등의 초경재를 얇게 피복시킨 피복 초경합금이 널리 쓰이고 있다.

6.1.5 초경합금의 종류

용도에 따라 절삭공구, 내충격공구 등이 있으며, [표 6-1]과 같이 절삭용도의 재종에 따라 강절삭용 P재, 주철절삭용 K재, 특수주철용 M재 외에 특성공법으로 제조되는 초미립자 초경재용(UF)이 있다. [표 6-2]는 재종에 따른 화학조성을 나타낸 것이다.

[표 6-1] 절삭용도별 재종과 제 특성

분류	재종	경도 (HRA)	압축강도 (Kg/mm^2)	피삭제	합금조성
P계	P10	92.7	460	강, 주강	WC, Co 외에 내열성, 내용착성 등 적특성을 향상시키기 위해 Tic, Tac 등을 첨가한다
	P20	92.5	480		
	P30	91.7	480		
	P40	90.1	470		

K계	K10	92.7	620	주철, 비철금속, 비금속	내열특성은 높지 않으나 내마모 특성이 아주 우수하다
	K20	92.1	530		
	K30	90.8	490		
M계	M10	92.8	500	강, 주철, 특수주철	P재종에 비해 기계적 성능을 높이기 위해 Tic+Tac의 첨가량이 적다.
	M20	92.1	490		
	M40	89.1	440		
초미립자 합금	UF1	93.4	650	강, 주철의 특수가공 (정밀절삭)	
	UF2	90.8	600		
	UFB	92.8	600		

[표 6-2] 원료조성 및 소성온도

재종	Composition(wt%)			물 성		소 성	
	WC	TaC	Co	밀도 p	HRa	온도	시간
K10	(1.3μm)	2.0	6	14.8~15.1	92.2~93.0	1,480	80
K20	(1.3μm)		6	14.8~15.1	91.6~92.3	1,380	14
K30	(1.3μm)		9	14.5~14.8	90.1~91.1	1,380	80
UF1	(0.8μm)	2.5	6	14.8~15.6	92.8~93.4	1,400	80
UF2	(0.8μm)	2.0	13	14.1~14.3	89.8~91.2	1,380	80

가. WC-Co계

WC-Co계 초경합금의 결합제인 Co 양이 적으면 경도가 크고, 많으면 인성이 커지며 결정입도에도 영향을 준다. Co 함량이 일정할 때에는 결정립이 미세할수록 강도가 증가한다. 소결할 때 결정립 성장을 방지하기 위하여 VC, TaC, Cr3C2등을 1% 정도 첨가한다. 경도는 HRc 80~91 정도이며, 항절력은 1.2~2.1GPa이다. 용도는 절삭, 충격 및 공구용으로 사용된다.

나. WC-TiC-Co계

WC-TiC-Co계의 초경합금으로는 WC-10%TiC-10%Co의 비디아 X, WC- 60%TiC-10%Co의 비디아 F2가 있고, 이것은 정밀 보링용 초경합금으로 생산되었으며, 절삭속도가 4.17m/s에 달한다. 주로 바이트, 커터, 엔드 미르 드릴, 리머 및 쇠톱 등의 절산 공구용으로 사용된다.

다. WC-TiC-TaC(NbC)-Co계

WC-TiC-TaC(NbC)-Co계 초경합금은 50~70%, WC-10~35%, TiC-3~10%, TaC-5~15%Co

등의 조성으로 WC-TiC-Co계보다 인성이 크며, 고온 경도는 50~100Hv 정도로 높으며, 항절력은 0.8~1.7GPa 정도이다. 주로 절삭공구용으로 사용된다.

라. WC-TaC(NbC)-Co계

WC-TaC(NbC)-Co계 초경합금은 WC-1~3%TaC(NbC)-5~9%Co를 첨가한 합금으로 경도가 높은 주철의 절삭에 적합하며, 3~10%TaC(NbC)가 첨가된 것은 Co량을 감소하고, 결정조직을 조절하면 주철, 강의 절삭이 가능하다. 10~30%TaC(NbC)가 첨가된 것은 강의 절삭용 공구로 사용되고, 마찰에 잘 견디며, 항절력은 1.4~1.6GPa, 경도 HRA 90 정도이다.

마. 특수 초경합금

1) 피복 초경합금(coated insert)

피복 초경합금이란 초경합금으로 된 모재의 표면에 모재와는 다른 물질을 입힘으로써 공구로 사용될 때의 수명을 향상시킨 것을 말한다. 코팅 물질로는 TiC, TiN, Ti(C, N) Al_2O_3가 주로 많이 이용되고 있으며 이들 코팅 물질들은 단일층으로 코팅하는 경우는 극소수이며, 대체로 3층 이상의 다층으로 코팅하는 경우가 대부분이다.

코팅방법은 크게 화학 증착법(CVD : Chemical Vapor Deposition)과 물리 증착법 (PVD : Physical Vapor Deposition)으로 나눌 수 있다. 현재 많이 통용되고 있는 방법은 화학 증착법(CVD)이며, 이 방법에서는 900~1,100℃ 정도로 가열된 모재 위에 혼합된 반응기체를 흘려줌으로써 모재의 표면에서 화학반응이 일어나 고체로 된 코팅물질이 모재표면에 형성된다.

피복 절삭공구의 장점은 절삭가공 시 공구의 마모(flank, crater)에 대한 저항력이 우수하고 피삭재와의 반응이 억제되므로 공구 수명이 크게 연장된다. 또한 인성면에서도 전용 모재를 사용함으로써 크게 보강될 수 있으므로 공구파손 현상을 줄일 수 있다. 내열성, 내산화성이 우수하여 절삭속도를 증대시킬 수 있으므로 생산성 향상을 기할 수 있으며, 절삭저항이 감소되어 공작기계에 걸리는 부하가 감소되므로 공작기계의 능력이 증대되는 효과가 있다. [표 6-3]은 코팅층의 특성과 용도에 관한 것이다.

[표 6-3] 피복초경합금의 코팅층과 특성 및 용도

코팅층	특 성	용 도	
		절삭조건	피삭제
Al_2O_3(외층) + TiC(내층)	.내마모성 및 내열성 우수 .고온경도 우수	정삭, 선삭, 황삭용 절삭속도(V): 2~3m/sec	주철 및 강
TiC(외층)+ Ti(CN)+TiC(내층)	. 인성우수. . 단속절삭에 유리	일반선삭 및 황삭용 절삭속도(V): 2~3.3m/sec	주철 및 강
TiC층(외층)+ TiN(내층)	인성 및 내마모성 우수	밀링가공용 절삭속도(V): 2~3.3m/sec	주철

2) 초미립 초경합금(micro alloy)

초미립 초경(UF Grades)합금은 초미립(0.2~0.3㎛) 탄화텅스텐(WC)과 비교적 많은 양의 Co를 배합하여 만든 새로운 합금이다.

기존 초경합금과 경도는 비슷하나 매우 높은 인성이 있으며, 고속도강(SKH)의 절삭영역에 가까운 분야에서 성능이 매우 우수하다. 즉, 적은 절삭깊이, 적은 이송량, 저속절삭에서 고성능을 발휘한다.

기계적 성질 중 경도는 HRA 90~93 이상, 항절력은 2.0~2.9GPa 정도이다.

3) 비자성 초경합금

비자성 초경합금은 Ni을 결합상으로써 비자성의 특수 초경합금이며 내식성 및 내마모성도 우수하다. 경도는 HRA 87~88, 항절력 2.4GPa 이상 되며, 페라이트 자장 성형 금형이나 내식성 재료로 적합하다.

비자성 초경합금 재종의 조성에서 니켈(Ni)을 포함하는 액상의 총량에서 15% 범위내에서 코발트(Co)로 대체하여 소결 초경합금을 제조하기도 한다. 소결작업시 크롬카바이드(Cr_3C_2)를 중량비로 1~2%, 몰리브덴카바이드(MO_2C)를 중량비로 1~2%를 첨가시켜 혼합성형한 다음 조성에 따라서 약 1400~1450℃ 정도의 온도에서 1시간 가량 소결하여 비자성용 소결초경합금을 제조하기도 한다.

4) 다이아몬드

Fe, Ni, Co 등의 분말과 흑연을 혼합, 고온고압으로 성형하여 소결하면 인조다이아몬드를 제조할 수 있다. 다이아몬드의 소결은 용해, 재결정에 의한 액상소결이란 점에서 초경합금

(WC-Co계 복합재료)의 소결과 거의 비슷하다. 초경합금과의 차이점은 초경합금에서 WC와 Co의 젖음성이 양호하여 Co 액상이 고상 WC의 결합상(binder)으로 뛰어난 기능을 발휘하여 재료의 물리적 특성이 가능하나 다이아몬드 입자와 Co의 젖음성이 나쁘므로 다이아몬드 입자끼리 서로 결합하여 다결정 재료로서 강도가 나타낸다. 다이아몬드 소결체에서 Co는 다이아몬드의 결정입계의 일부에 pool 상태로 잔류하여 결합상이라기 보다는 개재상으로 된다.

5) 입방정 질화붕소(cBN)

cBN은 다이아몬드와 유사한 물질로서 붕소와 질소가 1:1로 화합되어 있다. cBN은 다이아몬드 결정을 이루는 탄소원자의 위치가 B와 N이 교대로 배열되어 있는 구조이다. [표 6-4]는 초경재료별 물성치를 비교하여 나타낸 것이다.

[표 6-4] 각종 초경재료의 특성 예

물질	비중	영률 (×10^{5}kg/㎟)	경도 (mHv)	열전도율 (cal/cm·℃)	열팽창계수 (×10^{-4}/℃)
다이아몬드	3.52	99	〉9000	5.0	3.1
cBN	3.48	71	4500	3.1	4.7
WC	15.8	70	17002400	0.29	5.1
TiC	4.92	46	3200	0.09	7.6
Al_2O_3	3.98	42	3000	0.015	8.5

6.2 소결기계 부품용 재료

6.2.1 개요

소결기계 재료는 치차(기어), 캠 등의 기계구조 부품, 베어링 부품, 마찰 부품 또는 투과성, 함침성을 이용한 필터 및 기타 다공질 부품 등으로 분류할 수 있다. 소결기계 부품의 재질은 철계, 철-탄소계, 철-구리계, 철-구리-탄소계 등이 분말합금의 주체이고 청동계 분말합금재도 있다.

철, 구리, 주석, 납, 흑연, 청동, 황동분말 등을 사용하여 소결합금을 만들며, 제조 시 이들 분말을 잘 배합, 압축, 성형하여 환원성 분위기의 연속식 전기로에 넣고 소결한다. 환원 가스는 분해 암모니아가스, 수소가스 등을 주로 사용하나 천연가스나 도시가스 또는 프로판 혼합가스도 사용한다. 소결품은 수축 또는 팽창되므로 사이징(sizing), 코이닝(coining)의 공정에 의하여 정확한 치수를 맞춘다. 소결체는 성형압의 증가에 따라 밀도가 증가하고 강도와 연신율이 함께 증가한다.

분말야금법은 원료분말제조→혼합→압축성형→예비소결→재압축→본소결의 공정을 거쳐 소결기계 부품을 생산하는 것이다.

압축성형체를 예비 소결하여 약 1,000℃로 10~30분간 가열하면 풀림효과가 있어 재 압축에 의해 밀도를 크게 증가시킬 수 있으므로 소결체의 강도 및 연신율을 더욱 향상시키게 된다. 본 소결은 1,100~1,200℃에서 1시간 정도 실행 한다.

철, 철합금 분말 소결시 약 20~25%의 기공이 생기는데 비교적 저융점의 구리와 황동의 용액을 침투시켜 기공을 메우면 밀도의 균일화 및 연신율, 충격치가 향상된 소결품을 생산할 수 있으며, 소결탄소강은 열처리 전 인장강도가 약 490MPa이지만 열처리 후에는 690MPa까지 강도를 향상시킬 수 있다.

92~97%Fe-2~7%Cu-0.5~1%C계 소결합금의 밀도는 6~7g/㎤, 인장강도 195~1,690MPa, 연신율 0.1~12%, 경도 HRB30~190 정도이나 이 소재를 구리 용침한 소결재는 밀도가 8g/㎤, 인장강도 490~1,275MPa, 연신율 7~16%로 향상된다.

청동이나 황동 소결재는 구리분말의 함유량이 80~90%이며, 밀도 7.8g/㎤, 인장강도 98~186MPa, 연신율은 황동계가 9~13%, 청동계가 1~3% 정도이고, 경도는 HRB64~85 정도이다.

6.2.2 소결품

가. 베어링

1) 함유베어링

함유 소결 베어링 중 Cu계 합금은 Cu-Sn, Cu-Sn-C, Cu-Sn-Pb-C계와 Fe계 합금은 Fe-C, Fe-Pb-C, Fe-Cu, Fe-Cu-C계 등으로 구분된다.

함유 소결 베어링으로 Cu-Sn-C계가 가장 많이 사용되는데 이 합금의 제조는 5~100㎛의 Cu분말, Sn분말, C분말을 혼합하고 윤활제를 첨가하여 가압 성형한 후 환원기류 중에서 400℃로 예비 소결한 다음 800℃로 본 소결을 한다. 진공상태에서 소결체의 다공질을 이용해 기공에 윤활유를 함침 하여 10~40%의 윤활유를 잔류한 상태에서 사용되는 베어링으로써 자기 윤활성을 가지기 때문에 자기 윤활 베어링(self- lubricant bearing) 또는 무급유 소결 베어링(oilless bearing)이라 한다.

주 용도는 주유가 곤란한 가전용 모터, 사무기기 모터, 자동차용 모터, 정보통신기기 모터 등 각종 소형모터에 베어링을 사용된다.

이 베어링의 특징은 사용 중 소음과 진동이 적으며. 특별한 윤활유 공급기구가 불필요하다. 또한 대량생산이 가능하며, 형상 및 재질선택이 용이하여 비용절감효과가 크다.

2) 소결강대 베어링

① 매트릭스 메탈(durex-100)

스트립상의 강판위에 Ni 30~40%, Cu 70~60%의 비율로 된 혼합분말을 호퍼(hopper)로 균일하게 살포한 후 환원가스 분위기의 소결로를 통과시키면 구리 분말이 용해되어 스폰지 상으로 소결되고 강판에 합금이 용착한다.

불균일한 소결층의 균일화를 위해 상온에서 6.9×10^7Pa의 압력으로 가압하여 2.5~7.5/100mm로 한 후 진공로 중에서 1,000℃로 배빗메탈을 용침시켜 제조한다.

내식성, 내하중성, 내피로성이 우수하고 스폰지 상의 소결층이 충격을 흡수한다. 자동차, 항공기 및 각종 바퀴의 주요 베어링에 널리 사용한다.

② 강대 Cu-Pb계 소결 베어링

구리 도금한 강판위에 Cu-Pb 합금 분말을 균일 살포하고 환원성 가스 분위기에 800~900℃에서 소결한 후 롤러로 가압하고, 다시 소결로에 넣어 강판에 소결접착을 충분히 하고 냉간압연한 후 재소결한 재료를 프레스 가공으로 제품을 만든다.

나. 소결 마찰부품

소결 마찰재료는 주로 청동계이며, 성분분말을 충분히 혼합한 후 1.5~3ton/㎠으로 압축, 성형한 다음에 환원성 로에서 750~850℃로 소결한 제품이다.

이 소재는 각종 기계의 클러치, 브레이크용 마찰재로 사용되는데 구비조건은 다음과 같다. 내마모성, 내열성이 크고, 마찰계수가 크고 안정되어야 하며 열전도성, 내유성 등이 좋으면서 가격이 저렴해야한다. 마찰판의 경도는 HRB 50~70, 인장강도 196~245MPa 정도이다.

다. 소결 금속필터 및 다공질 부품

1) 소결 금속필터

소결 금속필터는 구상의 금속분말을 소정의 입도로 분류한 후 필요한 형태로 성형, 소결의 공정을 거쳐 제조된다. 여과되는 이물질의 크기는 필터 소재 분말 입사의 입도에 따라 결정된다.

이 소재는 다른 여타 필터 소재에 비해서 고온, 고압의 상태에서도 충격에 강하고 용접 및 접합이 용이하여 기계의 정밀성, 내구성을 고려하여 각 요소에 적용하고 있으며 공장 자동화 및 작업환경 개선을 위한 공압, 유압의 급속한 신장으로 수요가 급증하고 있다.

용도는 고온에서 극저온까지 수종의 유체 내 불순물 제거 및 유체의 혼합이 가능한 여과용, 균일한 모세관을 이용하여 흐름의 불균일성을 변화시키는 정류용, 금속필터의 윗부분의 분체에 대하여 하부의 기체 주입으로 분체를 띄어 운송하거나 건조 및 흡착작용, 소리에너지를 제어하여 소음방지 효과를 얻을 수 있다.

2) 소결 다공질 부품

Cu-Ni-Sn 분말합금으로 제조한 열교환기, 다공질 소결체에 향수를 침투시켜 만든 발향금속 및 다공질 열음극, 다공질 전극, 패킹 부품 등이 있다.

라. 분말 고속도 공구강(P/M high speed steel)

분말 고속도 공구강을 통칭 분말 하이스 강이라고 한다.

주조법으로는 우수한 탄화물 형태를 갖는 고속도 공구강 제조가 불가능하여 주조법을 이용한 고품위 고속도 공구강 개발은 현재 그 한계에 도달하였다. 그에 따라 선진 외국에서는 고품위 고속도 공구강 개발을 위해 분말야금법을 이용하고자 하고 있다. 분말야금법을 이용하면 주조법에서 드러난 합금원소의 편석이나 첨가량 제한 등을 극복할 수 있고, 나아가 탄화물 형태를 조절할 수 있어서 우수한 고속도 공구강 제조가 가능하게 된다.

주조 고속도강에 비하여 균일하고, 미세한 탄화물 조직의 합금으로서 탄화물의 편석이나 조대화가 나타나지 않으므로 인성과 피로성이 개선되어 절삭 공구나 금형의 수명을 향상시키는 반면에 기계 가공성이 우수하여 난삭재(難削材) 절삭용 엔드밀, 치핑(chipping)이 생기기 쉬운 피니언 커터, 호브 등에 사용되고 있다.

마. 다이아몬드 복합 합금

Cu-P, Cu-Be, Fe-Ni, Fe-Ni-Cr, Ni-Be, W-Ni-Cu, WC-Co(Ni)계 분말에 공업용 다이아몬드(입도 0.05~1㎜) 분말을 15~40Vol% 정도 혼합 또는 부착시켜 제조한 연삭용 재료를 말한다.

제조법은 소결법, 용침법, 고온 압축법이 있으며, 다이아몬드의 산화 또는 흑연화를 방지하기 위하여 1,300℃ 이하에서 작업한다.

용도는 다이아몬드 휠, 드레서, 비트 등으로 제작하여 금속이나 요업재료의 절삭 및 연삭공구로 사용한다.

바. 고온 내식성 합금

크롬 카바이드($Cr_{26}C_6$, Cr_7C_3, Cr_3C_2 등)를 주원료로 하여 니켈 결합재를 사용한 분말합금으로서 초경합금, 서멧 등에 비하여 내열성, 내식성, 고온산화성이 우수하며, 비중이 적고 고온경도가 높다. 열팽창계수가 강과 비슷하며 고온의 고압 수증기 밸브, 밸브 시트, 석유화학 공업용 밸브, 공업용사진 필름 절단재, 다이캐스팅용 금형, 플라스틱이나 유리 및 렌즈용의 주형, 전자기 마모부품 등에 사용된다.

경도는 HRA88, 항절력 981MPa, 열팽창계수 11.5×10^{-6}/℃를 나타내며, 비자성재료이다. 내식성은 초경합금이나 스테인리스강보다 훨씬 우수하고, 1,000℃에서 100시간 이상 사용해도 내산화성이 크게 감소하지 않는다.

사. 메카니칼 씰(mechanical seal)

초경합금 씰(seal)의 재료 중에는 Co를 결합제로 한 일반용과 Ni을 결합제로 한 것이나 Cr계 초경합금으로 된 내산용 및 비자성용이나 Ti계 초경합금으로 된 특수용 씰이 있다.

이 재료의 용도는 회전기기의 축봉장치(軸封裝置)로서 안전성과 경제성을 지녀야 하며 석유, 정유공장, 화학비료, 공장 발전소, 기타 가정용 기기 등의 펌프에서 유체가 누설되는 것을 방지할 목적으로 개발되었다.

6.3 소결전기 및 자기재료

6.3.1 소결 전기재료

분말야금법으로 제조한 전기재료에는 W, Mo 등을 사용한 전극 및 진공관용 전열선, 소결 전기접점, 소결 접전용 브러시 등이 있다.

전기접점 부품은 접촉저항, 고유저항이 적고 비열 및 열전도율이 높은 반면 융착현상, 아크에 의한 이동현상이 적으며, 열이나 충격에 잘 견디고 비중이 낮은 성질이 요구된다.

복합금속 접점재료로서는 내아크성이 강한 고융점 재료와 고전도재의 조합물인 Ag-W계, WC 또는 Mo합금 및 Cu-W계나 WC합금, Ag-Ni계나 CdO 또는 흑연과의 합금재가 있다.

6.3.2 소결 자기재료

가. 소결 금속자석(ALNICO)

Al 분말과 Fe, Ni 또는 Co 등의 모재 합금 분말을 배합하여 3.9~5.9×10^5Pa로 가압 성형한 후 진공 또는 수소 분위기로에서 1,200~1,400℃로 215시간 가열 소결시키고 자화처리한 자석이다.

편석이 없고 기계적 성질이 우수하나 주조제품의 자석에 비하여 자성이 약하다.

나. 산화물 자석(ferrite)

1) 개요

산화물 자석은 Co-Fe 분말합금 자석으로서 Fe, Ni, Co, Cu, Mn, Zn, Cd 등으로 형성된 $MOFe_2O_3$를 가지는 산화물 소결 자성체이다. 전기저항이 크고 고주파 자심재로 우수하나 가열 및 냉각 시 성분 산화물의 환원반응이 수반되기 쉬우므로 극소량의 산화 또는 환원이 제품에 큰 영향을 미친다. 재질이 취약하나 비중이 작고, 보자력이 크므로 기계 충격이나 교류 자장 내의 자력감소가 적은 것이 장점이다.

Hard Ferrite는 산화물 자성재료로서 종류는 Ba-Ferrite, Sr-Ferrite, Ca-Ferrite, Pb-Ferrite 등이 있고, 각각 부원료인 $BaCO_3$, $SrCO_3$, $CaCO_3$, PbO의 사용에 따라 구분이 된다. 일반적으로 그 중 Ba-Ferrite, Sr-Ferrite만 산업용으로 사용이 되고 있다.

주원료는 산화철(Fe_2O_3)로서 철강 제조 공정에서 표면 산세처리 후 산회수 처리과정에서 남는 부산물이다. 전에는 산업 폐기물로 분류되어 처리에 어려움이 있었으나, 산업용으로 이용되면서 고품질로 정제 처리 후 Soft Ferrite 및 Hard Ferrite 원료로 사용이 되고 있다. 제조공법은 일반 세라믹 제조공법과 유사하고, 일정한 조성비로 혼합하고, 페라이트화 반응, 분쇄, 성형, 소결, 가공 공정을 거쳐 완제품이 된다. 이렇게 만든 제품(영구자석)은 음향기기 Speaker, 자동차용 소형모터, DC 모터, BLDC 모터, Actuator, 세탁기용 펌프 모터, Power Tooling Motor, 각종 센서용에 사용이 되고 있다.

2) 제조 공정

[그림 6-2]는 하드 페라이트의 제조공정에 대한 개략도이다.

① 주부원료 및 혼합(raw material and mixing)

Ba-Ferrite는 $BaCO_3 + nFe_2O_3$(n=5.3~5.9)로 혼합하며, Sr-Ferrite는 $SrCO_3 + nFe_2O_3$ (n=5.3~6.0)로 주 · 부원료가 균일하게 충분히 혼합이 되어야 한다. 이때 후 공정에 따라 건식과 습식으로 구분이 된다.

② 가소(calcination)

혼합된 원료를 가열하여 이물질 제거 및 페라이트화 반응을 시키고, 결정입자를 일정하게 관리하여 최종 마그네토 플럼바이트(Magnetoplumbite) 자성상을 갖는 결정구조를 만드는 공정이다. 화학 반응 과정은 다음과 같다.

$$SrCO_3 + 6Fe_2O_3 \rightarrow 5SrO.Fe_2O_3 + Fe_2O_3 + CO2 \uparrow \rightarrow SrO.6Fe_2O_3 \text{ (Sr-Ferrite : M相)}$$

사용 주요설비는 Rotary Kiln(연속식), Pendulum Kiln(Batch식)이며 가소온도 : 1250~1300℃이며, Sr-Ferrite의 결정입자 크기는 1~2㎛이다.

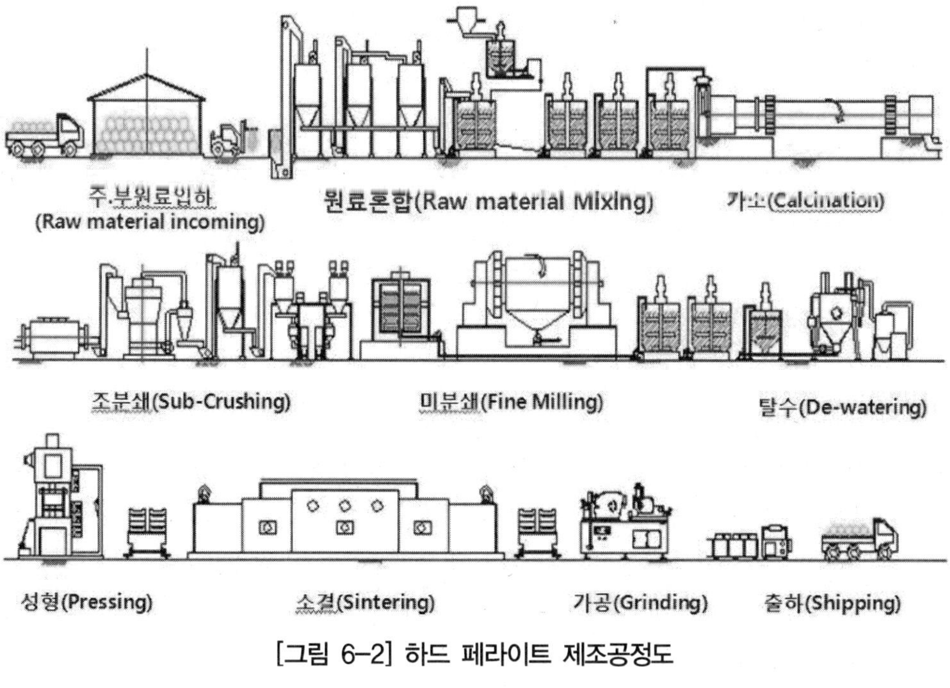

[그림 6-2] 하드 페라이트 제조공정도

③ 조분쇄(rough milling)

가소공정에서 얻은 원료는 볼밀을 사용하여 Clinker type으로 조분(組粉)으로 만들어야 다음 공정에서 미분화(微粉化)가 용이하다. 일반적으로, 평균입자 크기를 3~4㎛로 분쇄한다.

④ 미분쇄(fine milling)

Hard Ferrite 최고 자기특성을 갖는 결정크기는 1㎛로 이는 단자구(單磁區Single domain) 한계입자 크기로 공정과정 중 최고로 취급해야 한다. 또한, 이 공정에서 소결조제 및 치환제를 첨가하여 자기특성 Br, iHc를 다변화 할 수 있어, 여러 재질의 등급을 결정짓는 공정이기도 하다. 습식과 건식으로 할 수 있으며, 주로 습식공정을 선호한다. 미분쇄 후 얻어진 원료를 슬러리(Slurry)라 한다.

주요 소결조제 및 치환제의 종류는 SiO_2, $CaCO_3$, $SrCO_3$, CoO, Al_2O_3, Cr_2O_3, La_2O_3 등이 있으며, 평균입경은 0.7~1.0㎛ 정도이다. 미분쇄용 주요설비는 순환식(Attritor) Ball Mill이 있다.

⑤ 성형(Pressing)

미분쇄된 원료를 사용하여 형상을 결정하는 공정이다. 산업용으로는 통상적으로 자장 발생기기가 포함된 300톤 프레스를 사용하여 0.4~0.5kgf/㎠로 성형한다. 금형은 Multi-Cavities화 하여 대량 생산을 한다, 제품의 크기에 따라 보통 4~72Cavities 정도까지 제작한다.

성형 시 자기장(Magnetic Field) 유무에 따라 이방성(anisotropic) 자석 및 등방성(isotropic) 자석으로 구분한다. 자계강도는 1,520kOe(1,200~1,600kA/m)이다.

이방성 성형방식은 자장 중 자성분을 금형 내 자기장 흐름에 따라 배향이 되게 한다. 즉, 제품의 형상과 금형구조에 따라 배향이 된다.

⑥ 건조 및 소결(sintering)

습식 성형된 성형체는 수분이 10~15% 포함이 되어 있어 소결 전 건조과정을 거쳐야 한다. 그리고 소결공정은 입자의 치밀화 공정으로 균일한 결정입자 및 치밀화를 이루어야 한다. 또한, 소결공정은 최종 결정입자 크기가 결정되는 공정으로 소결 최고온도 및 승온 패턴, 소결로 내부의 산소농도, 사이클 시간이 중요한 운전조건의 인자이다. 이는 곧 자기특성, 제품 강도, 수축정도 등을 결정짓는 인자이다.

소결로 방식은 Roller Hearth Kiln(전기,Gas), Pusher type kiln(전기,Gas), 대차식이며, 소결 온도는 1,220~1,240℃ 정도이다.

⑦ 가공 (grinding)

최종 공정으로 최후 수요자가 요구하는 제품으로 만드는 공정이다. 즉, 소결체 모든 면을 일정한 모양으로 다이아몬드 휠로 연삭하여 최종 치수를 맞추는 공정이다. 제품의 형상에 따라 가공방법 및 가공기가 다르며, 둥근형은 DDG(Double Disc Grinding), Segment형 자석은 별도 Segment형 전용 가공기를 사용해야 한다. 통상 Segment형은 연삭부분이 외경, 내경, 폭, 길이를 한 번에 가공할 수 있도록 3~5축 휠로 구성이 된다.

[참고자료]

1. 김암수, "최신기계재료학", 도서출판 남양문화, (2012)
2. 조현기, "신소재합금", 경북인쇄, (1997)
3. http://blog.naver.com/sialon/30010376157, (2006)

07 생체재료
(biomaterial)

7.1 개요

우리 몸의 골격은 206개의 뼈로 구성되어 있다. 최근 고령화 사회의 진전에 따라 골다공증과 같은 질환이나, 자동차 사고 등에 의해 골 결손부를 수복해야 하는 경우가 늘어나고 있다. 종래에는 이러한 경우, 환자 자신의 체내에서 다른 정상부위의 뼈를 채취하여 그 결손부에 이식하는 자가골 이식(autograft)이 많이 행해져 왔다. 그러나 이 방법은 정상부위를 손상시키는 결점이 있다. 또 다른 방법은 타인의 동종골을 이식하는 방법(homograft)이 있는데 이 경우에도 면역반응이나 감염 등과 같은 문제를 야기한다. 이러한 자가골 이식 혹은 동종골 이식의 문제점을 극복하기 위한 방법으로 여러 가지 인공재료를 사용하는 타종골 이식(allograft)이 있으며 이 목적으로 사용되는 재료를 생체재료라 한다.

일반적으로 생체재료란 의약품을 제외한 인공, 천연 또는 복합재료서 인체 내에서 장기간 동안 장기 또는 조직이나 기관의 기능을 치료, 대치 또는 회복시키는데 사용되는 재료를 일컫는다.

7.1.1 생체재료의 구분

의료용으로 사용되는 재료는 일반적으로 인체와 접촉하는 정도에 따라 3개의 군으로 나누며, 제1급은 인체와 직접 접촉하지 않거나 접촉하더라도 체액조성에 변화를 주지 않을 것, 제2급은 간헐적 또는 24시간 이내의 단기간 접촉하는 것, 제3급은 인체 내에 삽입되어 지속적으로 조직과 접촉하는 것으로 구분된다.

제3급의 생체재료로 사용되기 위해서는 인체의 조직과 장기간 직접 접촉하여 사용되기 때문에 사용 시 생화학적으로 인체 내에서 부식(corrosion)에 대한 저항성이 크고 특별한 이상이나 부작용을 일으키지 않는 생체안정성(bio stability)과 생체친화성(bio affinity)를 고려해야 한다. 이 때문에 생체재료로 사용하기 위해서는 생체적합성(bio compatibility)이라는 조건을 만족시켜야 한다. 생체적합성이란 인체 내에서 임플란트 주위에 있는 생체조직의 적절한 세포분열을 막지 않으면서 급성 또는 만성 염증 반응을 일으키지 않는 성질을 말한다.

이 생체적합성은 생화학적, 화학적, 기계적 적합성으로 나누어지고 있으며, 적합성에 따라 불활성 생체재료와 반응성 생체재료로 구분된다.

생체재료는 인체에 독성이나, 암유발성, 항원성이 아주 적거나 없어야 하며, 주위 생체조직과 반응하여 원하는 목적을 달성할 수 있는 생체 활성이 요구된다. 생화학적으로 주위조직과 강도나 탄성계수가 비슷하여 상당기간 원래 조직의 기능을 대치할 수 있어야 하며, 주위 조직의 치유를 방해하거나 지연시키지 않아야 한다. 경제적으로는 재료의 가공이 쉬어야 하고 가격이 저렴해야 한다.

일반적으로 생체 친화성은 기계적 친화성과 계면 생체 친화성으로 구분되며, 기계적 친화성으로는 강도, 마모, 탄성, 취성, 내구성, 비열화 등이 있으며, 계면 생체 친화성은 또 다시 능동적 조직 결합형, 즉 생체활성(bio active)과 수동적 비이물질형, 즉 생체불활성(bio inert) 등으로 구분된다.

생체활성이란 주위조직에 부착하면서 그 표면을 제외한 모양을 유지하는 경우를 의미하며, 생체안정성이란 인체에 대해 발열반응, 세포 유해성/비독성, 항원성, 발암성 등 유해 작용이 없으면서 생체 내에서 시간이 경과하여도 재료의 모양이나 구조가 유지되며 주위 조직에 부착되지 않는 것을 의미한다. 생체분해성이란 주위 조직과 부착되면서 수주, 수개월 동안 모양과 구조가 유지되나 차차 모양과 구조를 상실하면서 조직으로 대체되는 것을 말한다.

가. 불활성 생체재료

불활성 생체재료를 신체에 이식(利殖)하면 피하소식 사이에 가느다란 심유조직(섬유피막)이 형성된다.

이물질이 생체 내에 이식되면 생체섬유조직이 이물질을 덮어씌워 생체를 유해물로부터 격리시키려는 작용이 일어나고, 이 생체섬유조직의 형성 두께가 생체친화도가 낮은 척도가 된다.

나. 반응성 생체재료

반응성(활성) 생체재료를 신체에 이식하면 피하조직에 매우 두꺼운 섬유조직(섬유피막)이 형성된다. 이식물에 응력이 주어질 경우, 나타나는 부작용으로 피막의 두께가 증가하며, 피막이 석회화(石灰化)하여 경화될 수 있다.

또한 극소적인 응력집중 현상이 생기고, 피막이 이식물에서 분리될 수 있으며, 부식물이 축적되어 감염될 가능성이 증가한다.

7.2 사용 재질에 의한 분류

생체재료에는 인공합성재료와 천연재료로 크게 나눌 수 있으며, 인공합성 생체재료에는 무기재료인 금속재료, 세라믹(bioceramics)재료가 있고, 유기재료에는 합성 고분자재료가 있으며, 천연재료에는 천연고분자재료, 인공배양세포, 인공보존조직 등이 있다. 고분자생체재료들은 재료의 특성상 주로 연조직(soft tissue)이나 기관의 기능이나 형태를 회복시키는데 주로 이용되고, 금속이나 세라믹 생체재료는 경조직(hard tissue)의 대체조직이나 보완조직에 사용되는데, 주로 정형외과나 치과분야에 주로 이용된다.

7.2.1 생체용 금속재료(Bio-metallic material)

생체용 금속재료는 치열이식, 턱뼈이식 및 각종 골절 고정 장치인 플레이트, 나사 등이 있다. 뇌신경 외과용 전극과 심장의 인공밸브인 하우징(housing) 등 인체의 많은 부위에 금속재료가 사용된다. 이식용 금속재료는 스테인리스강, Co-Cr 합금, Ti 및 Ti 합금의 3종류로 크게 나눌 수 있다.

가. 스테인리스강

금속재료 중 가장 먼저 생체의료용으로 적용되기 시작했다.

1926년 정형외과 임플란트로 처음 사용되었으며, 1947년 American College of Surgeons에서 19Cr-9Ni과 18Cr-8Ni강을 임플란트에 적용하면서 본격적으로 사용되었다고 알려져 있다.

Fe-18Cr-8Ni(Type 302) 합금이 적용되면서 생체 내에서의 내식성이 떨어지는 문제를 가지고 있던 바나듐강이 완전 대체되었고, 18-8 스테인리스는 후에 Mo, C 함량 등 일부 조성이 개선되면서 현재 생체의료용으로 가장 많이 사용되고 있는 Type 316 스테인리스강으로 발전되었다.

스테인리스강은 Cr을 최소한 10.5% 이상 함유하는 철계 합금으로서 Cr은 강표면에 대략 2㎚ 두께의 치밀한 부동태 산화막(Cr_2O_3)을 형성하여 이 이상 녹이 슬지 않게(stainless) 만들어 주며, 부식에 대한 저항성도 증가시킨다.

스테인리스강은 결정학적 구조나 미세조직에 따라 페라이트계, 마르텐사이트계, 오스테나이트계, 석출경화형으로 구분된다. 이 중에서 가장 보편적으로 비자성체인 오스테나이트계 스테인리스강이 사용되고 있는 이유는 소재 가격이 저렴하고, 제조 공정이 용이하며, 여러 가지 물성이 골고루 좋기 때문이다.

오스테나이트계 스테인리스강은 내식성이 아주 좋은 편이 아니어서 장기간 이식에는 적합하지 않고, screw, bone plate, nail 등의 비교적 단기간(6~12개월) 체내에 사용되는 임플란트에 적합하다.

[표 7-1]은 생체의료용으로 사용되고 있는 스테인리스강 관련 규격과 소재 형태를 구분한 것이다.

[표 7-1] 생체용 스테인리스강의 합금명과 화학조성[ASTM]

합금명	조성	형태
F138-00	18Cr-14Ni-2.5Mo 316L	ss bar, wire, fine wire 5832-1
F139-00	18Cr-14Ni-2.5Mo 316L	ss sheet, strip 5832-1
F745-00	18Cr-12.5Ni-2.5Mo	Cast316 shot, bar, ingot
F1314-01	22Cr-13Ni-5Mn-2.5Mo	XM-19 bar, wire
F1350-02	18Cr-14Ni-2.5Mo	316L ss surgical fixation wire
F1586-02	21Cr-10Ni-3Mn-2.5Mo	Rex 734 bar 5832-9
F2229-02	Nitrogen strengthened	BioDur108 bar, wire

1) Type 316L

Type 316L(Fe-18Cr-14Ni-2.5Mo계) 합금은 대표적인 오스테나이트계 스테인리스강으로서 진공용해용 저탄소 함유합금으로 침입형 불순물 원소가 적기 때문에 공식에 대한 저항성이 우수하다.

이 합금에서 Mo을 함유하게 되면 공식에 대한 저항성이 증가되는데, 그 이유는 MoO^{42-} 이온이 표면에 흡수되면서 재부동태화가 일어나기 때문이다. Mo 함량이 너무 많게 되면 시그마상이라는 취약한 금속간화합물이 형성되어 기계적 성질을 저하시키는 원인이 된다. 또한

Cr은 표면에 Cr산화물 층을 형성하여 부동태화 된다. Cr 함량이 너무 많으면 입계에 탄화물($Cr_{23}C_6$)이 많이 형성되어 인접 모재의 Cr을 고갈시킴으로써 입계부식을 촉진시킨다.

탄화물은 주로 450~900℃의 온도범위에서 형성되므로 Type 316L의 열처리는 일반적으로 950℃ 이상의 온도에서 수행된다. Type 316L은 소둔된 상태에서는 강도가 매우 낮아 보통 30% 정도의 냉간가공을 통해 소재를 가공경화 시켜 항복, 인장강도, 피로강도를 증가시킨다.

2) 질소강화 스테인리스강

질소강화 스테인리스강은 최근에 ASTM격에 생체의료용 소재로 규정되었고, 적용 부품은 bone plate, screw 등이다.

ASTM 관련 규격의 구분은 F1314(22Cr-12.5Ni-5Mn-2.5Mo-(0.2~0.4N), F1586(21Cr-10Ni-3Mn-2.5Mo- 0.25~0.5N), F2229(23Mn-21Cr-1Mo-1.0N)로 구분된다.

① F1314

골절 고정기구용 재료로 개발되었고, F1586은 Type 316L에 비해 인장강도, 충격강도, 피로강도, 입계부식과 공식 저항성이 개선된 합금이다.

② F2229

Ni-free 스테인리스강으로 Ni 알러지 문제에 대응하기 위해 개발되었으며, 질소 함량이 높아 Type 316L에 비해 입계부식과 공식에 대한 저항성이 우수하고, 강도도 높은 특성을 지니고 있다.

나. Co 합금

1) Co 합금의 생체용 재료 개발 연대

Co 합금은 1930년대 Vitallium이라고 불리는 Co-Cr-Mo 합금이 치과용으로 사용된 것이 처음 생체의료용으로 적용된 사례이며, 1940년대 초에 처음으로 Co-Cr Hip stem(보철물)을 개발하기 시작하였고, 1950년대에 Co 합금 주조에 의한 여러 가지 생체 내 보철물을 개발하여 오늘날까지도 그 기본적인 디자인은 그대로 사용되고 있다.

1956년경 Co-Cr-Mo계 합금이 고관절부품으로 처음 개발되었고, 1960년대 중반에 heart valve cage, 1970년대에 forged hip stem, 1980년대에는 artificial knee joint component에 이어 1990년대에 들어서는 stent에 이르기까지 광범위하게 사용되어 왔다.

2) 외과 임플란트용 Co 합금

외과 임플란트용 Co 합금에 대한 ASTM규격에서 기본적인 조성과 제조공정을 기준으로 분류하면 다음과 같다.

① F75-01(Cast Co-28Cr-6Mo)

주조용 합금이며 개발된 상품명으로 Vitallium, HS-21, Zimalloy 등이 있다.

② F90-01(Co-20Cr-15W-10Ni)

가공용 합금이며 개발된 상품명은 HS-25, 가공용 Vitallium 등이 있다.

③ F562-02(Co-35Ni-20Cr-10Mo)

가공용 합금이며 개발된 상품명은 MP35N이 있다.

3) 제조법에 따른 생체용 Co 합금의 분류

코발트 합금은 스테인리스강에 비해 내식성과 강도가 월등히 우수하다. 이 합금은 주조용 합금과 가공용 합금이 있다.

① 주조용 Co 합금

F 75 합금이 대표적이며 보통 1350~1450℃에서 주조하여 제품을 만든다. 미세조직을 보면 수지상 중심부는 Co-rich 조성을 가지며, 수지상 조직사이 영역은 Co-rich 감마상, Cr-rich $M_{23}C_3$, M_7C_3 그리고 Cr/Mo-rich 시그마상이 구성된다. 이와 같은 수지상정의 응고편석 특징으로 주조결함인 미세기공이 많이 형성된다. 코발트 주조합금은 약 890℃로 가열되면 조밀육방정(hcp)에서 면심입방정(fcc)구조로 동소변태를 겪게 되는데 이 때 변태된 fcc구조는 냉각을 해도 유지가 된다. 이를 다시 890℃ 이하의 온도에서 소둔하면 hcp구조의 band조직이 나타나게 되며, 밴드 내에는 $M_{23}C_6$ 탄화물이 많이 형성된다.

코발트 주조합금의 공정(eutectic)변태 온도는 1,235℃이다. 합금을 이 온도 이상으로 가열되면 수지상간이나 입계부위 등에 공정상이 존재하는 국부적인 영역이 재 용해된 후(incipient melting), 냉각 시 σ, γ, $M_{23}C_6$ 탄화물 등 취약한 상들이 형성된다. 이 상들은 연성을 크게 감소시킴은 물론 내식성도 저하시키므로 코발트 주조합금의 용체화 온도는 대략 1,225℃로 하고 있다.

주조품은 결정립이 단조품에 비해 조대하여, 강도가 낮고, 미세기공 등의 주조 결함이 발생되기 쉽다.

② 가공용(단련용) Co 합금

F 90 합금은 가공용 Co 합금의 대표적인 것으로서 면심입방정(fcc)구조로서 오스테나이트 조직을 가진다. 이 합금을 650℃ 이상의 온도에서 열간단조하면, 결정들은 가공방향으로 연신되나 오스테나이트 조직은 재결정되지 않는다. 반면 650℃ 이하의 온도에서 냉간가공하면 hcp구조의 ε상이 형성된다.

F 562(MP35N) 합금은 미세한 오스테나이트 결정립을 가지며, 가열시 650℃ 부근에서 조밀육방정(hcp)구조가 fcc구조로 변태를 한다. 변태온도 이상으로 가열 후 냉각 시에는 주조합금에서와 같이 fcc구조가 대부분 그대로 유지되면서 변태 산물로 폭이 좁은 hcp밴드가 형성된다. 이를 425~650℃에서 소둔하면 hcp밴드 영역에 Co_3Mo가 석출하게 된다.

Co 합금은 단련용 합금 부품을 제조하기 위해서는 탄소함량이 주조용 합금에 비해 약 1/5 수준으로 낮아야 한다. 그러나 탄소함량이 낮아짐에 따라 강도가 저하되므로 이의 만회를 위해서 단련용 합금은 주조용 합금에 비해 Cr 함량은 낮고 Ni 함량이 높다. 단조 공정은 코발트 합금에 최대의 강도와 파괴인성을 부여하지만, 부위에 따라서 결정립 크기가 불균일하게 될 수 있다.

가공용 Co-Cr 합금은 기계적 강도가 우수하지만, 인체에 유해 작용이 있는 Ni를 다량 함유하고 있기 때문에 최근에는 주조용 Co-Cr-Mo 합금을 열간단조 또는 열간등압성형(HIP : Hot Isostatic Press)법에 의해 기계적 성질개선을 시도하고 있다.

다. Ti 합금

1) 개발 역사

Ti 합금은 1940년, Ti 핀을 고양이의 대퇴골에 이식하여 긍정적인 결과가 보고되었으며 1951년에는 외과용 재료로서의 Ti의 사용 가능성을 보여 주었으며, 1957년에 실질적으로 처음 사람의 대퇴골 보철물로 Ti을 적용하였다.

1960년대 중반에 단일 치아 임플란트의 이식에 대한 연구가 본격적으로 진행되었으며 1970년대에는 Ti-6Al-4V 합금을 이용한 plate, nail 등의 골절치료기구가 개발되었으며 1980년대에는 인공고관절 및 무릎관절 개발과 함께 다공성 코팅기술이 개발되었으며 1990년대에는 척추추간판 고정기구의 개발이 이루어졌다.

Ti 합금 역시 공업적으로 개발된 합금을 생체의료용으로 그대로 적용해 왔으나, 1990년대 중반부터는 생체의료용으로 Ti 합금 개발 연구가 증가하고 있다.

2) Ti의 특성

Ti은 표면에 형성되는 산화피막이 치밀하며, Ti의 산화피막은 일단 파손되더라도 단시간 내에 재생되는데, 사람의 체내와 같이 산소분압이 낮은 환경에서도 타 금속재료에 비해 부동태 산화피막 재생이 빠르다. Ti의 또 하나의 큰 장점은 타 생체용 금속재료와 비교하여 볼 때 탄성계수가 낮다.

여러 금속재료의 탄성계수를 뼈와 비교하면 Ti 합금이 스테인리스강이나 Co 합금의 탄성계수의 절반 정도이며, 최근 새롭게 개발되고 있는 Ti 합금들은 탄성계수가 더욱 낮아져 뼈의 탄성계수에 접근해가고 있음을 알 수 있다.

생체의료용 재료로 Ti의 또 하나의 장점은 타 금속에 비해 생체섬유조직의 형성이 거의 없다는 것이다.

스테인리스강이나 Co 합금의 경우에는 섬유조직이 두껍게 형성되어 임플란트를 둘러싸는 피막형성(encapsulation)현상이 일어나 궁극적으로 임플란트가 빠질 수도 있으나, Ti의 경우는 섬유조직의 두께가 약 10분의 1정도로 무척 얇아 생체친화성이 좋은 상태를 유지한다고 알려져 있다. 인체피부와의 접촉에서도 Ti은 전혀 염증이나 독성을 나타내지 않는 좋은 생체친화성을 가진다. [그림 7-1]은 임플란트를 치아에 이식한 그림이다.

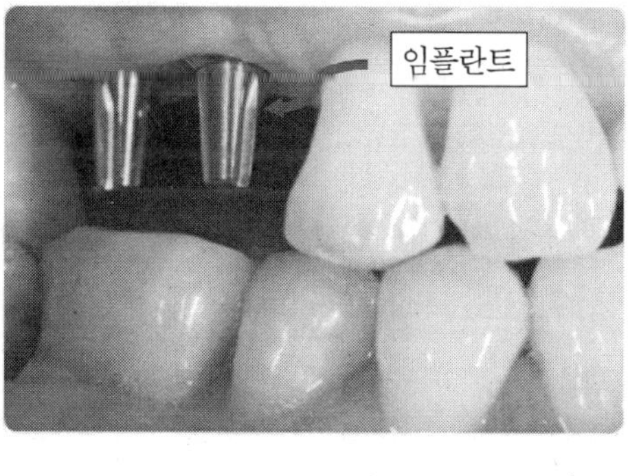

[그림 7-1] 임플란트 적용 예

3) Ti의 제성질

Ti은 882℃에서 hcp격자의 α상이 bcc격자인 β상으로 동소변태를 한다. 이 변태온도는 합금원소의 첨가에 따라 변화함으로 합금조성, 가공공정, 열처리에 의한 합금의 미세조직을 조절하여 폭넓게 생체재료로의 역학특성을 부여할 수 있다. Ti의 물리적 성질 중 비중은 4.51g/㎤으로 철강의 약 60% 정도로 가벼우며, 알루미늄 합금에 비해서는 1.6배 정도 무겁다.

Ti기 합금은 생체의료용 금속재료 중 가장 가볍다. 그러나 비중 대비 강도(비강도)가 경쟁 구조용 소재보다 월등히 높아서 초기에는 항공기용 소재로 많은 개발이 이루어져 왔다.

비열은 오스테나이트(austenite)계 스테인리스강과 거의 같은데, 철강보다 비중이 작기 때문에 열용량이 작아서 가열되기 쉽고, 또한 냉각도 잘된다.

탄성계수(약 110GPa) 및 전단계수(약 44GPa)는 오스테나이트계 스테인리스강의 1/2 정도이다. Ti은 타 금속재료의 추종을 불허할 정도로 내식성이 우수한데, Ti은 특히 염소이온에 대한 내식성이 뛰어나 생체의료용 분야에서 강점이 있는 소재이다.

4) Ti 합금의 구분

① α +β 합금

순수 Ti은 강도가 상대적으로 낮기 때문에 강도와 피로 등의 기계적 성질이 요구되는 부위에는 Ti 합금이 사용된다.

현재까지 생체재료로 가장 많이 사용되는 Ti 합금은 당초 항공기용으로 개발된 Ti-6Al-4V계 ELI 합금이다. 이 합금은 오랜 세월동안 사용되어져 왔기 때문에 기계적 물성을 포함한 다양한 생체의료용 물성이 이미 검증받은 상태이고, 가격 또한 아직은 새롭게 개발되고 있는 β-Ti 합금 보다 낮기 때문에 인공고관절의 stem, acetabular cup, 무릎관절의 tibial component, bone plate, screw, spinal fixation, 치과 임플란트의 fixture 등 거의 모든 생체의료용 부품에 별 문제 없이 잘 사용되고 있다.

② β 합금

이 합금은 α+β 합금에 비해 열처리가 쉽고 경화능이 크며 체심입방정(bcc)구조에 의한 연신율의 증가 등 많은 이점이 있을 뿐만 아니라 파괴인성에도 뛰어난 특성을 보여 용해, 제조 및 재현성에 아직 문제가 있음에도 불구하고 그 사용 범위가 확대되어가고 있다.

최초로 상용화된 β 합금은 50년대 중반에 개발된 Ti-13V-11Cr-3Al으로, 소둔처리 후에도 β상이 쉽게 유지되어 가공이 용이하고, 가공 후 다시 시효 처리하여 고강도를 얻을 수 있는 장점이 있다.

이후 개발된 여러 가지 β 합금들 중 Ti-10V-2Fe-3Al(Ti-10-2-3)는 특히 단조성이 뛰어나 초소성 형상단조(near net shape forging)용 재료로 매력적이며 Ti-15V-3Cr-3Sn-4Mo-4Cr (Ti-17)는 고강도 단조용 재료로 매우 중요하다. 상당량의 Mo를 함유하고 있는 합금들은 내식성이 아주 우수하며 Al과 같이 첨가될 경우 고강도를 가지게 된다.

그러나 β상의 안정화 원소인 V이 첨가되면 내산화성이 저하되기 때문에 새로이 개발한 Ti-21S(Ti-15Mo-3Nb-3Al-0.2Si)는 V을 Mo으로 대체하여 Ti-15-3에 상응하는 강도, 가공성 및 내식성을 가지고 있다.

최근에는 β-Ti 합금 개발의 일환으로 생체의료용으로서 탄성계수를 뼈와 비슷한 수준까지 낮추려는 저탄성계수 Ti 합금 개발 연구가 활발히 진행되고 있다.

라. Ta 합금

Ta은 Nb, Mo, W, Re 등과 함께 고융점 금속의 대표적인 소재로서 주로 Ti 합금의 구성원소로 사용되고 있지만, 최근에는 고순도의 Ta이 생체의료용 부품에 적용되고 있다. Ta은 여러 가지 산, 염수용액, 유기질 등에 대한 내식성이 아주 우수하다. Ta의 내식성은 유리와 비슷하며, 금속으로서의 성형성을 갖는 차세대 생체의료용 재료로 부각되고 있다.

현재 Ta은 일반외과와 신경외과 분야에서 성공적으로 적용되고 있는데, mono filament, Braided suture wire, foil, sheet, clip, staple 등의 부품에 사용되고 있다.

마. Au 합금

Au에 Cu를 함유한 합금계는 AuCu 규칙격자의 생성에 따른 시효경화성이 있고, 열처리에 의해 강도를 올릴 수 있다. 사용목적에 따라 각각의 적당한 기계적 성질의 것이 선택되고 있다. 충치치료 후에 충전해서 사용할 수 있는 인레이는 강도보다도 전연성이 중요시 된다. 딱 맞게 이에 씌우는 크라운에는 어느 정도의 강도를 필요로 한다. 의치를 고정하기 위한 스프링은 스프링 백 특성이 우수해야 하며, 빠진 이의 중간 역할을 하는 브리지는 강도가 높은 재료가 쓰인다. [표 7-2]는 생체용 금합금의 화학조성과 [표 7-3]는 물리적 · 기계적 성질을 나타낸 것이다.

[표 7-2] 생체용 금합금의 화학조성

Au 합금	합금조성(%)					치과용도
	Au	Ag	Cu	Pd	Pt	
타입 I	80~95	3~12	1~8	0~3	0~3	간단한 인레이, 금관
타입 II	70~83	7~17	4~11	0~4	0~6	2면이나 3면, 금관
타입 III	70~80	5~16	5~13	0~7	0~10	2면이나 3면, 온레이
타입 IV	42~65	7~18	8~19	0~10	0~8	온레이, 의치, 금관
지가라이트금합금	46~62	5~40	8~39	0~11	0~5	가철성 극소의치
소부용 합금	49~88	1~14	-	0~4	0~12	얇은 가철성 극소의치

[표 7-3] 생체용 금합금의 물리적·기계적 성질

Au 합금	용융점 [K]	기계적 성질		
		인장강도 [MPa]	경도 [Hv]	연신율 [%]
타입 I	1,203~1,253	350	80	30~40
타입 II	1,173~1,253	400	100	30~40
타입III	1,173~1,233	400~600(800)	120~140(240)	20~40
타입IV	1,103~1,203	500~700(1,100)	140~186(292)	20~40
저카라이트금 합금	1,113~1,203	300~550(900)	95~170(280)	10~40
소부용 합금	1,373~1,613	500~850	182~220	10~20

* ( )내는 시효경화처리 후

7.2.2 생체용 세라믹스(Bionic ceramics)

최근에는 정형외과나 치과에 요구되는 기계적 또는 생물학적 특성을 맞추기 위하여 흑연 또는 인산칼슘계 섬유 보강재를 사용한 세라믹-고분자 복합재료 개발도 연구가 진행되고 있다. 이렇게 제조된 복합 생체재료는 높은 기계적 강도와 인성을 갖고, 동시에 인체의 뼈와 비슷한 탄성계수(young's modulus)을 갖는다. 또한 인공관절의 마찰 부분에 내마모성 또는 생체친화성을 높이기 위하여 세라믹 코팅을 하거나, 뼈와 접하는 금속 임플란트에 HA(수산화아파타이트)를 코팅을 하여 뼈와 결합을 촉진시키기도 한다. 이렇게 우리 몸의 손상된 기능을 수복하고 치료할 목적으로 사용되는 세라믹스를 생체 세라믹스라고 한다.

무기물질인 세라믹스의 경우 우리 몸과는 아무런 관련이 없는 것으로 기존에는 인식되어 왔지만 1970년 Boutin에 의해 처음으로 소결 알루미나를 인공 고관절의 골두와 소켓 부위에 사용하여 성공적으로 시술되었고, 이것에 의해 인공관절의 마찰계수와 마모속도를 현저하게 저감시킬 수 있다는 것이 밝혀지면서 큰 주목을 받게 되었다. 같은 해 미국의 Hench는 Na_2O-CaO-SiO_2-P_2O_5계의 유리를 사용하여 인공재료 중에서도 살아 있는 생체 뼈와 자연스럽게 결합하는 재료가 있다는 것을 밝혀내었다. 이렇게 생체기능의 수복에 있어서 다른 재료로써는 할 수 없는 역할을 세라믹스가 할 수 있다는 것이 알려졌고, 이 후 생체 기능의 수복에 초점을 맞춘 세라믹스 개발이 행해져 현재에는 뼈 수복 뿐만 아니라 치아 수복 및 암 치료 등에 있어서도 중요한 역할을 담당할 수 있게 되었다.

일반적으로 세라믹스 재료의 가장 큰 단점은 재료의 취약성이다. 생체 세라믹스의 경우도 이 취약한 기계적 성질이 해결되어야 할 문제 중의 하나인데, 이 문제의 해결 방법으로 복합재료의 제조가 주로 거론되고 있다. 알루미나나 수산화아파타이트를 금속에 코팅시키거나 표면

활성 생체재료를 고분자에 복합화 시키는 방법 등이 소개되고 있다. 이 외에도 섬유강화법(fiber reinforced method)을 이용하여 금속이나 탄소를 섬유로 만들어 표면 활성화 유리와 함께 복합재료를 만드는 법 또는 표면 활성화 유리를 섬유로 만들어 고분자 재료인 PMMA(polymethyl methacrylate), PLA(poly lactic acid) 등과 함께 복합재료를 만드는 방법 등이 연구되고 있다. 이러한 생체 세라믹스는 다음과 같이 생물학적 활성에 따라 생체활성 세라믹스, 생체안정형 세라믹스 등으로 나눌 수 있다.

가. 생체활성 세라믹스

세라믹스 중에는 생체 내에 매립되어 주위에 섬유성 피막을 전혀 만들지 않고 주위의 뼈와 직접 접촉하여 강한 화학결합을 이루는 것들이 있는데 이런 종류를 생체활성 세라믹스라 부른다. 이들 세라믹스 중에서 대표적인 것은 1970년 Hench에 의해 최초로 만들어진 Bioglass와 1977년에 뼈와 직접 결합하는 것이 밝혀진 소결 수산화아파타이트가 있다.

1) 인산칼슘계 세라믹스

인산칼슘계 세라믹스는 뼈의 주성분인 칼슘(Ca)과 인(P)으로 이루어졌기 때문에 체세포에 대한 독성이 없고 부작용 없으며, 뼈와 직접 결합하는 대표적인 생체 활성재료이다. 인산칼슘계 세라믹스는 체내에 이식되었을 때 뼈와 직접 결합하는 높은 생체활성을 가지고 있기 때문에 용해도가 매우 중요하다.

[표 7-4]에 나타낸 바와 같이 Ca/P에 따라 수산화아파타이트(HA), 이인산칼슘, 삼인산칼슘 등으로 구분하는데 이때 각각의 화합물의 용해도에 따라 생체 내에 흡수되는 속도가 달라진다.

[표 7-4] 인산칼슘계 화합물의 종류, 화학식, Ca/P 비 및 용해도

Ca/P 비	화합물의 종류	화학식	용해도 (37℃)
1.0	dicalcium phosphate dihydrate(DCPD, "brushite")	$CaHPO_4 \cdot 2H_2O$	6.63
1.0	dicalcium phosphate anhydrate(DCPD, "monetite")	$CaHPO_4$	7.02
1.33	octacalcium phosphate (OCP)	$Ca_8(HPO_4)_2(PO_4)4 \cdot 5H_2O$	95.9
1.5	α-tricalcium phosphate (α-TCP)2	$\alpha\text{-}Ca_3(PO_4)$	25.5
1.5	β-tricalcium phosphate (β-TCP)	$\beta\text{-}Ca_3(PO_4)_2$	29.5
1.2-2.2	amorphous calcium phosphate (ACP)	$Cax(PO_4)y \cdot nH_2O$	25.7-32.7
1.67	hydroxyapatite (HA)	$Ca_{10}(PO_4)_6(OH)_2$	117.2
2.0	tetracalcium phosphate (TTCP)	$Ca_4(PO_4)_2O$	37-42

① 수산화아파타이트(HA : Hydroxyapatite)

HA는 화학식이 $Ca_{10}(PO_4)_6(OH)_2$로 생체적합성이 우수하여 각종 경조직용 일플란트 재료로 널리 활용되는 있는 대표적인 인산칼슘계 세라믹스이다. HA는 생체 독성이 없을 뿐만 아니라 계면에 골 유도를 촉진하며, 반응에 의한 이물질이 생성되지 않고 주위 생체 조직과도 잘 결합한다. 그러나 HA는 파괴인성(0.8~1MPam$^{1/2}$) 등의 기계적 성질이 취약한 단점이 있어 큰 하중이 걸리는 인공 치아 및 인공 뼈 보다는 분말이나 코팅 형태로 하중을 받지 않는 부위의 임플란트에 사용되고 있다.

HA는 Ti 또는 Ti 합금의 표면에 코팅하여 치과용 임플란트나 고관절용 임플란트 등으로 많이 사용되고 있다. Ti은 생체활성이 없기 때문에 골 생성 반응이 느려 치유기간이 길고 뼈와 임플란트 사이의 접착력이 약한 단점이 있다. Ti의 HA 코팅층은 뼈와 접합성을 높이고 체액과 반응에 의한 금속 이온의 용출을 방지할 뿐만 아니라 금속의 표면을 보호하는 역할을 하는 것으로 알려져 있다.

② 삼인산칼슘(TCP, Tricalcium phosphate) 세라믹스

삼인산칼슘의 화학식이 $Ca_3(PO_4)_2$로서 HA와 같은 인산칼슘계에 속하며, HA와 함께 생체 세라믹스로서 입상에 유용하게 사용되고 있다. TCP는 β-TCP와 α-TCP로 나누어지는데, 약 1,150℃에서 β상에서 α상으로 동소변태가 일어난다. 골 대체재로는 β-TCP의 다공체가 주로 사용되며, 생체 내에 이식했을 때 뼈가 소결체의 기공 속으로 자라나서 점차적으로 소결체가 뼈 조직으로 대체되기 때문에 손상된 뼈의 충진재로 이용될 수 있다.

③ 기타 인산칼슘 세라믹스

위에서 언급한 HA, 이 외에도 다른 인산칼슘계 세라믹스로 DCPD(Dicalcium phosphate dihydrate), TTCP(Tetracalcium phosphate), OCP(Octacalcium phosphate), ACP (Amorphous calcium phosphate) 등이 있는데 보통 다른 재료와 혼합되어 의학이나 치과분야에 응용된다.

2) Bioglass

협의의 바이오 유리는 생체 내 또는 생체와 결합된 형태로 사용되어 생체조직을 수복하거나 그 기능을 대행하는 유리를 말하는 것으로서 실리카(silica : SiO_2)계와 인산(phosphate : P_2O_5)계 바이오 유리는 대표적인 생체 세라믹스로 사용된다.

① 실리카(silica : SiO_2)계 유리

1970년대 초 미국의 Hench 등에 의해 개발된 Na_2O-CaO-SiO_2-P_2O_5계 유리가 대표적인 실리카계 유리이며 Bioglass로 잘 알려져 있다. Bioglass는 원료를 약 1,400℃에서 용융시킨 후 몰드에 넣어 성형하고 냉각하는 일반적인 glass 제조 공정으로 제조가 가능하기 때문에 다양한 형상으로 제조할 수 있는 장점이 있다. Bioglass는 생체활성이 높아 뼈와 치아 경조직(hard tissue) 뿐만 아니라 피부 근육과 같은 연조직(soft tissue)과도 결합하지만 유리이기 때문에 체내 삽입 시 빨리 흡수되어 내구성이 떨어지고 기계적 강도가 낮아 인공이소골 등으로 사용이 제한적이었다. 이러한 단점을 극복하기 위해 1973년 Bromer 등은 Bioglass의 유리에 알칼리 함유량을 줄이고 가열 처리하여 유리 속에 아파타이트를 석출시킨 결정화 유리(crystal glass)를 개발하였으며, 1982년에는 Kokubo 등이 알카리성분이 전혀 들어있지 않은 MgO-CaO-SiO_2-P_2O_5계유리상 내부에 아파타이트(HA)와 Wollastonite(CaOSiO_2)가 석출된 결정화 유리 A-W (앞머리 글자를 따서 만듬)를 개발하여 실용화가 되었다. Ceravital(A-W계 조성과 유사한 결정화 유리) 및 A-W 결정화 유리는 결정들이 무질서하게 배열되어 있는 유리를 온도구배가 있는 전기로 내에서 일방향 응고하여 석출결정을 한 방향으로 배향시킨 일방향 결정화 유리와 치아의 치관용으로 사용되는 결정화 유리들이 개발되어 상용화 되어있다.

② 인산(phosphate : P_2O_5)계 유리

인산계 유리는 실리카계 유리에 비해 그 주성분이 인체의 화학적 속성과 더욱 흡사하며, 유리공정이 비교적 저온에서 이루어진다는 장점이 있다. 그러나 실리카계 유리에 비해 많은 연구가 되지 않았다.

대표적인 유리조성으로는 P_2O_5-CaO-Na_2O(K_2O) 등이 있으며, HA나 TCP에 비해 용해속도가 높은 장점을 가지고 있다.

나. 생체안정형 세라믹스

생체안정형 세라믹스는 고분자나 금속에 비해 내마모성, 내열성, 내약품성 등의 기계적 특성과 화학적 안정성, 생체안정성에서 뛰어난 생체재료이다.

생체안정형 세라믹스는 생체활성 세라믹스와는 달리 생체 내에서 뼈와 직접 화학결합을 형성하지는 못하지만 매우 얇은 섬유성 피막을 경계로 결합한다. 생체안정형 세라믹스의 대표적인 것으로는 알루미나(Al_2O_3), 카본, 부분안정화 지르코니아(PSZ : Partially Stabilized Zirconia[ZrO_2]), 티타니아(TiO_2) 등이 있다. 이러한 생체안정형 세라믹스는 고강도, 뛰어난 내마모성 및 고인성을 지니고 있으며, 화학적으로도 안정하고 생체조직에 대해서는 불활성

(bioinert)의 공통적인 특성을 지니고 있다. 이러한 특성 때문에 인공관절, 인공골, 인공치근 등의 생체 경조직을 기능적, 형태적으로 수복하는 임플란트 재료로서 가장 오랜 기간의 임상 실적, 많은 임상 응용의 예를 가지고 있다. 특히, 인공관절 구동 면에 초고분자량 폴리에틸렌과 조합하여 사용하는 경우, 금속과 폴리에틸렌의 마모량이 적고 인공관절 그 자체의 내구성의 향상이 기대될 뿐만 아니라 폴리에틸렌의 마모분이 가져오는 유해성을 경감시킬 수 있다는 것이 임상적으로 알려져 있다.

이들 재료는 뼈와 유착능력이 없기 때문에 매식 후 신체활동에 따른 미세한 진동이나 뼈보다 지나치게 높은 탄성계수에 의한 골 소실 때문에 생체재료로의 기능상실 가능성이 문제점으로 지적되고 있다. 따라서 생체안정형 세라믹스에 안정적인 생체활성을 부여함으로 골 유착을 유도할 수 있는 표면개질과 탄성계수를 줄이면서도 응력지지용 생체재료의 강도와 인성을 갖는 재료의 설계가 요구된다.

1) 알루미나(Al_2O_3)

알루미나는 세라믹 중에서 인체에 가장 먼저 사용되어 왔으며, [그림 7-2]와 같이 내마모성이 뛰어나며 압축강도도 높기 때문에 많은 하중이 걸리는 인공고관절(hip joint)의 골두(head)로서 실용화되어 널리 이용되고 있다. [그림 7-3] 참조. 알루미나는 생체 내에서의 강도 저하도 적고 화학적으로도 안정하여 지금까지의 금속제 골두에서 문제가 되었던 장기간 사용도 가능하게 되었다. 또 알루미나 단결정은 인공치근, 뼈 고정용 나사 등으로 실용화되어 있다. 그러나 뼈 조직과 직접 결합하지 못하기 때문에 전체를 나사형이나 blast형으로 제작하여 기계적인 힘에 의한 고정법이 채택되고 있다.

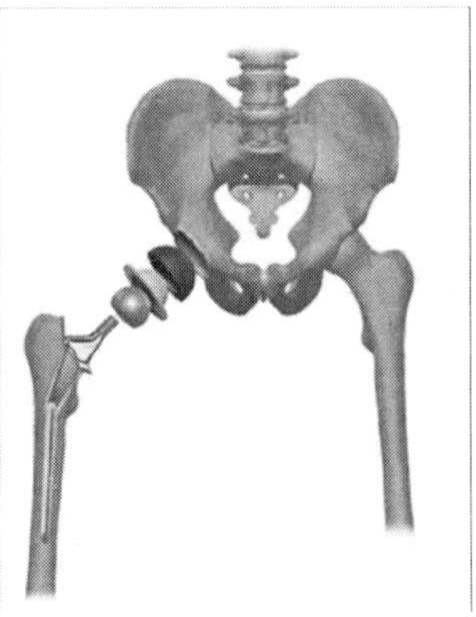

[그림 7-2] 인공고관절

알루미나는 뛰어난 내마모성과 경도를 가지지만, 강도와 인성의 취약성으로 인플란트의 크기가 제한된다.

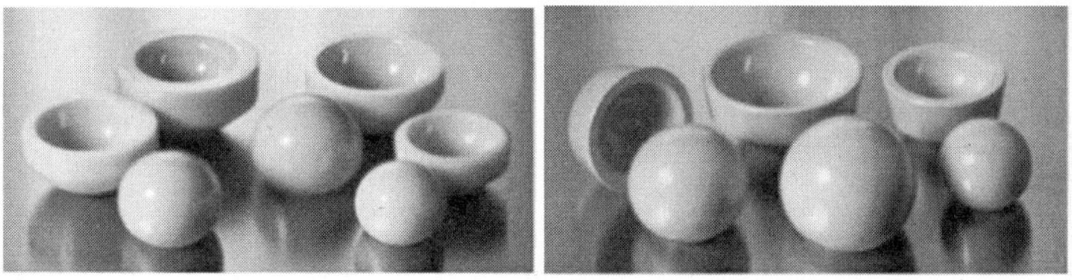

(a) (b)

(a) Biolox forte, 100%Al_2O_3 (Ceramtec AG. GER)

(b) Biolox delta, 70%Al_2O_3-30%Zro_2(Ceramtec AG. GER)

[그림 7-3] 알루미나로 제조된 인공고관절용 ball head와 cup

2) 지르코니아(PSZ)

생체용 금속재료는 시간이 경과함에 따라 부식과 산화의 문제점이 있으며, 고분자재료는 성형성이 뛰어나고 내화성을 갖추고 있으나 내구성과 강도가 취약하다. 이러한 생체재료의 단점을 극복한 것이 지르코니아 생체재료이다.

지르코니아는 뛰어난 생체적합성을 가지고 있어 생체 내에서 부식이 없고, 알레르기나 염증이 없기 때문에 구강 내 사용 시 내후성이 뛰어나며, 심미성이 우수하다. 또한 일반 합금이나 금합금에 비해 열전도성이 낮기 때문에 보철 치료 후 겪을 수 있는 냉온 과민증의 발생이 적은 장점이 있다.

알루미나에 비하여 지르코니아는 우수한 강도(〉800MPa)와 파괴인성(7-10MPa $m^{1/2}$)을 지니며, 이로 인해 높은 하중을 지지하는 부위에 사용이 가능하다. 지르코니아는 상전이를 통한 인성 증진 메카니즘으로 인해 파괴인성과 강도가 높은 것으로 알려져 있다. 또한 탄성계수(200GPa)가 알루미나(400GPa)에 비해 매우 낮은 장점이 있다. 그러나 저온에서 서서히 열화되므로 생체 내 임플란트로 적용에 대한 우려도 일부 있다.

3) TiO_2 세라믹스

TiO_2 세라믹스는 생체안정성을 갖는 재료로서 알려져 있어 인공골, 인공치근 등의 임플란트용 소재로 많은 연구가 되어왔다. Jianguo 등은 TiO_2를 인체에 삽입 시 체액 내에 존재하는 산소원자와의 화학적인 반응으로 인해 골조직의 무기질이 그들과 직접 결합, 축적되어 아파타이트의 핵생성 및 결정화를 유도하는 골결합(osseointegration)을 이루는 것으로 보고하여 최근 많은 연구가 되고 있다.

[참고자료]

1. http://tromyth0.blog.me/120123230447
2. http://kin.naver.com/qna/detail.nhn?d1id, 출처 : 한국기계연구원
3. 조현기, "신소재공학", 경부인쇄(주), (1997)
4. The Williams Dictionary of Biomaterials, D.F.Williams, Liverpool University Press, (1999)
5. 김해원, 김현이, "생체세라믹스의 이용과 최근연구동향", 세라미스트 7[1] 11-20, (2004)
6. 김석영, "바이오세라믹스의 현황과 전망", 세라미스트[4] 39-43, (2003)
7. L..L.Hench, "Bioceramics", J. Am. Ceram. Soc., 81[7] 1705-33, (1998)
8. 이종국, 서동석, 김환, "인산칼슘계 생체세라믹스의 활용과 향후과제", 세라미스트 7[1] 30-40, (2004)
9. M, Jarcho, "Calcium Phosphate Ceramics as Hard Tissue Prosthetics", Clin. Orthop., 157 259-78, (1981)
10. J. W. Ha and H. J. Jung, "Preparation of Polycrystalline Hydroxyapatite Ceramics for the Application of Tooth Implants", J. Kor. Ceram. Soc., 20[1] 55-62. (1983)
11. F. H. Albee, "Studies in Bone Growth : Triple CaP as a stimulus to Osteogenesis", Ann. Surg., 71 32-6, (1920)
12. H. Aoki, K. Kato and M. Ogisio, "Studies on the Application of Apatite to Dental Materials", J. Dent. Eng., 18 86-9, (1977)
13. M. Jarcho, "Hydroxyapatite Synthesis and Characterization in Dense Polycrystalline Forms", J. Mater. Sci.,11 2027-35, (1976)
14. D. S. Metzger, T. D. Driskell and J. R. Paulsrud, "Tricalcium Phosphate Ceramic: A Resorbable Bone Implant: Review and Current Status", J. Am. Dent. Assoc., 105 1035-48, (1982)
15. S. V. Oorozhkin and M. Epple, "Biological and Medical Significance of Calcium Phosphates", Angew. Chem. Int. Ed., 41 3130-46, (2002)
16. L. L. Hench, "Bioceramics, A Clinical Success", Am. Ceram. Soc. Bull., 77 67-74, (1998)
17. http://img.kisti.re.kr/originalView/originalView.jsp

08

나노구조재료

(Nano structured Materials)

8.1 개요

나노(Nano)는 10억분의 1미터(10^{-9}m)를 의미하는 접두어로 난쟁이를 뜻하는 고대 그리스어 '나노스'(nanos)에서 유래했으며, 지금은 아주 미세한 물리학적 계량 단위로 사용된다. 1nm는 머리카락 굵기의 1/100,000 정도의 크기로 보통 원자 3~4개가 들어가는 크기를 말한다. [그림 8-1] 참조.

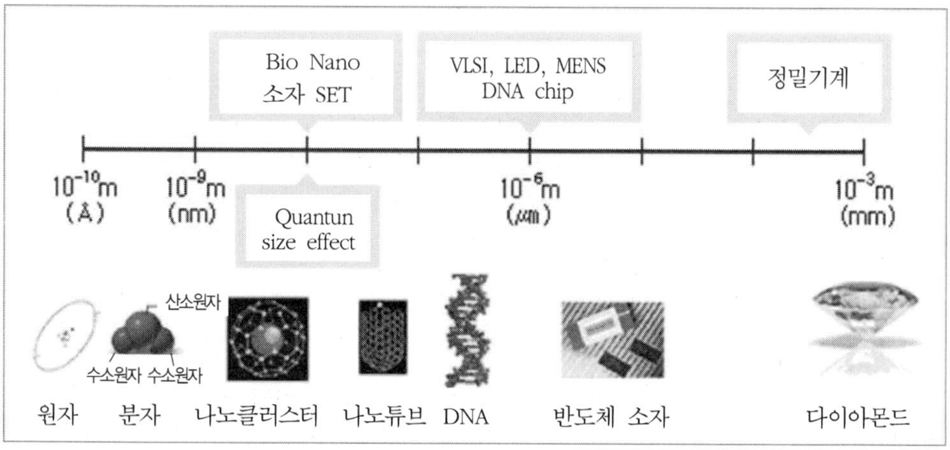

[그림 8-1] 물질의 분류

모든 재료의 크기가 나노가 되면 그 자체가 나노재료이다. 나노재료는 구조에 따라 양자점(quantum), 양자우물(quantum wall), 양자선(quantum wire 혹은 나노선), 나노튜브(nano tube) 등으로 분류할 수 있다. 양자점은 일반적으로 반도체 결정성장 시 만들어지는 구조이고 보통 크기 줄이기 방식에서 볼 때는 나노입자라고 부르기도 한다.

나노구조재료는 여러 가지 물리적, 화학적, 기계적 방법으로 제조된 100㎚ 이하의 결정립의 크기를 가지는 재료를 말하며, 독일의 H.Gleiter 교수가 기상응축/진공성형(gas- condensation / vacuum compaction) 방법에 의해 나노재료를 제조한 이래로 이들 재료에 대한 연구가 활발히 진행되고 있다.

재료의 결정 크기가 작아지면 동일한 재료이더라도 더욱 강해지며 변형하기는 어려워진다. 이러한 '크기 효과'는 결정의 크기가 마이크로미터 이하로 작아지면서 현저하게 나타나기 시작한다. 머리카락이나 일상생활에서 쉽게 접할 수 있는 주방용 알루미늄 호일의 두께가 약 수십 마이크로미터 정도임을 감안하면, 재료를 마이크로미터 크기의 시편으로 가공하여 변형하는 것이 얼마나 어려운 실험인지 쉽게 예상할 수 있다.

재료의 기계적 특성인 강도와 경도 등에 영향을 미치는 이 크기의 효과는 단순히 학문적 관심뿐 아니라 마이크로 결정, 더 나아가 나노입자, 나노와이어 등의 가공 및 응용에 지대한 영향을 미친다. 재료의 소성변형은 소위 전위(dislocation)라 불리는 1차원 선결함들의 움직임의 결과이기 때문에 나노재료의 크기효과를 이해하기 위해서는 변형 중에 전위의 움직임이 재료의 크기 변화에 따라 어떻게 영향을 받는가를 직접 관찰할 필요가 있다.

이러한 실험을 수행할 수 있는 유일한 방법으로는 투과 전자현미경(TEM : Transmission Electron Microscope) 내에서 직접 마이크로 또는 나노재료를 변형함과 동시에 전위의 움직임을 관찰하는 것이다. 그러나 여러 가지 실험적 제약으로 인해 기존의 투과전자현미경 실험방법으로는 전위의 움직임을 자세히 관찰할 수 없었다.

폴리머 기판 위에 접합된 알루미늄 단결정 박막(두께 500㎚)을 사용했고, 서브마이크로미터 크기의 인장 시편으로 가공하기 위해 집속이온빔(Focused Ion Beam)을 이용했다. 가공된 인장시편을 투과전자현미경 내에서 직접 변형함과 동시에 전위의 생성, 활주, 소멸 과정을 자세히 관찰할 수 있었다.

그 결과 서브마이크로미터 크기의 결정에서는 전위를 생성할 수 있는 소스의 수가 적고, 또한 전위 생성에 더 큰 힘이 필요하다는 것을 밝혀냈다. 또 생성된 전위의 움직일 수 있는 거리가 제한돼 쉽게 재료 표면을 통해 소멸되는 반면, 새로운 전위의 증식은 일어나지 않았다. 그 결과 서브마이크로 결정의 소성변형은 불규칙하게 진행되며, 전위 밀도는 비교적 일정하게 유지되는 것이 관찰됐다.

나노결정립 재료를 필요로 하는 이유는 가공크기의 감소에 맞추어 결정립이 작아져야 하는 점 외에도 결정립의 크기가 나노미터 수준으로 작아지면 기존재료(미크론 크기)에서는 나타나지 않던 독특한 물성을 기대할 수 있기 때문이다.

특히 박막 재료 분야는 나노결정립 재료가 실용화되고 있는 대표적인 예이며 여러 분야에서도 활용되고 있다.

8.2 나노구조재료의 특성

8.2.1 나노구조재료의 구조

나노재료의 구조는 서로 다른 결정학적 방향을 가지고 육방정으로 배열된 2차원적인 나노구조재료의 결정구조를 고려해 보면 여러 결정들 사이의 입계는 결정립과는 다른 원자구조를 가지며 이 영역에서의 원자밀도는 감소하게 되고 인접원자간 거리는 완전한 격자에서의 값에 비해 차이를 가져올 것을 예측할 수 있다. 즉 입계에 격자간 불일치가 집중되게 되며 입계의 중심부에서 변형역이 생기고 원자들을 이상적인 격자의 위치로부터 벗어나게 된다. 그러므로 비정질과 같이 열적 방법으로 얻어지는 무질서 구조에서와 달리 나노구조재료에서는 결정입계의 보상으로 낮은 에너지를 가지는 나노재료구조를 가질 수 있게 되며 기존의 재료에서와는 다른 물성을 기대할 수 있다.

8.2.2 나노결정립 재료의 물성

나노결정립 재료의 물성은 여러 각도에서 볼 수 있는데 한 예로 일반 다결정질(결정립 크기가 미크론 정도), 비정질, 나노결정립 재료에서 나타나는 물성을 [표 8-1]에 제시하였다. 이 표에서 나노결정립 재료의 물성이 많은 부분에서 일반 다결정질 재료나 비정질 재료와는 구별되는 것을 알 수 있다.

나노재료는 내부원자에 대한 표면원자의 비율이 매우 크다. Fe를 예로 들어 비교하면 다음과 같다. 1㎤크기의 Fe의 정육각형의 표면원자의 비율은 10^{-5}%이고, 10nm^{3}크기의 Fe의 정육각형의 표면원자의 비율은 10%이다. 1nm^{3}크기의 Fe의 정육각형의 표면원자의 비율은 100%가 된다. 위의 마지막 비율 100%의 의미는 내부의 원자가 없음을 의미한다.

나노결정질 재료에서 열팽창계수가 대단히 크고 확산에 필요한 활성화 에너지가 낮은 것은 일반 다결정질 재료에 비해 나노결정립 재료의 입계에 속하는 원자분율이 상대적으로 크고 입계 구조가 열린 구조를 갖기 때문이다.

모든 물질은 큰 덩어리에서 작은 덩어리로 쪼개짐에 따라 물질 전체의 표면적이 급격히 증가한다. 광촉매(TiO_2)는 입자크기가 20㎚ 이하일 때, 약간 자외선을 받으면 살균력, 자가 세척력, 김 서림 방지효과를 나타낸다.

8.2.3 기계적 성질

다결정질 재료의 입자는 각 입자마다 기본적인 배열은 같으나 방향이 다르고 입자와 입자 사이에 존재하는 단위 면적당 입계가 많을수록 강한 기계적 성질을 띠게 되는 경향이 있다.

[표 8-1] 일반 다결정질 및 비정질 상태의 물성과 비교된 나노결정립 금속재료의 물성

물성 값	금속	결정질	비정질	Nano 결정
열팽창계수 ($\times 10^{-6}$/K)	Cu	16	18	31
비열, 295K(J/g/K)	Pd	0.24	-	0.37
비중(g/cc)	Fe	7.9	7.5	6
영률(E)	Pd	123	-	88
강성률(G)	Pd	43	-	32
포화자화, 4K (emu/g)	Fe	222	215	130
자화율 (10^{-6}emu/Oe/g)	Sb	~1	~0.03	20
파괴강도 (GPa)	Fe-1.8%C	0.7	-	8
초전도 임계온도 (K)	Al	1.2	-	3.2
확산활성에너지 (eV)	Ag in Cu	2.0	-	0.39
	Cu in Cu	2.04	-	0.64
디바이 온도 (K)	Fe	467	-	3

다결정질 재료의 기계적 성질은 구성하고 있는 결정립의 크기에 의해서 직접적인 영향을 받는다. 일반적으로 다결정질 재료에서 결정립이 미세해지면 강도 및 경도가 증가하는 경향(Hall-Petch effect)이 있으나 나노결정립 재료에서는 이와 반대되는 경향(negative Hall-Petch effect)을 나타내는 경우가 있다.

또한 특정 결정립 크기 영역에서 강도가 급격히 증가하는 현상(supermodulus 현상)을 나타내는 것이 보고되고 있다. (Au-Ni, Cu-Pd, Ag-Pd, Cu-Ni 등)

일부 세라믹스재료(TiO_2, Y-ZrO_2)에서는 상온 내지 저온에서 초소성이 나타나는 것으로 보고됨으로써 세라믹스재료 가공상의 새로운 가능성이 제기되고 있다.

나노결정립 재료의 결정립 크기 감소와 함께 재료 내 결함 크기도 감소(macrodefect- free)하므로 세라믹스 재료의 인성이 획기적으로 향상될 전망이다.

나노물질입자에 다른 복합체와 섞였을 때 기계적 강도가 증가함으로써 현존하는 물질 중에서는 나노입자가 기계적 성질이 우수하다.

8.2.4 전자기적 성질

전자적인 성질을 띄는 재료의 입자가 작아지면 양자크기효과(quantum size effect 또는 양자갇힘효과)를 나타내는 것으로 알려져 있다. 자성재료의 결정립이 작아지면 초 상자성(superparamagnetism)이나 거대자기저항(giant magneto -resistance (GMR))을 나타내는 경우도 있다. 전자적인 성질을 띄는 반도체, 자성금속, 나노입자들은 크기가 작아지면서 일반적으로 10~100nm 정도에서 자기적인 성질이 가장 크게 나타났다. 간혹 강자성을 띄던 재료가 약자성 혹은 상자성을 띄는 경우도 있으며 강자성이 아닌 결정립의 나노결정립 재료에서 입계는 강자성을 띄는 경우도 있다. (ferromagnetic boundary layer)

8.2.5 기타

광학재료에서도 양자크기효과(quantum size effect)로 인해 흡수밴드의 변화가 나타나는 경우가 있다. 합금 분말의 크기가 나노미터 영역으로 작아지면 용해성분이 평형농도 이상으로 높아지는 과용해도(supersolubility) 현상이 나타나기도 한다. 나노영역에서는 크기에 따라 색깔이 변한다. Au는 20nm 이하가 되면 빨간색으로 변하며, Ag는 20nm 이하가 되면 노란색으로 변한다
앞에서 예로 든 것 이외에도 나노결정립 재료가 나타내는 현상은 매우 다양하고 특이하다.

8.3 나노분말

8.3.1 세라믹 나노분말(ceramics nanopowders)

마이크로미터 크기 이상인 기존의 세라믹 분말과 다르게 [표 8-2]에서 보는 것과 같이 매우 큰 비표면적을 가지면서 표면에너지 증가에 따른 화학적 특성이 크게 달라진다. 또 독특한 기계적, 전기적, 광학적, 자기적 특성도 나타나기 때문에 나노크기를 유지한 벌크(즉, 나노결정립을 갖는 벌크)로 만들었을 때 기존 재료보다 더 큰 유연성, 연성, 강도, 경도 등을 갖는 경우가 많다.

[표 8-2] 합성된 나노분말의 비표면적

나노재료	입자크기(nm)	BET 표면적(㎡/g)	잠재적인 용도
Al_2O_3	8	118	고강도, 전기
ZrO_2(8% Y_2O_3)	20	110	membranes, 고강도
$La_{0.15}Sr_{0.15}CrO$	20		전기
NiO	20		촉매
CoO	20		촉매
$BaCeO_3$(15%Nd_2O_3)	15		가스 센서
$YGa_2Cu_3O_{7-y}$	20		반도체
Mullite	--	198	고강도
Exhaust Catalysts	--	80	Nox 환원

* BET : Brunauer-Emett-Teller

가. 산화물 나노분말

세라믹 나노분말 중 산화물 나노분말의 합성법은 다음과 같다.

1) 기상 응축법(gas phase condensation method)

금속이나 세라믹을 기상으로 증발시킨 후 이를 새로운 형태의 분말로 응축시키는 방법으로 나노크기의 작은 분말을 만드는데 유용하다.

2) 고주파 플라즈마에 의한 화학 합성법(high plasma-chemical pross)

고주파 플라즈마에 의한 화학 합성법은 여러 종류의 화학물질과 기체를 저온에서 고주파 플라즈마로 반응시키는 방법이다.

3) 연소합성법(calcinnation method)

연소합성법은 고온에서 금속 염화물(chloride)이나 그 밖의 전구체(前驅體, precursor)를 연소시켜 나노세라믹 분말을 제조하는 방법이다.

나. 비산화 나노분말

비산화 나노분말은 탄화물 나노분말과 질화물 나노분말 등이 있다. 기본적으로 탄화물 나노분말은 산화물 나노분말을 만드는 방법에 탄화물 형성에 적합한 전구체를 공급하여 합성할 수 있다.

질화물 나노분말은 열 플라즈마 법에 의해 제조할 수 있다. 이 방법은 열 플라즈마를 이용해 증발시키고, 이를 질소와 반응시키는 방법으로서 질화알루미늄의 경우에는 평균 지름이 30㎚ 정도인 분말을 만들 수 있다.

8.3.2 금속 나노분말(metal nanopowders) 제조

금속 나노분말도 세라믹 나노분말과 같이 비표면적의 증가로 독특한 특성이 나타난다. 금속 나노분말은 물리적 방법과 화학적 방법 등 다양한 방법으로 합성할 수 있다.

가. 물리적 방법

기계적으로 파쇄를 계속하여 결정립의 크기를 나노미터 영역으로 작게 할 수 있는 기계적 합금화법(MA : Mechanical Alloying method)과 물리증착법을 이용하여 나노결정립 분말이나 박막을 제조할 수 있는 스퍼터링(sputtering)이나 증발법(Thermal Evaporation or Inert Gas Condensation)이 있다.

1) 가스증발-응축법(gas evaporation-condensation method)

가스증발-응축법은 합성하려는 금속의 용기 내부압력을 0.01~수백 toor 범위로 유지하면서 He, Ar 등을 넣어 불활성 분위기를 유지하는 용기 안에서 증발시키고 후에 응축하여 금속 나노분말을 제조하는 대표적인 방법이다.

2) 기계적 합성법

큰 물질을 기계적으로 분쇄하여 나노분말을 만드는 방법이다. 큰 소성변형이 분말입자 내부에 축적되면서 결정의 왜곡 및 불균일 변형이 되면서 수 나노미터 크기의 결정으로 분쇄된다. 성분으로 구성된 합금을 나노분말로 만들기 쉽다는 장점이 있지만, 분쇄 중 불순물이 많이 혼입되고 응집이 심하게 일어나는 단점이 있다.

나. 화학적 방법

화학반응을 다양하게 이용하여 나노결정립 분말을 합성하거나 코팅할 수 있다. 이 방법은 화학반응에서 발생하는 에너지를 활용하기 때문에 적은 양의 에너지로 합성이 가능하며 합성 속도가 빠르고 균일한 반응을 일으킬 수 있다는 장점이 있다. 나노분말의 화학적 합성법은 기상반응법과 액상반응법이 있다.

1) 기상합성법

일명 연소합성법 또는 화염합성법으로서 수소를 이용한 기상 환원반응으로 금속 염화물이 H_2와 반응하여 다음과 같은 금속과 염화수소 가스가 생성된다.

$$MClx+x/2H_2 \rightleftarrows M+xHCl \qquad \cdots ①$$

식 ①에서 M은 금속이다. 수소를 이용한 기상 합성법으로 Fe, Co, Ni 등의 금속나노분말을 만들 수 있다.

기상합성법에서 또 다른 방법으로 마그네슘을 이용한 환원반응, 즉 금속 염화물이 Mg과 반응하면 금속과 염화마그네슘($MgCl_2$)이 생성되는 원리를 이용하여 나노 Ti분말을 제조할 수 있다.

2) 액상합성법

액상반응을 이용하는 액상합성법은 침전법과 분무건조법이 있다.

침전법은 금속염을 녹인 수용액에 침전제와 환원제를 첨가하여 금속분말을 제조하는 방법으로 생성되는 입자의 크기와 모양은 용액의 과포화 상태에 의하여 좌우된다. 과포화 상태가 작은 용액으로부터 침전된 입자는 크기가 크고, 다면체 형상의 결정상 구조를 보인다. 반면에 과포화도가 큰 용액으로부터 침전된 입자는 크기가 작고, 불규칙한 형상을 한 준결정상 구조이다.

분무건조법은 금속염이 녹아있는 용액을 분무하면서 건조 후 생긴 금속염 분말을 환원 처리하여 나노금속분말을 제조하는 방법이다.

8.4 나노구조재료의 응용분야

8.4.1 나노촉매

입자의 크기가 나노 정도가 되면 표면적의 비율이 부피에 비해 커진다는 것은 앞서 말한 바 있다. 이러한 원리로 Pt나 Pd같은 귀금속 촉매입자를 나노크기로 만들어 촉매 효율을 향상시킬 수 있다. 덧붙여 설명하자면 촉매라 함은 표면에서 기체를 분해시키는 능력이 있는 재료를 말하는데 기체를 분해시킨 이후에도 자신의 성질은 변화되지 말아야 한다.

기체를 분해시키는 능력이 좋은 것은 효율이 좋다고 하는데 표면적이 크면 기체와 반응하는 면적이 넓어 촉매 효율이 증가한다. 즉, 촉매효율이 높으면 적은 양의 촉매로도 많은 양의 기체를 분해시킬 수 있다. 귀금속 촉매입자에 나노기술을 도입하면 적은 양의 촉매로 효율을 최대로 올릴 수 있다. 또한 이런 촉매를 자동차 배기통에 설치하면 일산화탄소, 질소산화물, 황산화물 등과 같은 유해물질을 분해시켜 물, 탄산가스와 같은 무공해 물질로 변화시킬 수 있다.

나노기술을 도입해 신기술을 이룰 수 있는 분야가 바로 전기자동차이다. 전기자동차는 어려운 두 가지 문제가 있다. 한 가지는 배터리 자체의 전기저장능력이 작아 굉장히 많은 양의 배터리를 탑재해야 하는 점이고 또 한 가지는 충전하는 데 시간이 많이 걸린다는 점이다.

이를 해결하기 위한 방법으로 반도체 나노입자를 이용하거나 탄소나노튜브를 이용해 기존 배터리의 용량을 증가시키는 것이다. 실리콘, 주석 등과 같은 나노재료는 그 표면에 많은 양의 기체나 이온을 부착시킬 수 있다. 예를 들면 리튬이온전지의 경우 실리콘 입자를 기존 음극에 첨가하면 리튬이온을 많이 포획할 수 있어 리튬 저장능력을 향상시킬 수 있다. 그러나 리튬이온이 실리콘 입자에 부착되면 실리콘 입자의 안정성이 바뀌어 수명이 감소될 수 있다. 또 음극에 흑연을 100% 쓰는 대신 탄소나노튜브를 일부 섞으면 용량과 수명이 향상된다.

자동차 안에서 직접 전기를 생산하는 방법도 있다. 이를 위해 대두된 방법이 연료전지이다. 연료전지는 수소나 알코올과 같이 수소를 포함한 재료와 산소를 결합시켜 전기를 생산한다. 수소나 알코올을 분해해 수소이온을 얻기 위해서는 촉매가 필요한데, 촉매의 효율을 높이기 위해 나노크기 정도의 촉매를 만들면 재료의 무게 당 표면적이 넓어 촉매 효율을 높일 수 있다. 이렇게 촉매의 효율이 올라가면 사용한 촉매의 양을 줄일 수 있다.

현재 연료전지를 이용한 전기자동차의 경우 연료전지 값이 자동차 값의 10배가 넘는데 알코올을 재료로 하는 연료전지 중 절반 정도가 촉매가격이라는 것을 감안하면 촉매의 효율을 높이는 일이 얼마나 중요한가를 알 수 있다. 또 한 가지 중요한 사실은 촉매가 전극 위에 골고루 퍼져 있게 하기 위한 특별한 전극재료가 필요하다는 것이다. 아무리 좋은 나노촉매를 만든다 해도 전극에 담지시킬 때 자기들끼리 엉겨 붙으면 촉매로 작용하는 표면적이 줄어들어 나노촉매로 만든 노력이 헛수고가 된다. 엉겨 붙는 것을 방지하기 위해서는 특별한 전극재료가 필요하다.

기존의 탄소재료 이외에도 탄소나노튜브와 같은 재료를 이용하면 전극의 저항을 줄일 수 있을 뿐 아니라 촉매의 엉겨 붙음도 방지할 가능성이 있다. 즉 촉매효율을 높이고 촉매입자를 잘 분산시키고 촉매 담지전극의 저항을 줄여야 연료전지를 실용화할 수 있다.

나노입자는 표면적이 넓어 반응성이 크다. 알루미늄 입자의 경우 표면적이 넓어 공기 중에서 급격하게 발열반응을 하게 된다. 촉매와 다른 점은 반응하면서 자신의 상태가 변하는 것이다.

8.4.2 나노발광입자

양자점(Quantum dot)은 나노크기의 입자로서 양자점의 형광은 전도대(conduction band)에서 가전자대(valence band)로 들뜬 상태의 전자가 내려오면서 발생하는 빛이다.

반도체 재료를 나노크기로 줄이면 한 가지 재료를 가지고도 크기에 따라 여러 가지 색깔의 빛을 낼 수 있다. 나노입자는 주로 계면활성제와 함께 액상 반응에 의해 얻어지기 때문에 액상으로 용기에 보관하면 나노입자가 안정되어 각종 발광소자로 쓸 수도 있다.

이 재료를 생물체에 응용해 나노입자 표면에 원하는 단백질을 붙이면 단백질 표시기로 쓸 수 있다. 다른 종류의 단백질을 다른 크기의 나노입자에 부착시키고 자외선을 쬐어주면 방출되는 색깔을 보고 어떤 단백질인가를 알 수 있는 것이다. 이는 기존의 유기발광체나 형광체를 사용한 것과 비교해볼 때 나노입자의 상태가 변하지 않아 빛이 계속 나오기 때문에 유리하다. [그림 8-2] 참조.

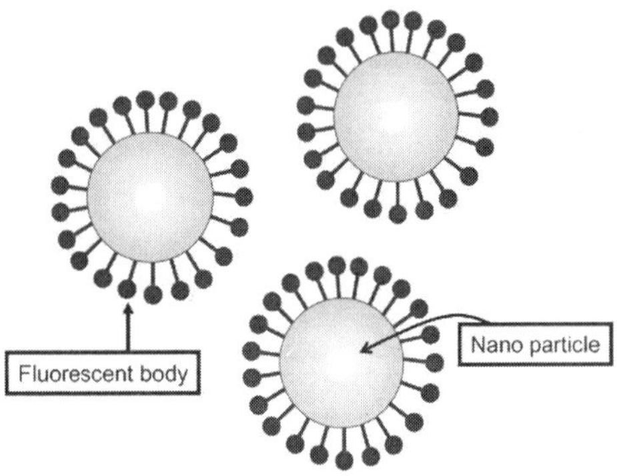

[그림 8-2] 형광체가 부착된 나노입자

출처 : 나노 (미시세계가 거시세계를 바꾼다)

8.4.3 상온작동 단전자소자

소자의 크기가 작아질수록 회로 내 전자의 흐름으로 인한 열 발생에 의해 회로 신호에 잡음이 인가될 확률이 높아지게 된다. 가장 이상적인 방법은 회로에 흐르는 전자의 수를 줄여 열 발생을 줄이는 것이다.

나노입자는 크기가 충분히 작아 전자의 운동이 제약을 받게 되면 양자점이 되고 이에 따른 양자에너지 준위가 나타난다. 두 전극을 통해 양자점에 전류를 흘려주면 양자에너지 준위에 전자 하나를 가둘 수 있는데 또 다른 전자 하나를 흘려주기 위해서는 그 다음 양자에너지 준위에 해당하는 에너지와 두 전자 사이에 작용하는 전기적인 반발력 이상에 해당하는 에너지를 주어야 한다. 두 양자 준위의 에너지 차이는 열에너지보다 충분히 커야 구분이 가능하다.

즉, 상온의 열에너지보다 충분히 커야 상온에서 작동하는 단전자소자를 만들 수 있다. 일반적으로 양자점을 여러개의 나노로 줄이기 힘들기 때문에 상온 작동 단전자소자를 만들기가 쉽지 않다.

8.4.4 나노자성체 메모리

자성체를 나노입자로 만들면 고밀도의 자성메모리(MRAM)를 얻을 수 있다. 나노크기의 자기 메모리는 소형의 메모리 단위체 하나로 대학 도서관 전체의 정보를 담을 수도 있다. 사실 자기메모리 분야에서는 이미 나노의 세계가 열리고 있다. 노트북 컴퓨터에 내장되는 15GB의 용량을 가진 HDD의 경우 최소정보 기록단위인 1비트의 자기덩어리가 이미 수십 나노의 폭을 가지고 있다. 이렇게 작은 자기덩어리에서 나오는 변화 값은 그 크기가 굉장히 작아 읽기가 쉽지 않을 뿐만 아니라 새로운 문제를 발생시킨다.

자기기록 매체의 자기덩어리의 크기가 작아지면 외부로 새는 자속이 많아지고 이 때문에 자성체 내부에서는 원래의 자기장을 줄이려는 반자기장이 발생한다. 이 현상을 막기 위해서는 두 자성체 사이에 얇은 절연층을 넣어 반자기장의 발생을 막는다. 아래 판은 전자스핀 방향이 오른쪽으로 배열되고 위판은 왼쪽으로 배열되면 밖으로 빠져나가는 자기장이 서로 상쇄되는 효과를 보게 된다.

이런 구조 속에 어느 한쪽으로 배열되어 있는 전자가 입사되면 같은 방향으로 정렬되어 있는 영역에서는 다른 전자와의 산란이 일어나지 않지만, 반대쪽 스핀 영역에 입사되면 반대 스핀을 가진 전자와 산란하게 되어 시료 내에서 전기 저항이 커지게 된다. 이 자기저항 값이 아주 크기 때문에 이 현상을 거대 자기저항이라 부른다. 이렇게 전자 자체보다는 전자가 갖고 있는 스핀을 이용하여 전자의 흐름을 제어하는 것을 일반적으로 스핀트로닉스라고 부른다.

8.4.5 나노선

지금까지 만들어진 나노선은 직경이 수십 나노 혹은 수백 나노인 금속선이나 반도체선이다. 이들의 용도는 무한히 많겠지만 아직까지 찾아낸 응용은 극히 단편적이다. 예를 들면 반도체선의 경우 지금까지 재료는 전부 산화물 반도체이다. 산화물 반도체는 일반적으로 에너지 갭이 커서 자외선 영역의 빛을 낸다.

이런 나노선을 기판 위에 수직으로 배열하고 빛을 내도록 만들어주면 자외선 레이저를 만들 수 있다. 이런 나노선의 직경을 수 나노로 제어하면 레이저의 파장을 바꿀 수 있다. 또 나노선은 표면적이 넓어 여러 종류의 기체를 표면에 붙일 수 있고 나노선 하나하나를 전극에 연결하여 도선에 흐르는 전류를 측정하면 각종 기체의 센서로 쓸 수 있다.

8.4.6 나노복합체

나노튜브의 가격이 낮아지면 당장 각광을 받을 분야가 나노복합체 분야이다. 나노기술의 총아로 대접받고 있는 탄소나노튜브(CNT : carbon nanotube)는 [그림 8-3]과 같이 탄소 6개로 이루어진 육각형들이 연결되어 지름 0.5~1㎚크기의 원통형 탄소 결정체로서 높은 인장력과 전기 전도성 등의 특성을 가지고 있는 차세대 첨단 신소재로써 역학적 · 전기적 성질이 우수하다. 탄소나노튜브의 이런 성질은 기존 제품의 성능 개선에 결정적인 역할을 할 수 있다. 예를 들면 전도성 고분자라는 것이 있다. 모든 고분자는 완전 절연체이지만 일부 재료는 약간의 전도성을 띠고, 이런 재료는 정전기 방지용 덮개, 전지전극재료 등에 쓰인다. 그러나 전도도를 금속 수준으로 올리기가 쉽지 않다. 만약 이 재료에 탄소나노튜브를 약간 섞어 나노복합체를 만들면 문제는 간단하게 풀린다. 이때 나노복합체의 전도성은 탄소나노튜브를 넣는 양에 따라 조절할 수 있다.

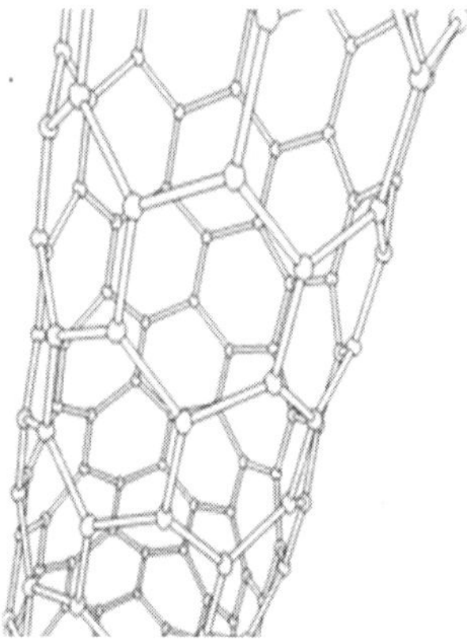

[그림 8-3] 탄소나노튜브의 개념도

또 강도를 증가시키기 위해 고강도성 고분자에 나노튜브를 섞을 때에도 나노튜브의 양을 조절해 강도를 제어할 수 있다. 이밖에 탄소나노튜브를 고분자와 적절히 혼합하여 고강도의 실을 뽑아낼 수도 있다. 그러면 지금의 탄소섬유보다 훨씬 높은 강도를 가진 탄소나노튜브 섬유를 만들 수 있다. 이 복합체는 강도 및 연성이 좋아 비행기의 동체에 쓰일 가능성이 있다.

또 세라믹재료에 탄소나노튜브를 응용하여 깨지기 쉬운 성질을 개선할 수도 있다. 미국의 제너럴 일렉트릭사는 정전기 방지용 탄소나노튜브 복합체를 개발하여 이미 자동차에 응용하고 있으며, 페인트의 접착력을 키우는데도 탄소나노튜브를 쓰고 있다.

그렇지만 이 분야의 활용도 그렇게 쉽게 이루어지는 것이 아니다. 나노입자는 크기가 작아지면 서로 엉겨 붙는 성질이 강하다. 그러면 나노입자가 갖는 특성을 살릴 수 없다. 따라서 복합체 연구의 핵심은 어떻게 하면 탄소나노튜브를 복합체에 잘 분산시킬 수 있느냐이다. 분산이 잘되면 소량을 가지고도 원하는 특성을 얻을 수 있기 때문이다. [표 8-2] 참조.

원하는 고분자나 기타 재료를 탄소나노튜브가 들어 있는 용매에 골고루 섞으면 된다. 이때 탄소나노튜브와 고분자와의 결합을 강화시키기 위해 탄소나노튜브를 적절히 기능화 시킬 필요도 있다.

[표 8-2] 탄소나노튜브의 물성

성질	물성치	비고
인장강도	30~180GPa	강철의 100배
탄성률	1~2TPa	강철의 7배
전기전도도	6,000S/m	구리선의 1,000배
열전도도	6,000W/m·k	다이아몬드의 2배

그래핀(graphene)은 탄소 원자들이 모여 2차원 평면을 이루고 있는 구조로서 각 탄소 원자들은 육각형의 격자를 이루며 육각형의 꼭짓점에 탄소 원자가 위치하고 있는 모양이다. 그래핀의 구조를 벌집구조(honeycomb structure) 또는 벌집격자(honeycomb lattice)라고 부르기도 한다. [그림 8-4] 탄소원자 1개의 두께로 이루어진 얇은 막으로, 두께는 0.2 nm 정도이다.

[그림 8-4] 그래핀의 개념도

그래핀의 물리적 특성은 진성(intrinsic) 전자이동도(200,000 $cm^2/V \cdot s$)가 매우 높고, 높은 열전도도(~5000 W/m·K)와 영 계수(~1.0 TPa)를 갖고 있으며 이론적 비표면적 또한 매우 크다. 또한 한 층으로 구성되어 있기 때문에 가시광선에 대한 흡수량이 매우 낮아 550nm의 파장을 갖는 빛에 대한 투과율이 97.7%로 확인되었다. 양도체 구리보다 100배 이상 전기가 잘 통하고, 반도체로 주로 쓰이는 단결정 실리콘보다 100배 이상 전자를 빠르게 이동시킬 수 있다. 최고의 열전도성을 갖는 다이아몬드보다 2배 이상 열전도성이 높은 것으로 확인되었다.

기계적 특성은 인장강도는 강철보다 200배 이상 강하고, 탄성도 뛰어나 늘리거나 구부려도 전기적 성질을 잃지 않는다. 그래핀은 탄소나노튜브를 뛰어넘는 소재로 평가받으며 '꿈의 나노물질'이라 불린다.

가. 탄소나노튜브 제조법

1) 전기 방전법

비교적 간단한 방법으로 흑연 분말을 니켈, 철, 코발트 등과 같은 소량의 전이금속과 혼합하여 전기 방전시켜 만든다. 이때 중요한 것은 전이금속의 함량인데, 탄소나노튜브의 수율(收率)을 결정한다. 이 방법은 간단한 반면 하루에 수십 그램 이상을 만들기가 힘들다. 그 이후에 개발된 방법은 레이저 증발법으로 역시 흑연분말과 소량의 전이금속 혼합물을 덩어리로 만든 다음 레이저를 쪼여 덩어리를 증발시켜 탄소나노튜브를 합성한다. 이 방법 역시 한번에 한 덩어리 일부를 태워 만드는 것으로 공장에서 대량합성으로 제조하기에는 문제가 있다.

2) 열분해법

탄소를 포함한 기체나 액체에 전이금속과 함께 열을 가해주면 탄소가 분해되면서 탄소나노튜브가 만들어진다. 이 방법은 액체나 기체를 계속 공급하면 탄소나노튜브를 연속적으로 만들 수 있어 대량생산이 가능하나 아직까지 수율이 높은 연속적인 공정을 찾지 못하고 있다. 여기서 주의해야 할 것은 탄소나노튜브는 단층, 이중층, 다층(여러 층이 동심 축을 이루고 있음) 등 종류가 많고 쓰임새가 다 다르다는 점이다. 열분해법으로 다층 탄소나노튜브는 대량 합성할 수 있지만 단층 탄소나노튜브의 대량합성법은 아직까지 찾아내지 못하고 있다.

나. 탄소나노튜브의 장점

첫째, 구조적으로는 단층 탄소나노튜브는 직경이 수nm 이고 다층 탄소나노튜브는 직경이 수십nm 이다. 길이는 수μm 이상으로 길이 대 직경비가 수천 혹은 수만 이상이 된다. 또 구조적으로 탄소가 육각형을 이루고 있어 흑연의 구조와 같이 안전하며 열전도율도 흑연과 비슷해 아주 좋다. 직경이 작고 길이가 뾰쪽한 성질은 곧 전자방출 소자용 전극으로 쓸 수 있다.

둘째, 분자 비대칭성(chirality)에 따라 전기적으로 금속성과 반도체성을 가진 탄소나노튜브로 분류할 수 있다는 것이다. 또 반도체성 나노튜브라도 직경이 줄어들면 에너지 갭이 커진다. 금속의 성질을 이용하면 전자기파 차폐제로 쓸 수 있고 각종 미세소자에서의 전선으로도 쓸 수도 있다. 반도체 성질을 이용하면 트랜지스터를 만들 수도 있고 크기가 작은 것을 이용하면 고집적 메모리소자 설계에 응용할 수도 있다. 또 탄소원자가 모두 표면에 노출되어 다른 물질에 비해 표면적이 상대적으로 커 고감도 기체 센서나 감지기로 쓸 수 있다. 큰 표면적은 전하를 가두기 쉽기 때문에 전지, 연료전지 등으로 응용도 가능하다. 속이 비어 있어 그곳에 다른 물질을 채울 수 있는데 수소저장 용기로도 쓸 수 있고 인위적으로 일차원적인 구조물을 나노튜브 안에 채워 나노구조물로 만들 수도 있다.

셋째, 직경이 작고 뾰쪽한 성질을 이용하여 나노크기의 침도 만들 수 있다. 이 침으로 살아 있는 세포 내에서 반응을 인위적으로 조작하고 어떤 반응이 일어나는 가도 알아낼 수 있으며 주사전자현미경의 고성능 탐침도 만들 수 있다. 크기가 작고 분말로 존재할 수 있기 때문에 다른 종류의 분말과 섞어 그 분말의 물리·화학적 성질을 변형시킬 수 있다. 예를 들면 페인트와 섞으면 페인트의 접착력을 향상시킬 수 있고, 고분자와 섞으면 고분자의 전기전도성이나 역학적인 강도를 크게 향상시킬 수 있다.

다. 탄소나노튜브의 다양한 응용성의 예

나노구조물을 만드는데 나노크기의 구멍을 이용하는 예가 많다. 이런 재료를 나노동공(nanopore)으로 구분하는데 탄소나노튜브도 이런 의미에서 나노동공 재료로 분류할 수 있다. 일반적으로 나노동공 재료에는 지올라이트나 알루미나가 대표적인 예이다. 지올라이트는 1㎚ 정도의 동공(구멍)을 가질 수 있고 재료에 따라 동공의 크기가 다르다. 또 금속이온이나 촉매이온을 내부에 넣을 수 있는데 나노재료를 동공 속에 넣어 각종 나노재료를 만들 수 있다. 구멍이 있는 알루미나는 알루미늄을 인산이나 황산 등의 강산 속에서 전기화학 분해시켜 만드는데, 구멍의 크기를 10㎚까지 줄일 수 있고 구멍 사이의 간격도 조절할 수 있다. 길이는 수 마이크로까지 수직으로 뚫을 수 있다. 규칙적으로 배열된 구조를 갖기 때문에 다공성 알루미나 자체를 광결정(photonic crystal)에 직접 쓸 수 있고 금속이나 반도체 나노선을 합성하는데 쓸 수도 있다. 또 탄소나노튜브도 촉매 없이 다공성 알루미나 벽에 성장할 수도 있다.

이 방법의 장점은 성장한 재료자체가 이미 수직 방향으로 배열되어 있어 알루미나만 선택적으로 없애주면 성장한 나노재료를 다른 종류의 소자에 직접 응용할 수 있다는 것이다. 탄소나노튜브는 내부가 비어 있어 각종 물질을 내부에 채워 넣을 수 있다. 따라서 직경이 수 나노인 일차원적인 재료를 채운 다음 탄소나노튜브를 없애면 직경이 다른 각종 나노선을 만들 수 있다. [그림 8-5]는 나노소재의 응용 분야로서 평판 디스플레이, 2차 전지 및 수소저장체, 저장매체 고집적 메모리소자 설계 등에 이용된다.

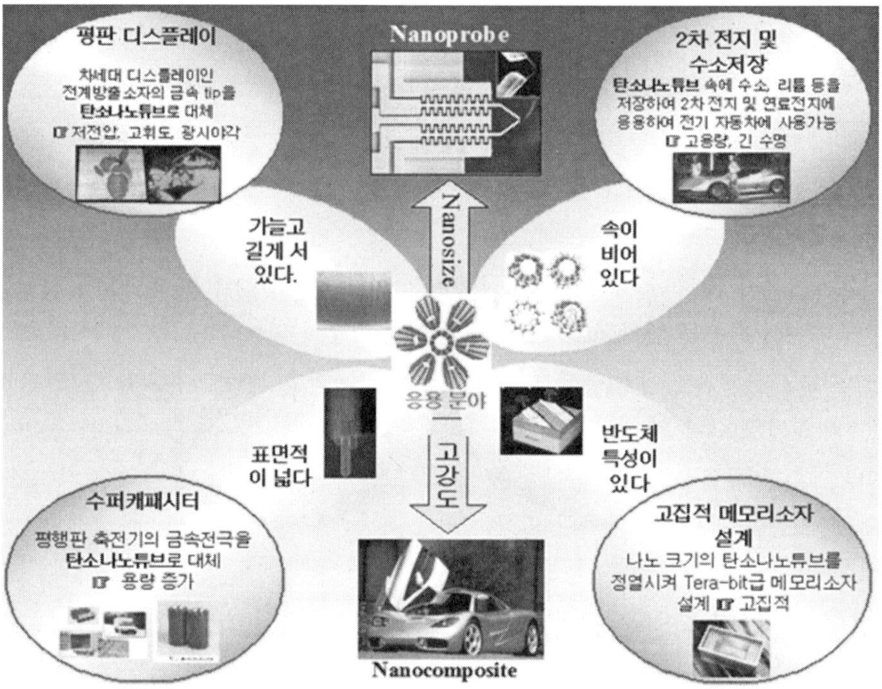

[그림 8-5] 나노소재의 응용 분야

8.4.7 수소저장체

탄소나노튜브의 또 다른 미래 시장은 에너지 저장 분야이다. 수소는 아주 중요한 미래의 무공해 에너지원이다. 예를 들어 연료전지는 수소와 공기 중의 산소를 결합시켜 전기를 만들어 낸다. 연료전지는 이동형 발전소나 마찬가지다.

전기자동차로 500km를 쉬지 않고 달리기 위해서는 저장체 무게비로 약 6%의 수소저장용량이 필요하다. 그러나 수소는 크기가 작고 흡착력이 낮아 저장체를 찾기가 어렵다. 기존의 수소 저장체는 금속이다. 수소는 금속 속에 들어가 금속원자와 쉽게 결합한다. 이 경우 저장되는 수소무게는 1% 정도이나 최근에는 이보다 높은 수치도 발표되었다. 그러나 금속의 결정적인 결함은 수소저장이 반복되면 금속이 깨져 더 이상 수소를 저장하는 용기로 쓸 수 없다는 점이다.

[그림 8-6]와 같이 탄소나노튜브는 속이 비어 있어 공간에 수소분자를 가둘 가능성이 있다. 또 탄소나노튜브가 다발을 형성하는 점이 여기에서 유리하게 작용한다. 탄소나노튜브가 다발을 형성하므로 튜브와 튜브 사이에 수소기체가 저장되는 자리가 많이 생긴다는 점에 착안하면, 탄소나노튜브가 좋은 수소저장체가 될 수 있을 가능성이 있다. 다발의 길이가 수 마이크로미터로 길기 때문에 튜브 틈 사이로 수소저장이 반복되어도 탄소나노튜브의 구조는 변하지 않을 것이다.

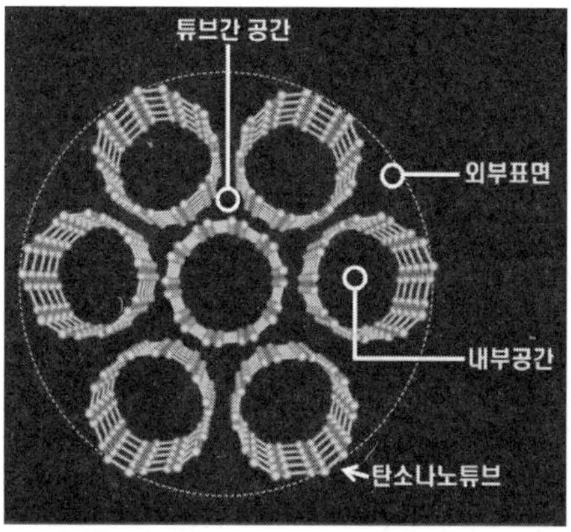

[그림 8-6] 탄소나노튜브의 다발이 제공하는 수소 흡착 자리

출처 : 나노 (미시세계가 거시세계를 바꾼다)

8.5 나노구조재료의 개발현황

나노결정립 재료의 개발이 활발한 분야는 박막재료와 분말재료 부분이다. 박막재료 분야는 거대자기저항, 초 상자성(super paramagnetism), 전자 혹은 광학 재료에서의 양자크기효과(quantum size effect) 등 새로운 현상을 활용 하고자 하는 부분에 개발의 초점이Z 맞추어져 있다. 분말재료 부분에서는 구조용 재료를 포함한 다양한 분야에의 활용을 목적으로 개발이 진행되고 있다. 지금까지는 주로 나노분말의 제조공정 개발에 초점이 맞추어져 있으며 이미 미국, 유럽, 일본 등 선진국에서 컨소시엄을 구성하여 연구하고 있다.

연구결과가 실용화된 경우도 나타나고 있는데, 오스트리아의 Plansee사가 분산 강화초내열합금(ODS superalloy)을 판매하고 있으며, 미국의 Nanophase Technology사, Nanodyne사, NanoMat사가 나노 분말을 상업적으로 판매하고 있는 대표적인 회사들이다. 앞으로도 벤처성격의 많은 회사들이 탄생할 것으로 예측된다.

8.6 나노구조재료 개발에서의 문제점

나노결정립 재료개발은 아직까지 초기단계이기 때문에 많은 문제점을 갖고 있다. 분말재료 분야에서는 경제성, 품질 안정성 등의 문제를 공통적으로 안고 있으며 실험실적인 단계를 벗어나지 못하고 있는 경우가 대부분이다. 다음으로는 생산된 분말을 활용 하는데 아직까지 기술적으로 해결하지 못하고 있는 점이 많다는 점이다. 예를 들면 나노분말을 분말입자간 응집이 대단히 심해서 균일한 혼합을 하거나 결함이 없도록 성형을 하는 것이 쉽지 않다. 따라서 분산상태로 사용하거나 소결체를 제조하는 것이 용이하지 않다. 특히 금속 분말의 경우 나노분말은 산화성이 대단히 커서 대기 중에서 취급하기 곤란하기 때문에 성형이 더욱 어렵다. 따라서 나노분말 재료의 개발에서 가장 중요한 기술적 과제는 경제성 있는 합성 공정기술 및 효과적인 성형기술, 소결 조직(나노결정립 재료)의 안정성 확보이다.

나노분말 재료에 있어서의 또 다른 문제점은 성형 후 치밀화시킬 때의 문제이다. 나노분말은 저온에서 치밀화시키는 것이 가능하지만 최종 소결체의 미세조직은 나노미터급으로 미세하게 유지하는 것은 대단히 어렵다. 나노결정립 재료에서는 일반 다결정질 재료에서보다는 원자의 확산이 대단히 쉬워 성형체의 치밀화에는 도움이 되지만 결정립 성장이 빠르다는 문제점이 있기 때문이다.

세라믹계 나노분말 재료에 있어서는 금속계 나노분말 재료에서와는 다른 문제점이 있다. 세라믹분말의 크기가 미세해지면 점차 표면효과(capillarity)가 커지기 때문에 준안정상(metastable phase)이 나타나는 경우가 많다. 순수 지르코니아(ZrO_2)의 경우 상온 및 상압에서 안정상은 단사정(monoclinic)이며, 1,170℃ 이상에서는 정방정(tetragonal)이 안정상이다. 그러나 분말입자의 크기가 작아져서 30㎚가 되면 상온(300K)에서 단사정과 정방정이 평형을 이루고 30㎚이하의 크기에서는 오히려 정방정이 안정해진다. 나노크기인 알루미나분말(n-Al_2O_3)의 경우 안정상인 α상이 아닌 γ, δ, θ등 다양한 상이 나타난다.

나노 티타니아 분말(n-TiO_2)의 경우는 안정상인 금홍석(rutile : 육방정계)상이 아닌 예추석(anatase : 정방정계)상이 나타난다. 준안정상을 갖는 나노분말의 성형체를 소결하면 치밀화가 일어나는 도중에 상변태가 나타나게 된다. 이때는 상변태에 의한 입계이동이 빠르게 나타나기 때문에 정상적인 패턴으로 치밀화가 진행되지 않는다. 상변태의 영향으로 나타난 입계이동의 결과 급격한 결정립 성장과 함께 벌레모양의 긴 결정립들(vemicular grains)이 발달하여 최종 소결단계에서의 치밀화를 어렵게 한다. 따라서 세라믹계 나노분말에서는 안정상을 갖는 분말을 합성해내거나 준안정상을 이용하여 나노결정립 소결체를 제조 하는데 필요한 결정립 성장 억제 기술의 개발이 필요하다.

[참고문헌]

1. R. W, Siegel : MRS Bull., October (1990) 60.
2. H. Gleiter : Nanostruc. Mater., 1 (1992) 1.
3. H. Gleiter : Adv. Mater., 4 (7/8) (1992) 474.
4. H. Gleiter : Progress in Mater. Sci., 33 (1989) 223.
5. C. Suryanarayana and F. H. Froes : Metall. Trans., 23A(4) (1992) 1071.
6. A. H. Chokshi, A. Rosen, J. Karch and H. Gleiter : Scripta Metall., 23(10) (1989) 1679.
7. H. J. Hofler and R. S. Averback : Scripta Metall. et Mater., 24(12) (1990) 2401.
8. K. Lu and M. L. Sui : Scripta Metall. et Mater., 28(12) (1993) 1465.
9. F. Wakai : Br Ceram. Trans. J., 88(6) (1989) 205.
10. I. Chen and L. A. Xue : J. Am. Ceram. Soc., 73(9) (1990) 2585.
11. Y. Ma and T. G. Langdon : Mater. Sci. & Eng., A168 (1993) 225.
12. M. J. Mayo, D. C. Hague, and D. -J. Chen : Mater. Sci. & Eng., A166 (1993) 145
13. A. P. Alivisatos : MRS Bull., August (1995) 23.
14. A. R. Yavari : Mater. Trans. JIM, 36(2) (1995) 228.
15. A. Kumpmann, B. Gnther, and H. -D. Kunze : Mater. Sci. & Eng., A168 (1993) 165.
16. J. Horvath, R. Birringer, and H. Gleiter : Solid State Comm., 62(5) (1987) 319.
17. R. S. Averback, H. J. Hofler, and Tao : Mater. Sci. & Eng., A166 (1993) 169.
18. R. C. Garvie : J. Phys. Chem., 69(4) (1965) 1238.
19. P. A. Badkar and J. E. Bailey : J. Mater. Sci., 11 (1976) 1794.
20. F. W. Dynys and J. W. Halloran : J. Am. Ceram. Soc., 65(9) (1982) 442.
21. M. N. Ritter and T. Abraham : Am. Ceram. Soc. Bull., 76(6) (1997) 51.
22. 이영희, “나노 (미시세계가 거시세계를 바꾼다)”, ㈜살림출판사 - 살림지식총서 125, (2004)
24. http://cafe.naver.com/kokstock/785
25. 김기범, 김현미, 정운룡, 최헌진, 홍성현, 황동목, “나노재료”, 범한서적주식회사, (2012)

09 자성재료

(magmetic material)

9.1 개요

자성재료란 자기장(磁氣場)에서 자화(磁化)하는 물질로서 그 자화되는 정도에 따라 강(强)자성체, 상(常)자성체, 반(反)자성체로 구별되며, 공업적으로 전기·전자기기(모터, 변압기, 릴레이, 전기기기, 통신기기, 의료기기 등)에 폭넓게 이용되고 있는 강자성체 재료는 연질 자성재료(철심재료), 경질 자성재료(영구자석), 자기기록재료 및 특수 자성재료로 구분된다.

[그림 9-1]은 자성체의 자속밀도(B)와 자기장 강도(H)의 관계를 나타낸 자화곡선, 즉 히스테리시스 루프를 그린 것이다.

코일 속에 강자성체를 넣고 코일에 전류를 흘려서 자계를 발생시키면 강자성체의 자속밀도는 [그림 9-1]과 같은 과정을 거쳐 자화된다. 최초에 자기장 강도(H)가 0에서 증가하면 자속밀도는 자계에 비례하지 않고 증가하여 점차 포화된다. 여기서 자기장 강도를 감소시키면 자속밀도(B)는 다른 경로를 따라 감소하는데 자기장 강도를 0으로 되돌려도 자속밀도는 0이 되지 않는다. 이때 Br를 잔류자속밀도라 한다. 자속밀도를 0으로 하려면 자기장 강도를 마이너스 방향으로 Hc까지 다시 가해 주어야 한다. 이때 Hc를 보자력(항자력)이라 한다.

이 곡선의 모양은 재료에 따라 다르며, 동일 재료일지라도 열처리, 기계적 처리에 따라 형태를 달리 할 수 있다.

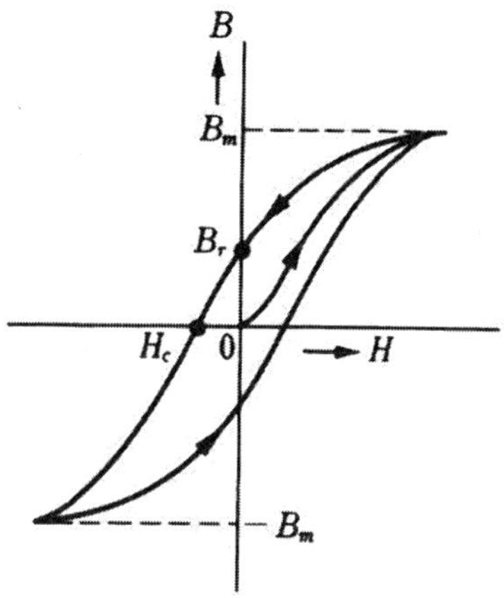

[그림 9-1] 강자성체의 자화곡선

9.2 자성체의 구분

9.2.1 강자성체(ferromagnetic)

외부 자장이 가해지지 않을 때에도 영구자기 모멘트를 소유하고 있으며, 매우 큰 영구자화를 띠고 있는 것이 강자성체의 특징이다. 물질을 이루는 분자 또는 원자의 전기적 성질을 갖는 입자의 회전에 의해 하나하나 자석요소가 된다. 이를 자기 쌍극자(magnetic dipole)라 한다. 겉보기에 자화되지 않은 것처럼 보이는 것은 그것이 작고 수많은 자기구역(磁氣區域, magnetic domain))으로 분할되어 있기 때문이다. 그 하나 하나의 자화방향은 다르지만 자기장 속에 놓이면 자기 쌍극자들은 자기장과 같은 방향이 되면서 자기장 속에서 강하게 자화하는 물질이다. 모든 자기구역의 자화방향이 평행으로 되어있는 상태를 포화(飽和)라 하며, 포화자화의 세기는 자발자화의 세기와 같다고 볼 수 있다. 이와 같은 자발자화는 온도를 올리면 작아지고, 퀴리온도에서는 0이 되며, 이 온도 이상에서는 물질은 자발자화가 없으며 상자성이 된다.

강자성체에 속하는 금속은 Fe, Co, Ni과 그 합금에는 Fe-Ni(퍼멀로이), Fe-Co, Al-Ni-Co(알니코 자석), Fe-Cr(페라이트계 스테인리스강 ; 탄소량 1% 전후의 과공석강)등이 있고, 강자성체 화합물에는 $SmCo_5$(사마륨 코발트자석), $Nd_2Fe_{14}B$(네오디뮴 자석) 등이 있으며, 강자성체 산화물은 Fe_3O_4(자철광), γ-Fe_2O_3(자적철광), $BaFe_{12}O_{19}$(바륨 페라이트) 등이 있다.

9.2.2 상자성체(paramagnetic)

일명 약자성체로서 자기장(磁氣場)안에 넣으면 자기장 방향으로 약하게 자화하는 물질로서 자기장이 제거되면 자화되지 않는 물질이며, 아무리 낮은 온도에서도 상자성인 것을 말한다. 강자성체에서는 자기의 원인이 되는 물질(원자 등)의 자기모멘트 방향이 일치되어 있으므로 자발자화를 가진다. 이에 대해 상자성체에서는 자기의 원인이 되는 물질의 자기모멘트 방향이 각각이다.

상자성체 금속은 Al, Cu, Pt, Mn, Sn, Ir 등이 있으며, 합금은 Cu-Zn, 오스테나이트계 스테인리스강 등이 있다.

비자성체는 물, 공기, 유리, 나무 등과 같이 자석에 전혀 반응하지 않는 물체를 말한다.

9.2.3 반자성체(anti-ferromagnetic)

외부 자기장과 반대방향으로 약하게 자화하는 물질이 반자성체이다. 반자성체에서는 자기의 원인이 되는 물질이 본래 자기 모멘트를 갖고 있지 않다. 그러므로 강자성체의 자발자화는 원자의 자기 모멘트가 질서 있게 발현하는 것으로 볼 수 있다. 그러나 질서라는 것은 원자의 자기 모멘트 방향이 한 방향으로 전부 일치하고 있다는 것은 아니다. 그들이 서로 번갈아 반대방향을 향하고 있는 것도 하나의 질서이다. 이와 같은 물질이 여러 종류가 알려져 있는데, 자발자화를 갖지 않기 때문에 그들은 강자성체가 아니다. 그러나 질서를 갖고 있다는 점에서 보통의 상자성체와는 다르다. 이와 같은 물질을 반(反)강자성체라고 한다.

이것과 약간 다른 질서를 가진 물질이라도 자발자화를 갖지 않는 것은 모두 반강자성에 포함된다. 반강자성체의 질서도 어떤 온도이상에서는 소실되어 보통의 상자성이 된다.

9.3 강자성체의 구분

9.3.1 연자성체(soft ferrite)

연자성체란 외부 자기강도를 조금만 가해도 강하게 자화되어 잔류자속밀도는 크지만 자기강도를 낮추면 보자력이 작은 자성체를 말한다. 즉 감자(減磁)하기 쉬워 히스테리시스 손실이 적은 자성재료로 히스테리시스 곡선은 [그림 9-2]와 같이 매우 가늘고 길어 강자성체에 비하여 그 면적이 작다. 이는 보자력이 작고 투자율이 높다는 말로서, 이와 같은 성질을 갖고 있는 재료를 자기적으로 부드럽다는 의미에서 연자성체라고 한다.

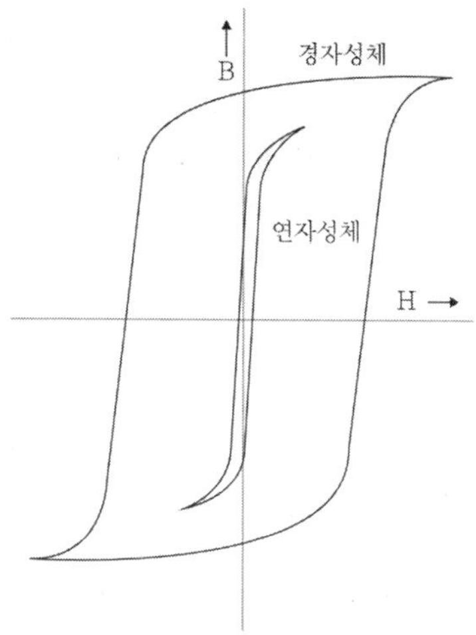

[그림 9-2] 연자성체와 경자성체의 자화곡선

9.3.2 경자성체(Hard magnetic material)

경자성체는 영구자석을 만드는데 이용되며, 영구자석은 비자화에 대한 높은 저항을 가지고 있어야 한다. 자기이력 곡선을 보면 경자성체는 큰 잔류자기, 높은 포화보자력 및 포화자속밀도와 함께 낮은 초기 투자율과 높은 자기이력 에너지 손실을 가지고 있다. 즉, 경자성체는 감자(減磁)하기 어려워 히스테리시스 손실이 큰 자성재료로 히스테리시스 곡선은 [그림 9-2]와 같이 매우 두껍고 길어 상자성체에 비하여 그 면적이 크다.

9.4 자성용 재료의 구분

9.4.1 연자성 재료(soft magnetic material)

연자성 재료는 외부자계가 가해지면 자석이 되지만 외부자계가 없어지면 자력을 잃어서 원상태로 돌아오는 성질을 갖는 자성체, 즉 일종의 붙지 않는 자석이다.

대표적인 합금에는 퍼멀로이(Fe-Ni 합금), 센더스트(Fe-Al-Si 합금) 및 Mn-Zn계 페라이트 등이 있다. 발전기, 전동기, 변압기 등의 철심이나 변성기, 자기기록 헤드 등의 철심과 같은 것은 높은 자속밀도와 낮은 보자력, 투자율이 높은 것이 요구되는데 이에 적합한 것이 연자성체 재료이다. 연자성 재료는 규소강, Ni-Fe계, Fe-Co계, Fe-Al계 합금, 비정질(amorphous) 자성재료 등이 있으며 그 특성은 다음과 같다.

가. 규소강(silicon steel)

Fe에 소량의 Si를 5% 이하로 첨가한 규소강은 전기철판으로 자성재료 중에서 가장 대량으로 사용되고 있다. 포화자속밀도가 약간 감소하지만 전기저항이 증가하고 철손 특성이 좋아진다. 한편 인장강도는 Si 함유량의 증가와 더불어 증가하지만, 연성은 낮아지기 때문에 Si를 3.5% 이상 함유할 경우 냉간압연이 곤란하다. 규소강은 변압기용 철심 재료로 많이 사용된다.

나. Ni-Fe계 합금

Ni를 35~80(%) 포함한 Ni-Fe계 합금은 퍼멀로이(permalloy) 합금이라고 불리며, 78 퍼멀로이가 대표적이다. 고투자율 재료 중에서도 가장 높은 비투자율을 나타내며, Ni 70(%) 부근에 극히 높은 비투자율을 나타낸다. 규소강에 비하여 포화 자속밀도가 낮고 재료가 비싸지만 투자율과 보자력이 매우 우수하다.

다. Fe-Co계 합금

높은 포화자화 값을 가지는 Fe와 Co 원료분말을 사용하여 기계적 혼합화 공정을 적용해서 Fe-Co 합금분말을 제조하고, 이 합금분말을 벌크형태로 연자성 재료를 제조한다. 이 합금은 고자속 밀도가 요구되는 전자석의 자극편과 수화기의 진동에 사용된다.

라. Fe-Al계 합금

전자기 특성이 Fe-Si계 합금과 큰 차이가 없지만 Al의 함유량을 많이 첨가해도 압연할 수 있은 특징이 있다. 이 합금은 Al 함유량이 많은 것은 가볍고, 더욱 연하여 가공하기 어렵지만 자성이 좋고, 퍼멀로이에 비하여 저항률이 높기 때문에 고주파대까지 사용되며, 기계적 세기가 우수한 장점이 있다.

이 합금이 실용화된 것은 Fe-16%Al 합금으로 합금명이 알-펌(Alperm), 알훼놀(Alfenol) 등이 있으며, 고주파용 자심재로 이용된다. 내마모성이 극히 우수하기 때문에 자기 녹음, 녹화용 헤드 등에 사용된다. 이외에 Fe-Al-Si 합금(센더스트)이 있다.

마. 비정질(amorphous) 자성재료

비정질 금속은 강자성의 천이원소인 Fe에 B, Si 등의 비금속원소(metalloid)가 혼합된 용융금속을 급속냉각 시켜 만들어진 비정질 자성재료는 원자의 배열이 액체 상태와 같이 불규칙한 비정질 상태로 배열되는 특징을 가지고 있다.

또 자계의 변화에 따른 원자의 회전이 쉽기 때문에 결정 구조인 규소강판에 비해 마찰 손실을 절감하는 장점을 가지고 있으며 고유저항(규소강판의 약 3배)이 높고, 소재 자체의 두께(규소강판의 약 1/10)가 얇아 쓸데없는 전류 낭비를 절감할 수 있다.

비정질 금속은 응고 시 결정화를 방해하도록 고온의 용융상태에서 고속으로 회전하는 회전체에 고속 분사하여 초급랭 하여 리본 모양의 비정질 재료를 얻게 되며, 리본 모양의 비정질 자성재료는 자기헤드와 트랜스 재료로 실용화되고 있으며, 리본의 규격은 두께가 10～100㎛, 리본 폭이 15mm 정도는 되어야 한다.

9.4.2 경자성 재료(hard magnetic material)

영구자석 재료로써 통신기기, 회전기, 음향기기 의료기기 등 각종 기기에 사용된다. 고성능의 자석은 잔류자속밀도(Br), 보자력(Hc), 최대자기 에너지곱$(BH)_{max}$가 각각 크고 자기 안정성이 뛰어나다.

현재 이용되고 있는 경자성 재료는 페라이트 자석, 알니코(Alnico) 자석, Fe-Cr-Co 자석, Sm-Co계 자석, Nd-Fe-B계 자석, Sm-Fe-N계 자석 등이 있다.

가. 페라이트계 자석

페라이트계 자석에는 Ba 페라이트계($BaO \cdot nFe_2O_3$)와 Sr 페라이트계($SrO \cdot nFe_2O_3$)가 대표적이다. Ba 페라이트계는 Sr 페라이트계에 비하여 가격이 싸지만 성능면에서는 Sr 페라이트계가 보자력이 높으므로 성능이 우수하다.

페라이트 자석의 주성분은 제철의 부산물인 산화철로서 산화철분말과 바륨, 스트론튬 산화물 분말을 압축, 성형(compacting)하고 소결(sintering)하여 만든 분말야금품으로서 도자기에 가까운 성질을 가지고 있다. 취성이 강한 단점이 있지만 다양한 형상을 만들 수 있고 착자 전 절단, 연마 등의 가공을 행할 수 있다. 온도에 대한 안정성이 높아서 최대 350℃의 고온에서도 자력감자없이 사용이 가능하다. 페라이트는 경자성체로서 강한 자성을 가지는 영구자석이며 일명 세라믹 자석이고도 한다. [표 9-1]은 페라이트 자석의 물리적 특성을 나타낸 것이다.

[표 9-1] 페라이트 자석의 물리적 특성

구 분	단위	내용
퀴리온도(Cuie Temperature)	℃	450
최대사용온도 (Maximum Operating Temperature)	℃	450
경도(Hardness)	Hv	520~630
밀도(Density)	g/㎤	4.6~5.3
잔류자속밀도의 온도특성 (Temperature Coefficient of Br)	%/℃	-0.2
보자력의 온도특성 (Temperature Coefficient of Hc)	%/℃	0.3

[그림 9-3]과 같이 보자력의 차이로 등방성 페라이트(한쪽 방향에서만 자력이 나오는 페라이트)와 이방성 페라이트(양쪽 방향에서만 자력이 나오는 페라이트)로 구분된다.

등방성 자석(isotropic magnet)은 어느 방향에서 자화(착자)하여도 동일한 강도의 자석으로서 모든 방향에 같은 자성특성을 가지고 있다. 잔류자속밀도(Br)는 4,300G, 보자력(Br)은 2,100e, 최대 자기 에너지곱$(BH)_{max}$는 3.9MG, Oe, 밀도(g/㎤)는 4.6~5.1 정도이다. 등방성 자석에는 Ba 페라이트계가 있다.

이방성 자석(anisotropic magnet)은 정해진 방향에서 자화(착자)하는 자석으로 현재 고성능 자석의 대부분은 이방성 자석이라고 볼 수 있다. 잔류자속밀도(Br)는 4,200G, 보자력(Br)은 1,800e, 최대자기 에너지곱$(BH)_{max}$는 1.1MG,Oe, 밀도(g/㎤)는 4.6~5.1 정도이다. Sr 페라이트가 주류이다.

페라이트 영구자석은 산화제이철(Fe_2O_3)을 주성분으로 하는 복합 산화물 자석으로서 페라이트 영구자석용 재료의 종류 및 특성은 [표 9-2]과 같다.

페라이트 자석의 제조법은 일반적으로 Ba, Sr의 탄산염($BaCO_3$, $SrCO_3$)과 산화철(α- Fe_2O_3)과 미량의 첨가물을 혼합하여 공기 중에서 반응 소성한 후 이것을 미분쇄하여 프레스성형하고, 이 압분체를 공기 중에서 소결에 의하여 만들어진다. 희토류계 자석에 비하여 최대자기 에너지곱$(BH)_{max}$의 값이 낮지만 비용 유지(중량당 단가×비중/최대에너지 곱)면에서 유리하기 때문에 자석 재료 중에서 많이 생산되고 있다.

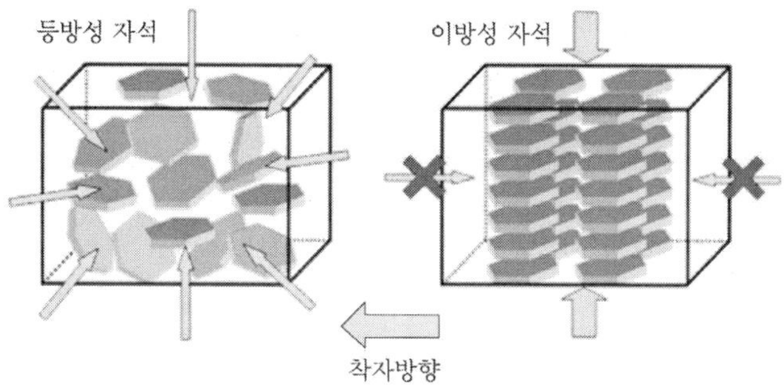

[그림 9-3] 등방성 자석과 이방성 자석의 착자방향

[표 9-2] 페라이트 영구자석 재료의 특성

재 료	개 략 조 성	Tc [℃]	Br [Wbm^{-2}]	Hc [Am^{-1}]	(BH)max [$10^4 Jm^{-3}$]
OP 자석	50% $CoO \cdot Fe_2O_3$ 50% $FeO \cdot Fe_3O_4$ $4CoO \cdot Fe_2O_3 \cdot Fe_3O_4 \cdot$	-	0.25~0.32 0.27~0.35	31900~55700 4000080000	~1.0 1.04~1.6
Vectlite	36%Co_2O_3, 30%Fe_2O_3 44% Fe_3O_4	-	0.16	70000	0.4
Ferroxdure	$BaO \cdot 6Fe_2O_3$ (무방향성) (방향성)	450	0.20 0.408	132000 108800	0.64 2.4
Ferrinet	$BaO \cdot 6Fe_3O_4$ (무방향성) (방향성)	450	0.23~0.25 0.38~0.40	14400~160000 128000~144000	0.8~0.96 1.44~2.56

나. 알니코(Alnico) 자석과 Fe-Cr-Co계 자석

1) 알니코 자석(Alnico Magnet)

알니코 자석이란 Al, Ni, Co, Fe 등을 주성분으로 하는 자석으로 Si, Ti, Nb, S 등이 첨가되어 제조된 자성체로서 합금원소의 이름을 따서 상품화한 자석이다.

등방성과 이방성으로 구분되며 투입하는 원재료의 배합량, 제조공법 등이 달라짐에 따라 각 등급이 정해진다. 영구자석 중에서 착자가 용이하고, 온도에 대한 안정성이 가장 뛰어나 감자가 거의 없으며 자력은 약하나 600℃ 이상의 고온에서도 우수한 내구성을 갖는다. [표 9-3]은 알리코 자석의 물리적 특성을 나타낸 것이다.

[표 9-3] 알리코 자석의 물리적 특성

구 분	단위	내용
퀴리온도(Cuie Temperature)	℃	850~890
최대사용온도 (Maximum Operating Temperature)	℃	450~550
경도(Hardness)	Hv	520~630
밀도(Density)	g/㎤	6.9~7.3
잔류자속밀도의 온도특성 (Temperature Coefficient of Br)	%/℃	-0.03~-0.02
보자력의 온도특성 (Temperature Coefficient of Hc)	%/℃	-0.01~-0.03

제조방법에 따라 주조 알니코(Cast Alnico)와 소결 알니코(Sintered Alnico)로 구분된다.

주조법에 의해 만들어진 주조 알니코는 경도가 높아 주로 연마를 통해 가공되며, 비교적 높은 온도에서 사용해도 감자가 거의 발생하지 않는다. 또한 자기회로 구성 후에도 착자가 쉽기 때문에 자기특성을 효과적으로 이용할 수 있다.

소결법에 의해 만들어진 소결 알니코는 주조 알니코와 자기특성은 비슷하나 우수한 기계적 강도와 높은 자기 특성을 가지고 있으며, 주조 알니코 자석에 비해 성형성이 좋아 소형치수와 복잡한 형상이 가능하지만 주조법에 비해 가격이 비싸다.

알니코 자석은 스피커, 전산전력계, DC Motor, 전화기, 발전기, 계기류 등 정밀도를 요구하는 경우에 많이 사용된다. [표 9-4]는 알니코 자석과 Fe-Cr-Co계 자석의 자기 특성을 나타내었다.

2) Fe-Cr-Co계 합금

Fe-Cr-Co계 합금은 영구자석용 경자성합금으로써 급속냉각기술을 이용하여 결정질의 분말로 제조한 후 적절한 입도로 분쇄 성형하여 얻어진 성형체를 소결한 후 열처리를 행하므로써 온도특성이 뛰어난 소결 영구자석이다.

Fe-Cr-Co계 영구자석의 제조방법의 일례로써 미세 결정질의 급냉형 분말로 제조하고, 이 분말을 미세분말로 분쇄한 후 결합제를 혼합하여 1,100~1,350℃의 온도범위에서 0.5~4시간 소결한다. 소결체를 600~700℃ 온도범위에서 1~5KOe의 외부자장을 부하하면서 0.5~4시간 자장 중 열처리를 행하고, 550~620℃의 온도에서 1~10시간 유지한 후 480℃까지 1~20℃/hr의 속도로 냉각하면서 시효 열처리를 행하여 자석화하는 것이다.

목적하는 조성의 Fe-Cr-Co계 합금분말을 직접 일공정에 의한 급속냉각 기술을 이용하여 제조함으로써 분쇄성 및 성형성이 양호하고, 높은 소결밀도를 갖으며, 온도 및 자기특성이 뛰어난 소결형 Fe-Cr-Co계 영구자석을 값싸고 단순한 공정으로 제조할 수 있다.

[표 9-4] 알니코 자석과 Fe-Cr-Co계 자석의 자기 특성

종 류		자 기 특 성				참고값
		$(BH)_{max}$ [KJ/m^3]	Jr[T]	H_{cB} [kA/m]	H_{cJ}(min) [kA/m]	밀도 [Mg/m^3]
알니코 자석	등방성	9.5~16.0	0.50~0.80	37~60	38	7
		12.0~23.0	0.50~0.80	64~92	67	7
	이방성	28.0~48.0	0.50~0.80	95~130	100	7.3
		28.0~56.0	0.50~0.80	135~175	145	7.3
		63.0~88.0	0.50~0.80	110~135	115	7.3
		25.0~42.0	0.50~0.80	49~64	49	7.3
		35.0~52.0	0.50~0.80	46~61	46	7.3
		51.0~68.0	0.50~0.80	52~64	52	7.3
Fe-Cr-Co	등방성	8.0~20.0	0.65~1.05	26~48	26	7.3
	이방성	28.0~60.0	1.05~1.45	42~56	42	7.3

다. 희토류계 영구자석

희토류계 영구자석은 희토류 원소로 만든 여러 가지 자석으로서 현재는 네오디뮴 자석(Nd-Fe-B Magnet)과 사마륨 자석(Sm-Co Magnet)으로 나누어지며, 기존 개발 영구자석 재료에 비해 월등히 높은 보자력(10배)과 잔류자속밀도를 갖는 고자력 영구자석이다.

1) 네오디늄 자석(Nd-Fe-B계 : NIB자석)

현재 개발된 자석재료 중에서 자기적 특성이 가장 높다. Nd-Fe-B계는 희토류 금속 중 하나인 Nd(Neodymium, 원자번호 60)와 Fe, B와의 금속간화합물($Nb_2Fe_{14}B$)로서 높은 보자력과 자기 에너지적을 나타낸다.

자원적으로 풍부한 Nd과 Fe를 사용하므로 가격면에서 SmCo계 자석보다 저렴하며, 비중이 사마륨 코발트 자석보다 10% 이상 낮고, 실질 에너지 밀도가 높은 자석이다. 페라이트나 사마륨계 자석보다는 기계적 강도와 가공성이 우수하며, 깨짐 및 균열이 적고 취급이 용이하다. 철을 함유하고 있기 때문에 내식성이 나쁘므로 부식되기 쉬어 내식성 향상을 위하여 다양한

표면 처리가 필요하다.

자석을 잃게 되는 온도가 80~200℃로 다른 자석재료의 700~800℃에 비해 낮아 사용온도에 주의가 필요하므로 사전에 작업 온도를 확인하여야 하며, 고온일 경우 내열성 자석을 사용해야 한다. [표 9-5]는 네오디움자석의 물리적 특성을 나타낸 것이다.

[표 9-5] 네오디움자석의 물리적 특성

구 분	단위	내용
퀴리온도(Cuie Temperature)	℃	310~370
최대사용온도 (Maximum Operating Temperature)	℃	80~200
경도(Hardness)	Hv	560~580
밀도(Density)	g/㎤	7.4~7.6
잔류자속밀도의 온도특성 (Temperature Coefficient of Br)	%/℃	-0.12~-0.10
(Temperature Coefficient of Hc)	%/℃	-0.6

2) 사마륨-코발트 자석

강자성체인 사마륨-코발트 자석은 1967년에 개발된 최초의 희토류 자석이다. [표 9-6]과 같이 Sm-Co계는 금속간화합물(SmCo)로 인해 높은 자기적 특성과 퀴리 온도(750℃)가 높다. 사마륨 자석은 금속간화합물, $SmCo_5$와 $Sm_2(Co,Cu)_{17}$로 구분된다. 자기이방성이 뛰어난 고보자력의 1-5계 사마륨-코발트 자석과 자기 에너지가 높은 2-17계 사마륨-코발트 자석이 있다.

네오디움 자석보다 상대적으로 온도계수가 높아 온도에 대한 안정성이 커서 최대 사용온도가 350℃ 정도이다. 사마륨-코발트 자석은 착자가 용이하고 대기 중 내산화성이 강하여 소결자석의 표면처리가 필요 없다. 주성분이 되는 Co는 희토류 광물 중 0.5~3%정도로 매장량이 적기 때문에 원재료의 수급이 곤란하여 고가이며, 가공성이 떨어져 복잡한 형상으로 제작하기에는 어려움이 있으며 다른 소결자석보다 취성이 약하여 취급상 부서지기 쉽다.

[표 9-6] 사마륨-코발트 자석의 물리적 특성

구 분	단위	내용
퀴리온도(Cuie Temperature)	℃	740~820
최대사용온도 (Maximum Operating Temperature)	℃	250~350
저항(Resistivity)	$\mu\Omega$·cm	50~90
경도(Hardness)	Hv	450~600
밀도(Density)	g/㎤	8.3~8.4
잔류자속밀도의 온도특성 (Temperature Coefficient of Br)	%/℃	-0.03~-0.04
(Temperature Coefficient of Hc)	%/℃	-0.19~-0.25

① $SmCo_5$형의 단상자석

$SmCo_5$형의 단상자석은 보자력이 높다. 그 이유는 입계에 있는 자석의 핵생성 또는 자벽의 고착에 의한 것인지 잘 알려져 있지 않지만 결정입내의 자벽이동은 비교적 용이하다. 높은 보자력을 얻기 위해서 합금을 1~10㎛의 미세한 입자로 분쇄한 분말을 자장성형을 통하여 강자계 중에서 입자의 자기 모멘트를 정렬하여 미세화하고 분말야금방법으로 소결하여 제조한다. $SmCo_5$형 자석의 최대 사용온도는 약 250℃ 정도이다.

② 석출경화 $Sm_2(Co,Cu)_{17}$형 합금

Co를 Cu로 치환한 자석으로 저온 열처리에 의하여 균일하고 약 15㎚ 가량의 제2상이 결정구조에 정합하는 형으로 미세하게 석출하며, 이 석출물이 자벽에 고착되어 자석의 경도가 증가한다. 석출경화형 자석의 최대 사용온도는 350℃ 정도로 $SmCo_5$형 단상자석보다 고온안전성이 크다.

[참고문헌]

1. 한병성, 구할본, 이현수, "최신 전기전자재료", 동일출판사, (1999)
2. http://blog.naver.com/paynoh/10134254874
3. 조현기, "신소재합금", 경북인쇄(주), (1997)
4. http://blog.naver.com/msnayana/80159861790
5. http://blog.naver.com/kjhookjhoo/80147832089

2 구조 · 고강도용 재료

구조용 복합재료
입자분산 강화금속
극저온용 구조재료
고강도 · 인성 재료

10 구조용 복합재료

복합재료는 무기계, 금속계, 고분자계로 분류되며, 이것들 중 2종 이상 조합하여 각 소재가 가지는 특성치를 합한 값 이상을 얻기 위해 설계된 재료를 말한다.
복합재료는 인공적인 것과 2종 이상의 다른 상이 상경계를 형성하고 있는 것으로써 금속재료와 무기재료, 고분자재료와 무기재료, 고분자재료와 금속재료 등의 형태로 결합시킨 것과 복합에 의하여 특성이 생기는 합금으로 분류된다.

현재까지 주로 사용된 복합재료는 GFRP(유리섬유 강화플라스틱)가 주종을 이루었으나 앞으로는 CFRP(탄소섬유 강화플라스틱), FRM(섬유 강화금속)의 이용이 확대되는 추세이다.

ACM(advanced composite materials)은 GFRP보다 성능을 향상시킨 것으로 탄소섬유, 보론 섬유, 아라마이드(aramid) 섬유, 위스커(whisker) 등을 강화섬유로 하고, 기지(matrix)를 무기계, 금속계, 고분자계의 것으로 사용한 신소재이다.

10.1 금속 강화섬유

강화섬유는 강화재로서 소재의 비강도, 비탄성률, 내열성을 좋게 하며. 이를 위해서는 밀도가 작고 융점이 높은 물질이 요구된다. 강화재는 기하학적 형상에 따라 장섬유, 단섬유, 휘스커 및 미립자(particle) 등이 있으며, 현재 사용되고 있는 강화용 섬유는 다음과 같다.

10.1.1 유리섬유(glass fiber)

유리섬유는 용도에 따라 장섬유와 단섬유, 글라스울로 구별된다. 장섬유의 생산에는 로드식, 포트식으로 만들어 지며, 단섬유는 원심법, 분무법으로 만들어 진다. 로드식은 거품이 없는 섬세한 유리막대(지름 : 5~6㎜, 길이 : 1m)를 불꽃으로 막대 끝을 용융하고 회전드럼으로 늘려가면서 감는 방법이며, 포트식은 백금포트 속에서 액체 유리를 포트의 바닥에 뚫은 작은 구멍을 통해서 밀어내어 실가닥을 드럼에 감는 방법이다. 원심법은 용융 유리를 작은 구멍에서 방사판 위로 흘러 내리게 하여 원심력으로 불어 날리는 방법이며, 분무법은 용융하여 흘러내리는 유리실 가닥을 고압 공기 또는 증기로 날리는 방법이다.

유리섬유의 원료는 규사, 석회석, 붕사 등을 배합하여 사용되며 배합정도에 따라 그 특성이 달라진다. 배합조성에 따라 C-유리(C glass), E-유리(E glass), R-유리(R glass), S-유리(S glass) 등으로 분류한다.

유리섬유의 성질은 흡수성이 없고, 흡습성이 적다. 고온에 잘 견디며, 불에 타지 않으며, 강도, 특히 인장강도가 강하나 연신율과 내마모성이 적고, 부서지기 쉬우며 부러진다.

인장강도는 섬유의 지름이 가늘수록 강하며, 열전도율도 같은 비중의 것으로 비교하면 가늘수록 작아진다. 즉, 사용되는 섬유의 지름은 가늘수록 여러 가지 점에서 우수하다. 화학적 내구성이 있기 때문에 부식하지 않으며, 전기 절연성이 크다. 또한 매트로 만든 것은 단열 · 방음성이 좋다. 비중은 나일론의 2.2배, 무명의 1.7배이다.

[표 10-1]은 각종 유리섬유의 특성을 나타낸 것이다.

[표 10-1] 각종 유리섬유의 특성

성질 \ 종류	C-유리	E-유리	R-유리	S-유리	T-유리
지름(㎛)	-	10	10	10	10
밀도(g/㎤)	2.49	2.54	2.55	2.48	2.49
인장강도(GPa)	3.3	3.43	4.4	4.6	4.7
탄성계수(GPa)	69	73	86	86	84
연신율(%)	4.9	4.8	5.1	5.7	5.5
비열	0.212	0.197	0.18	0.176	0.175
열전도율(W/m·K)	-	1.04	1.05	1.05	1.05
열팽계수(10^{-6}/K)	7.2	5.0	4.0	5.6	2.8
연화점(K)	1,023	1,113	1,248	1,243	1,248

보온 · 흡음용으로는 5~20㎛의 것, 여과용으로는 40~150㎛의 것이 주로 사용된다.

10.1.2 탄소섬유(carbon fiber)

탄소섬유는 거의 탄소만으로 되어 있는 섬유라고 할 수 있다. 의료의 원료 등에서 친숙한 아크릴 수지나 석유, 석탄으로부터 취할 수 있는 피치 등의 유기물을 섬유화하고, 그 후, 특수한 열처리 공정을 거쳐 만들어지는 미세한 흑연 결정 구조를 가지는 섬유상태의 탄소물질이다.

탄소재료는 다양한 특성으로 인해 오래 전 부터 여러 분야에서 광범위하게 사용되어 왔다. 탄소섬유는 1878년 에디슨이 백열전구에 처음 사용한 것으로 알려져 있다. 그러나 초기의 탄소섬유는 강도 및 물리적 성질의 제약 때문에 그 용도 가치를 상실하였으며 큰 발전을 이루지 못하였다. 1950년대 들어 미 · 소양국의 우주개발 경쟁이 본격화되면서 내열성이 강한 재료가 요구되었고 강화재로서 유리섬유가 사용되었으나 만족할 수 없어 레이온섬유를 고온의 불활성 분위기 중에서 열처리하여 만든 레이온(rayon)계 탄소섬유를 사용하게 되었다.

1960년경 Union Carbide가 3,600℃의 고온 · 고압 탄소아크 중의 물리 증착법에 의해 인장탄성률 745Gpa, 인장강도 2,000Mpa의 고성능 흑연 휘스커를 개발하였다. 현재 공업 생산 되고 있는 탄소섬유는 원료별의 분류로서 PAN(Poly acrylonitrile)계, 피치(pitch)계 및 레이온(rayon)계가 있다. 생산량 및 사용량이 가장 큰 것은 PAN계 탄소섬유이다.

대부분의 탄소섬유의 제조는 다음과 같은 필연적인 단계를 필연적으로 거친다.

① 고온처리에서 섬유가 용융되는 것을 방지하기 위해 안정화 처리과정

② 탄소 이외의 나머지 원소들을 제거하기 위해 시행하는 탄화(carbonization) 열처리 과정

③ 2단계에서 얻은 탄소섬유의 물성을 개선하기 위해 흑연화(graphitization) 열처리과정(선택적)

탄소섬유는 단독으로 사용되는 것은 보기 드물고, 통상 수지 · 세라믹스 · 금속 등을 모재로 하는 복합재료의 강화 및 기능성부여 재료로서 이용된다. 그 뛰어난 기계적 성능(고비강도, 고비탄성률 등)과 탄소질인 것으로부터 얻을 수 있는 특징(저밀도, 저열 팽창률, 내열성, 화학적 안정성, 자기 윤활성 등)을 겸비하고 있어 다양한 용도에 폭넓게 사용되고 있다.

10.1.3 보론 섬유(boron fiber)

화학 증착법(chemical vapor deposition : CVD)에 의해 1959년에 처음으로 섬유형태로 제조되었다. BCl_3를 수소분위기에서 반응하여 얻어지며, 그 반응식은 다음 화학식에 따르고 있다.

$$2BCl_3 + 3H_2 \rightleftarrows 2B + 6HCl \quad \cdots ①$$

이 반응에 따라 보론이 섬유상으로 석출되는데, BCl_3에서 실제로 보론이 되는 양은 2% 정도이다.

보론 섬유는 지름 12.5㎛의 텅스텐 섬유에 수소와 3 염화붕소(BCl_3)의 혼합기체를 통과시켜 붕소를 증착시키나 섬유의 지름이 약 100~200㎛ 정도로 굵은 편이며, 비강도 및 탄성계수가 매우 높은 반면 가격이 매우 비싸다. 섬유의 지름이 굵고 용융된 알루미늄에 섬유가 침식되며 적층이 어렵기 때문에 많이 사용되지는 않는다.

금속복합재료를 제조할 때는 기계적 성질을 향상시키기 위하여 보론 섬유에 탄화규소나 보론 카바이드(B_4C)로 코팅하여 제조한다.

[표 10-2]는 보론 섬유의 특성을 나타낸 것이다.

[표 10-2] 보론 섬유의 특성

항목 / 섬유명	심선(芯線)	지름(㎛)	밀도(g/㎤)	인장강도(GPa)	탄성계수(GPa)
Boron	W	102, 142, 203	2.30~2.31	3.24~3.51	378~400
	C	102, 142, 203	2.29	3.10~3.17	345~365

10.1.4. 탄화규소 섬유(slicon carbide fiber)

탄화규소(SiC)섬유는 1,000℃ 이상의 고온에서 고강도, 고탄성률을 갖는 섬유로서 제조방법은 현재 두 종류가 있다.

가. 화학기상 석출법(化學氣相 析出法)

텅스텐 또는 탄소섬유를 심선(芯線)으로 하여 유기 규소 화합물(에틸트리크로시)을 고온도에서 기상 분해함으로써 심선 상에 SiC를 석출시켜 만든다. 탄소 섬유를 심선으로 사용하여 제조된 SiC 섬유의 지름은 142㎛정도로 굵고, 밀도는 3.44g/㎤, 인장강도 3.5GPa, 탄성률 360GPa 정도이다.

나. 전구체법(前驅體法)

실리콘 카바이드 섬유는 원료인 다이알킬다이클로로 실레인(dialkyldichloro -silane)에 나트륨을 작용시켜 염소를 제거하여 폴리 실레인을 만든 후 폴리 실레인을 400~500℃로 가열하면 고리열림중합(開環重合)에 의해서 유기규소화합물이 된다. 이것을 용융 방사(紡絲)하여 한 후, 공기 중 100~200℃ 사이에서 가열하여 불융화(不融化)를 한 다음, N_2가스, Ar가스 혹은 진공 중에서 1,000℃ 근처에서 소성하면 메틸기(基)가 떨어져서 지름 10㎛, 밀도 2.55g/㎤, 탄성률 180GPa의 무기(無機)의 탄화규소 섬유가 생긴다. 이 섬유의 인장강도는 피아노선(2.4GPa)을 능가하며, 내열성, 내약품성, 내산화성이 우수하다.

금속복합재료를 제조할 때 보론 섬유는 용융된 금속에 침식되지만 탄화규소 섬유는 침식이 전혀 없기 때문에 보론 섬유를 대체할 수 있는 장점과 보론 섬유에 비하여 가격이 저렴함으로 많이 사용된다.

[표 10-3]은 탄화규소 섬유의 특성을 나타낸 것이다.

[표 10-3] 탄화규소 섬유의 특성

항목 / 섬유명	심선(芯線)	지름(㎛)	밀도(g/㎤)	인장강도(GPa)	탄성계수(GPa)
SiC(CVD)	W	107, 142	3.46	2.76~4.46	422~448
	C	107, 142	3.44	2.41	351~365

10.1.5 알루미나 섬유(alumina fiber)

알루미나(Al_2O_3)를 주원료로 하는 알루미나 섬유는 탄소섬유보다 밀도가 높지만 내열성이 뛰어나 공기 중에서 1,300℃로 가열해도 취성을 갖지 않고, 표면처리를 하지 않아도 FRP(Fiber Reinforced Plastics)나 FRM(Fiber Reinforced Metallics)으로 할 수 있고, 금속과 수지와의 친화력이 좋으며, 전기 광학적 특성은 유리섬유와 같이 무색투명하고 부도체이며, 구부림에 대한 저항이 강하여 잘 부러지지 않는 특성을 가지고 있다. 또한 탄성률이 높고(유리 섬유의 3배 이상) 공기 중 1000℃ 이상에서 사용해도 강도가 저하되지 않는다.

알루미나 섬유는 현재 세 종류로 구분된다.

제1종은 지름 3㎛, 길이 수 십 ㎜의 단섬유가 면상(綿狀)으로 얽힌 것으로써 0.1㎛ 크기의 α-알루미나와 중간 알루미나 결정의 응집체이고, 밀도는 약 3.4g/㎤로 별로 강하지 않지만 연속 섬유보다는 훨씬 값이 싸다.

제2종은 지름 20㎛의 연속 섬유이고, 0.5㎛ 크기의 α-알루미나의 결정이 소결된 것으로, 따라서 딱딱하고 탄성률이 380GPa로 높아서 무겁지만(밀도 4.0g/㎤), 인장강도는 140MPa로 무르다.

제3종도 연속 섬유이지만, 0.01㎛ 크기의 중간 알루미나 응집체로, 밀도는 3.2g/㎤, 인장강도는 180MPa, 탄성률은 210GPa 정도이고, 직포(織布)로도 가공할 수 있다.

10.2 고강도 복합재료의 종류

10.2.1 FRM(Fiber Reinforced Metal), MMC(Metal Matrix Composite)

섬유강화 금속복합재료는 보강섬유로서 주로 고온용 세라믹 섬유인 탄화규소 섬유, 알루미나 섬유, 보론 섬유를 사용하여 만든 고강도 재료로서 일반적으로 미국에서는 MMC (Metal Matrix Composite)라 부르지만 유럽이나 일본에서는 FRM이라고 부른다.

금속복합재료(MMC : metal matrix composite)는 금속기지(metal matrix)에, 분말(particle), 휘스커(whisker), 장섬유(long fiber) 및 단섬유(short fiber) 등의 형태를 갖는 보강재(reinforcement)를 포함시켜 비강도를 크게 만든 재료로써 상온 및 고온에서 우수한 기계적 성질을 가지고, 높은 내마멸성과 내열성 및 피로저항성 등을 갖도록 한 신소재이다.

1960년대에 처음으로 FRM으로 개발한 붕소섬유 강화알루미늄이 개발되었고, 1970년대 초에는 탄화규소(SiC) 섬유나 알루미나(Al_2O_3)섬유가 개발되어 FRM의 연구가 활발했고, 1980년대에는 실제의 항공기를 상정한 제조기술이 연구되어 일부에서는 항공기에 장착하여 시험적으로 적용하기도 했다.

금속은 다재다능한 산업재료로 쓰이고 있으나 합금에 의한 강도의 증가는 소성변형을 수반해야 얻을 수 있고 충분한 가공경화가 일어나지 않으면 준안정상태의 재료가 생기게 된다.

준안정상태의 합금에서 피로강도 문제는 매우 심각하며, 이는 반복변형과정(cyclic deformation process)에서 내부구조를 변화시키는 점결함이 크게 증가하기 때문으로 알려져 있다.

또한 금속재료의 단점 중의 하나는 비중이 크다는 것이다. 특히 낮은 무게비가 요구되는 항공, 조선 분야에서는 이점에서의 개선이 중요하며 이런 점에서 FRM은 종래 합금재료의 단점을 보완할 수 있는 재료분야로 각광받을 수 있게 되었다.

가. 구분

1) 저융점계 섬유강화금속

사용온도 377~527℃, 비강성, 비강도가 큰 것을 목적으로 Al, Mg, Ti 등의 경금속을 기지(matrix)로 한 것이다.

2) 고융점계 섬유강화금속

927℃ 이상의 고온에서 강도나 크리프(creep) 특성을 개선하기 위해 Fe, Ni 합금을 기지(matrix)로 한 것이다.

나. 강화섬유의 성질

각종 강화섬유의 특성은 [표 10-4]와 같다.

[표 10-4] 각종 강화섬유의 특성

섬유	인장강도 (kg/㎟)	탄성률 (10^3Kgf/㎟)	밀도 (gf/㎤)	지름 (㎛)	제조사
보론	400	48	2.55	100	AVCO
SiC compo	350	43	3.30	140	
C(Pan)	290~330	24~27	1.70~1.77	7~9	
C(피치)	210	39	2.02	5~10	
알루미나	260	25	3.20	9	

다. 금속기 복합재료의 종류

1) 섬유강화 알루미나 복합재료

알루미나 섬유강화 복합재료(Al_2O_3/금속)는 알루미나에 탄소섬유, 보론 섬유, SiC 위스커, 알루미나섬유 등을 강화섬유로써 복합시킨 섬유강화 알루미늄 복합재료는 실온뿐만 아니라 고온에서도 비강도, 비탄성율을 향상시킬 수 있으며, 그 외에 내충격성, 내마모성, 내식성 등도 개선할 수 있다. Al_2O_3/금속은 500℃까지 거의 실온 강도를 유지한다. 그 이유는 알루미나 섬유가 기지금속과 반응하여도 섬유의 손상이 거의 없기 때문이다.

섬유사용상 노치 민감성, 강도의 길이 의존성을 가지기 때문에 연속섬유로 사용하는 경우에는 주의가 필요하다. 또 알루미늄의 젖음성, 반응성 등의 검토와 사용할 때의 가동성(핸드링의 용이성) 등도 고려해야 한다. 주요 제조공정을 [그림 10-1]에 나타내었다.

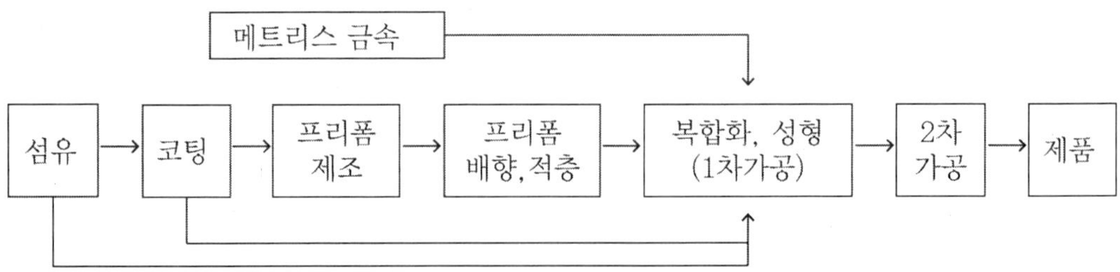

[그림 10-1] 섬유강화 알루미늄 복합재료의 제조공정 흐름도

2) 보론 섬유강화금속 복합재료

보론 섬유는 기본적으로는 수소분위기에서 가열한 텅스텐 섬유와 카본 섬유 표면에 보론을 부착하는 형태였으나 현재는 탄소섬유를 심(芯)으로 하고 그 표면에 보론을 CVD법으로 부착시키는 방법으로 제조되며, 금속 매트릭스와는 반응하기 쉽기 때문에 표면처리가 되어있다. 보론 섬유강화금속 복합재료(B/금속)를 제조할 때에는 Al를 기지금속으로 사용하여 제조하고 있다.

3) 탄소 섬유강화금속 복합재료

탄소섬유는 다른 보강섬유에 비하여 고강도, 고탄성이면서 경량이고 가격도 저렴하기 때문에 금속강화섬유로서 널리 사용되고 있다. 그러나 기지금속과 반응이 쉽게 일어나고, 용융금속과의 젖음성이 나쁘기 때문에 복합화가 어려운 결점이 있다.

4) 탄화규소 섬유강화금속 복합재료

탄화규소(SiC)는 Al ,Cu 등의 기지금속과 화학적으로 크게 반응을 일으키지 않고 안정성을 보이기 때문에 금속 복합재료 보강섬유로서 효용가치가 높다. 탄화규소(SiC) 섬유는 일본제품으로 Nicalon이 있다.

섬유의 체적 함유율이 30% 이어도 초초 듀랄루민에 비하여 굽힘 강도는 1.8배, 인장강도는 1.3배이며, 구조재료로 사용할 경우에는 최소한 40%의 무게감소가 기대되며, 300℃까지는 실온에서의 강도를 유지한다. 알루미늄 합금 A6061에 비하여 피로수명이 100배 이상 향상된다. [표 10-5]는 A2024 합금 분말과 SiC 위스커를 혼합해서 P/M(분말야금법)법에 의해 복합재료를 만들었을 때의 기계적 성질을 나타낸 것이다.

[표 10-5] SiC 위스커-A2024 합금복합재의 기계적 성질

위스커(Vol%) / 성질	SiC 위스커 (vol%)		
	15	20	25
인장강도(N/㎟)	402431	451519	549637
영률(N/㎟)	89,000~96,000	96,000~118,000	118,000~147,000

라. FRM(Carbon Fiber Reinforced Metal)의 일례

Fiber Glass가 함유된 알루미늄 합금 또는 CFRM(Carbon Fiber Reinforced Metal)으로써 CFRM의 제조는 다음 두 가지 이유 때문에 CFRP(Carbon Fiber Reinforced Plastics)보다 어렵다.

첫째, 고온열처리 없이 완전한 밀도를 얻기 힘들다.

둘째, 탄소와 부착성이 있는 금속종류에 제한이 있으며 결합력이 낮다. 따라서 최근 이러한 문제를 개선하려는 공정개발이 많이 이루어지고 있다. 많은 실험결과들이 제조 공정 중에 탄소섬유(CF : Carbon Fiber)의 손상, 섬유와 특성시험에서 탄성율은 잘 나타나지만 인장강도가 떨어지는데 그 이유는 탄소섬유와 금속간의 부착성이 부족하기 때문이다.

보통 구리나 알루미늄은 융점 부근에서 탄소 섬유와 친화력이 없으나, 만일 알루미늄을 1,000℃ 이상 올리면 탄소와 접촉이 가능하고, 구리에 크롬을 미량 첨가하면 1,150℃ 이상에서 탄소섬유와 결합이 일어난다. 하지만 이러한 조건에서도 탄소섬유의 손상이 발생한다. Rollos Royce 연구팀은 고온 성형(hot pressing)으로 CF/Ni에 대한 실험을 실시하였는데 탄소섬유와 니켈의 낮은 부착성, 전기 도금된 니켈의 취성, 고온성형 탄소섬유의 변형 등으로 인해 강도는 이론치의 절반밖에 얻지 못했다고 했다. 더욱이 탄소섬유를 니켈과 코발트에 접촉시켜 고온에서 장시간 열처리 시키면 내부 확산이 일어나 심각한 강도 저하를 가져 오게 된다.

탄소섬유의 가장 큰 문제점은 탄소섬유와 금속간의 부착성을 향상시키는 것이다. 따라서 탄소섬유 표면에 금속과 원만한 결합이 이루어 질 수 있는 반응층을 형성시켜주기 위한 연구가 많이 수행되고 있는데 주로 연구되는 것은 탄화물이나 산화물 등의 확산층을 표면에 도금해주는 방법이 있다.

마. FRM 제조방법

금속기 복합재료의 제조는 고상법, 액상법, In situ 제조법 등이 있다.

1) 고상법

고상법은 보론 섬유와 알루미늄 호일을 고분자 결합제를 사용하여 적당히 적층함으로 원하는 섬유의 부피분율과 방향성을 준 다음 진공분위기 중에서 열과 압력을 가해 기지재의 유동이 발생되어 각층간의 상호 결합에 의해 성형하는 방법이다.

2) 액상법

액상법으로 가장 일반적인 방법은 용탕 단조법으로 성형용 금형에 용탕(강화상의 섬유를 분산한 상태)을 주입한 후 큰 압력을 가하여 성형시키는 방법으로 디젤엔진 피스톤을 만드는 예도 있다.

3) In Situ 제조법

In Situ 제조법은 공정합금을 제어하여 일방향으로 응고시킴으로서 기지 내에 한쌍이 박판 또는 섬유형태로 분포된 2상 조직을 만드는 방법이다. [표 10-6] 참조.

[표 10-6] In Situ 복합재료의 예

복합재료	카바이드(vol %)	aTE(℃)
Co-TaC	10	1,402
Co-NbC	12	1,365
Co-TiC	16	1,360
Ni-NbC	11	1,330
Ni-TiC	7.5	1,307
Ni-HfC	15~28	1,260

* aTE - 공정온도

4) 가압 주조법

고 · 액 공존상의 기지재료를 가압하여 보강섬유 다발사이에 충분히 함침 시키며, 보강섬유 표면의 불순물을 제거하여 기지재료와의 젖음각을 작게 하여 젖음성을 증가시키는 방법이다.

일반적으로 Al 기지재료에 단섬유 또는 장섬유로 보강하는 금속복합재료 제조에 많이 활용되고 있다.

5) 교반 주조법

반용융 상태의 기지재료를 교반하면서 단섬유 보강재를 주입하여 복합재료를 제조하는 방법이다. 실제적으로 기계적 성질이 양호하지 못하고 내부에 기포 및 불순물이 많이 내재하게 된다.

6) 용융 함침법

보강섬유와 기지금속간의 접합성이 비교적 양호할 때 사용하는 방법으로 진공상태에서 제조하는 것이 효과적이다.

Al이나 Mg과 같은 용융온도가 낮은 기지 금속의 금속복합재료를 제조하는데 적합한 방법이다.

7) 확산 접합법(diffusion bonding)

기지금속과 보강섬유를 적층시킨 후 기지금속의 용융점이하의 고온에서 가압함으로써 기지금속간의 확산접합에 의하여 금속 복합재료를 제조하는 방법이다.

8) 액상 융착법(liquid metal pressing method)

기존의 확산 접합법을 개량한 방법으로 단시간 내에 이루어지는 공정으로 기지금속을 보강섬유사이에 균일하게 분포시키기 위하여 Al 박판과 보강섬유의 적층두께 조절이 필요하다.

압축에 의한 보강섬유의 물리적 손상, 용융금속과의 반응으로 인한 보강섬유의 화학적 손상을 고려해야 한다.

10.2.2 FRS(Fiber Reinforced Superalloys)

FRM를 개선한 섬유강화 초합금으로 기존의 FRM보다 고온강도(특히 크리프 파단강도)가 높고, 피로 특성, 고온 내식성 우수하다. 예를 들면 FRS의 크리프 파단강도는 36vol% W-Hf-C/Fe-Cr-Al-Y재는 1,093℃에서 10h 동안 크리프 상태를 유지했을 때 크리프 파단강도는 2,354MPa 정도이다.

10.2.3 FRP(Fiber Reinforced Plastics)

가. FRP의 특성

FRP(섬유강화플라스틱)는 뛰어난 기계적 특성을 지니고 있으며 플라스틱의 내식성, 성형성을 겸비한 강화재로 구조용 재료 및 기능성재료로 사용되는 복합재료이다.

강화섬유 중 유리섬유(glass fiber)를 주 보강재로 보강한 유리섬유강화 플라스틱(GFRP : glass fiber reinforced plastic) 복합재료와 탄소섬유(carbon fiber)를 강화재로 하고 에폭시 수지를 기지재로 한 탄소섬유 강화플라스틱(CFRP : carbon fiber reinforced plastic) 복합재료 등이 있다.

FRP는 기지재인 플라스틱의 비중이 1.0~1.2이고, 강화재인 유리섬유의 비중이 2.5 정도이므로 GFRP의 비중이 2.0 정도이며, 탄소섬유의 비중은 더욱 가볍기 때문에 CFRP의 비중은 1.5 정도로 철강의 약 1/4로 경량화가 가능하고 인장강도는 철강의 1/3 수준까지 이르는 높은 비강도는 물론 내식성, 우수한 피로특성에 따라 기존의 알루미늄 합금을 대체하고 있다.

나. FRP 제조방법

1) Spray-up법

제품 생산용 몰드에 이형제를 도포한 후 겔 코트 수지를 도포해서 경화 된 후에 스프레이 머신으로 로빙과 수지를 불어서 경화시킨다.

2) Hand lay-up법

제품 생산용 몰드에 이형제를 도포한 후 겔 코트를 도포하고 경화 후 메트·크로스를 형에 적층한 후 수지를 도포해서 로라로 함침경화시킨다. 이 방법으로 선박, 탱크, 정화조, 하우징 등을 제조할 수 있다.

3) SMC(sheet molding compound)법

대량생산에 많이 사용되는 성형방법으로 압축성형법을 들 수 있는데, 이것은 복합재료 원재료를 가공하여 중간형태의 재료를 만든 후 금형에 넣고 압력과 열을 가하여 성형하는 방법이다. 그 중간 재료의 형태에 따라 SMC 또는 BMC(bulk molding compound) 성형법으로 구분된다.

SMC는 보강섬유에 페이스트를 함침시켜 유연성이 있는 박판형태로 중간재를 만들어 금형에 넣고 프레스로 약 4~18MPa로 가압하여 제품을 생산한다. 고압으로프레스를 하기 때문에 금형이 비싸지만 성형시간 1~4분으로 대량생산에 적합한 공법이다.

BMC는 SMC와 유사하나 중간재의 형태가 덩어리(bulk)로 되어 있어 복잡한 3차원 형상의 성형에 적합하다. 연속 보강섬유를 사용할 수 없어 강도가 떨어지는 단점이 있다.

4) RTM(resin transfer molding)법

단섬유, 장섬유 보강 복합재료 성형이 가능한 제조방법으로 원하는 형상의 금형 안을 진공으로 유지하면서 열과 압력을 가해 성형한다. 비교적 높은 보강섬유 함유율(50%wt까지)과 빠른 제조시간(10분 이하)의 장점이 있다. 또한 다른 공정에 비하여 상대적으로 낮은 가압력과 진공에 의하여 성형되므로 양질의 제품생산이 가능하다.

5) 기타 성형법

위의 성형법외에 오토클레이브 성형법, 인발성형법, 필라멘트 와인딩법, 회전성형법 등이 있다.

다. FRP의 이용

경량구조용으로 항공, 우주분야의 구조품, 농축 우라늄 원심분리기의 회전통, 선박구조 부분 등에 사용되며, 자동차의 엔진 주변부, 터보엔진 등의 내열재료로 사용된다.

내마모성이 요구되는 기기 부품재나 방음, 제진이 요구되는 기기 부품재나 내환경성 부자재, 전기전도성 제어재료, 의료용품재 등에 이용된다.

10.2.4 최근의 강화 섬유

최근에 개발된 W-Hf-C, W-Re-Hf-C 섬유는 최대 인장 강도가 2,079MPa 정도로 개발된 섬유이다.

강화 섬유로 사용할 때 모재금속과의 상호확산, 용해, 반응을 억제하기 위하여 섬유에 피복처리하는 것으로써 피복제는 산화물, 탄화물, 질화물 등이 사용된다.

섬유피복방법은 CVD(화학증착)법, 이온플레이팅(ionplating)법, 활성화반응 증착법 등이 있다.

[참고문헌]

1. 이윤경역, "용접, 접합공학 편람(Welding coalescence engineering of dictionary)" - 일본용접학회 편 : 과학기술, (2005)
2. 전의진, 이우일, 윤광준, 김태욱, "최신 복합재료"(주)교학사, (1995)
3. 김암수, "최신기계재료학", 도서출판 남영문화, (2012)
4. 김암수, "금속기계재료", 한국산업인력공단, (2004)

11 입자분산 강화 금속

(PSM : particle dispersed strengthened metals)

11.1 개요

금속재료의 강화기구(mechanism)는 고용체강화(solid solution strengthening), 석출강화(precipitation strengthening), 분산강화(dispersion strengthening), 입자미세화강화(grain size strengthening), 가공경화(work hardening) 등이 있다.

입자분산에 의한 합금의 강화는 금속 중에 고온에서 안정한 제2상(산화물)을 조합시켜 복합 강화하는 방법으로써 미세한 입자 수% 정도를 분산시키는 분산강화법이다. 즉 기지(금속)에 고용도가 거의 없는 작은 입자를 인공적으로 분산시켰기 때문에 고온에서도 안정성이 있고, 분산입자가 기지의 변태를 방해하고 용융온도까지 재결정 및 전위의 이동을 방해하기 때문에 모체의 변형을 방해함으로 변형저항을 높게 하여 고온에서의 탄성률, 강도 및 크리프 특성을 개선시킨 재료이며, 입자분산 강화합금의 기계적 특성은 분산입자의 형상, 크기, 분산량 및 분산상태 등에 따라 크게 달라진다. 또한, 유사한 제조법으로 만들어진 세라믹보다 연성이 있어 제조상 유리하다고 판단된다.

입자분산 강화합금은 여러 가지 합금계가 연구되었지만 현재 실용화된 것은 Al 중에 Al_2O_3 입자를 분산시킨 SAP, Ni 중에 ThO_2 입자를 분산시킨 TD Nickel 및 Cu 중에 BeO 입자를 분산시킨 FID 등이 있다.

11.2 입자분산 강화재료의 성질

11.2.1 조직

입자분산 강화재료의 구조적인 특징으로 대부분 15~30㎛의 산화물 입자가 균일하게 분산되어 있으며, 강화재료 입자의 분산거리는 대부분 10㎛이다. 가공에 의해 결정립이 수㎛로 길게 연신되고 aspect비(길이 : 폭)는 5~10 이상으로 된다. 가공 열처리에 의해 재결정하며, 집합조직(crystal structure)이 발달한다.

11.2.2 항복응력

분산입자는 소성변형 시 슬립면에서 전위의 장해물로 작용하여 변형저항을 일으키며 모상의 결정입자가 미세할수록 항복응력이 증가한다. 복합재료 중 집합조직은 항복강도를 강화하기보다는 약화시키는 것으로 알려지고 있다. 고온에서 단시간 내에서 장애물간 거리는 변하지 않으므로 항복응력의 온도 의존성은 작다.

11.3 입자분산 강화에 미치는 요인

11.3.1 분산입자의 분포 영향

분산입자의 체적비(Vp), 입자의 직경(d) 및 입자간 평균자유거리(λ) 등은 분산강화에 미치는 영향이 크다.

λ(입자간 평균자유거리)는 다음과 같은 관계식①이 성립한다.

$$\lambda = \frac{2d}{3\,Vp} \cdot (1 - Vp) \qquad \cdots ①$$

또는 입자간거리(Dp)를 사용할 때 다음과 같은 관계식②가 성립한다.

$$Dp = \sqrt{\frac{2d^2}{3\,Vp}} \cdot (1 - Vp) \qquad \cdots ②$$

입자분산 강화합금의 항복강도는 입자간격의 역수(1/λ)에 비례하여 직선적으로 증가하며, 크리프 강도는 λ가 작을수록 크다.

미립자의 체적비가 증가하면 인장강도, 항복강도는 어느 정도까지 증대하지만 연신율이 감소하며 인성, 가공성 및 소결성이 약화되어 강도를 저하시키는 요인이 되며, 열 및 전기전도도가 감소한다.

11.3.2 분산입자의 열적안정성

입자분산 강화합금이 장시간 동안 고온강도를 유지하기 위해서는 열적으로 안정해야 한다. 열적안정성은 복합재 중 분산입자(산화물)의 고온에서 성장과 조대화와 연관하여 분산입자의 기지내 용해도, 성분원소의 확산속도 및 반응성 등을 고려해야 한다.

생성에너지가 높은 산화물일수록 성장속도가 작고 열적으로 안정적이다. Cu 기지 중에 Al_2O_3와 SiO_2로 분산강화 시킨 합금을 열처리한 후 경도를 비교한 결과, 체적비가 증가할수록 열적안정성이 높아졌으며, SiO_2보다 Al_2O_3가 생성 자유에너지가 높고 열적으로 안정적이다.

11.3.3 가공영향 및 재결정

강화 메카니즘 중 가공경화 방법으로 입자분산 강화합금의 기계적 성질을 개선시킬 수 있다. 고온에서 회복 및 재결정이 가공경화 된 분산입자로 인하여 방해되기 때문이다. 일례로, 순 Ni은 600℃에서 재결정으로 연화되지만, TD Nickel은 가공경화재로 만들었을 때, 1,200℃까지도 기계적 성질을 유지한다.

입자분산 강화합금을 압연, 압출 등의 가공을 한 경우, 그 조직은 결정립뿐만 아니라 분산입자가 섬유화(집합조직)하고, 섬유에 의하여 강화된다. 분산입자의 체적비가 적을수록 섬유강화 효과가 없으며, 분산입자의 체적비가 클수록 섬유강화 효과가 나타난다.

11.3.4 계면의 결합도 영향

입자분산 강화합금의 강도는 분산입자와 모상사이의 계면 결합도에 따라 입자분산 강화합금의 강도에 영향을 미친다. 예를 들면 TD Nickel의 항복강도는 인장보다 압축의 경우가 약 30% 크고, Al_2O_3를 분산시킨 Ni합금에서는 약 50% 이상의 차이가 있다. 이와 같이 인장강도와 압축강도에 차이가 생기는 것을 SD효과라 한다.

분산입자와 모상 사이에 계면 결합 강도가 약한 경우, 분산입자와 모상의 계면이 박리되어 간격이 생기고 전위의 소멸을 허용하게 되며, 전위의 이동에 필요한 응력을 저하시킨다. 모상과 입자의 박리는 압축의 경우 그다지 문제가 되지 않지만 인장의 경우는 공극이 성장하여 재료의 강도를 저하시킨다.

11.4 PSM 제조방법

11.4.1 기계적 혼합법(MA)

금속분말과 산화물을 기계적으로 혼합한 후 압연 또는 압출하여 제조하는 분말야금과 유사한 방법으로 제조한다.

이 공정은 1960년대 말의 미국의 Inco사 가스터빈용 Ni기 초내열합금의 산화물 분산강화효과를 얻기 위해 최초로 적용되었으며, 근래에는 Ni기 초내열합금뿐만 아니라 Fe계, Al계, Ti계 등의 다양한 합금계의 분산강화형 합금개발에 매우 유용한 제조공정으로 알려져 있다.

수㎛ 이하의 금속분말(예 Ni)과 산화물(ThO_2)등의 분산입자를 볼밀 믹서나 고속혼합기로 혼합한 혼합분말을 핫 프레스(hot press)하여 소결 한 소재를 압출 또는 압연으로 성형을 한다.

PSM에 사용되는 분산 강화재는 다음과 같다. γ강화하는 성분으로 Al, Ti, Ta 등이 있으며, 고온강화 성분에는 W, MO 등이 첨가되며, 내황 성분은 Cr, Ti, Ta 등이 있다. 소재를 강화시키는 역할을 하는 것은 Y_2O_3 입자가 사용되고 있다.

이 방법은 합금조성의 제약이 적고, 제조기술이 간단하므로 MA 754, MA 956E, MA 6000E 등이 개발되었으며 화학성분은 [표 11-1]와 같다.

[표 11-1] 각종 PSM의 화학성분(wt%)

합금명	Cr	Y_2O_3	Al	Ti	C	Fe	Ta	Mo	W	Ni	Zr	B
MA 754	20	0.6	0.3	0.5	0.05	-	-	-	-	bal	-	-
MA 956E	20	0.5	4.5	0.5	-	bal	-	-	-	-	-	-
MA 6000E	15	1.1	4.5	2.5	-	-	2.0	2.0	4.0	bal	0.1	0.01

이 방법의 장점은 미세한 분산물을 균일하게 분포시킬 수 있으므로, 소량의 분산물로 최대의 효과를 얻을 수 있고, 결정립의 미세화효과를 얻을 수 있다. 또한 강구와의 충돌에 의한 심한 변형으로 충분한 가공경화 효과를 얻을 수 있고, 액상 또는 고상에서 상분리가 일어나는 경우와 높은 용융온도 또는 큰 반응성으로 인해 기존의 기술로는 생산할 수 없는 경우에 적용할 수

있다. 여러 가지 합금계와 임의의 조직을 갖는 재료를 만들 수 있다는 장점이 있지만 금속끼리 응집하거나 혼련상의 문제로 균일한 조직을 만들기 힘들 수 있다.

11.4.2 표면 산화법

금속분말의 표면을 자체 산화물로 피복시키고 이것을 소결 열간 압출법으로 성형하여 피복된 산화물을 분산입자로 하는 방법이다. 이 방법을 이용하여 SAP(소결 알루미늄 분말합금)가 제조되어 실용화 되고 있다.

SAP의 주공정은 용융 Al을 분무하여 100~500㎛의 Al 금속분말을 만든다. 이 Al 분말은 표면에 약 100Å 정도의 산화막(Al_2O_3)으로 덮혀 있으며, 산화막을 볼밀로 분쇄하거나 또는 화학적 방법으로 수㎛ 이하의 미세 분말로 부피를 감소시켜 제조하면 산화물의 체적비를 증대시킬 수 있다.

이와 같이 하여 얻어진 수㎛ 이하의 금속분말과 분산입자(산화물)를 볼밀 믹서나 고속혼합기로 혼합한 혼합분말을 핫 프레스(hot press)하여 소결 한 소재를 압출 또는 압연하여 반제품으로 성형을 한다.

이 방법은 비교적 간단한 분산합금 제조방법이므로 다른 금속에서도 응용되고 있으나 다양하게 실용되지는 못하고 있다.

11.4.3 공침법(共沈法)

화학적 성질이 서로 비슷한 두 물질이 공존하는 용액에서 어느 한쪽의 물질이 침전할 때, 다른 물질도 함께 침전하는 현상을 공침이라 하며, 소결법과 하소법으로 나눌 수 있다. 공침법의 일밥적인 공정은 다음과 같다.

공침-소결법은 금속염 용해 → 혼합 → 공침 → 건조 → 반응물 혼합 → 소결하여 제조한다. 공침-하소법은 금속염 용해 → 혼합 → 공침 → 하소하여 제조한다.

TD Nickel은 다음과 같이 제조된다. PH7.5로 유지되는 용기에 질산 Nickel 및 탄산암모늄의 수용액과 산화토륨용액을 동시에 일정속도로 가하고 심하게 교반한 후에 공침시킨 후 여과, 세정하여 질산암모늄을 제거하고 가열 건조한 후, 수증기 중에서 천천히 환원하여 얻어진 분말을 압출 및 소결하여 제조한다. TD Nickel에 질산크롬을 넣어서 개량한 것이 TD-NiCr이다. 공침법을 의하여 Cu-Al_2O_3, Cu-ThO_2 합금 등을 만들고 있다.

11.4.4 내부 산화법

고용체를 산화성 분위기 중에서 가열하고 용질원소를 우선적으로 산화시켜 산화물 입자를 미세하게 분포시키는 방법으로 용질원소는 모상원소보다 산화물을 만들기 쉬워야 한다.

산소의 확산속도보다 용질원소의 확산속도가 크기 때문에 고용체 내부까지 산화물을 확산시킬 수 없으므로 표면층에 산화스케일이 형성된다.

구리(모상금속)세선과 합금분말(Si, Al, Be 등)을 산화성 분위기에서 용질금속원자를 산화시켜 SiO_2, Al_2O_3, BeO 등을 분산시킨 후 압축 성형 및 소결하여 제조한다.

11.4.5 환원법

모상금속의 산화물과 분산상(용질금속원자의 산화물)을 잘 혼합해 놓고 모상으로 된 금속간 산화물을 선택적으로 환원한 후 압축 성형 및 소결하여 제조한다. 이들 산화물은 화학적 방법인 공침법과 기계적인 방법으로 혼합한다. 산화물은 취성이 크기 때문에 서로 응집할 염려가 없고, 폭발의 위험성도 없으므로 단순한 기계적 방법보다 미세한 것을 얻을 수 있다. 이 방법으로 $Ag\text{-}Al_2O_3$ 합금이 만들어 진다.

11.4.6 입자분산 주조합금(Particle-dispersed casting alloy)

금속 또는 합금 중에 비금속 입자가 분산한 복합재료는 내마모성, 감쇠능, 내열성 등이 뛰어나므로 분말 야금법으로 제조되고 있으나 이것을 주조법으로 만들면 형상, 치수에 제한이 없고, 비용도 절감이 가능하므로 연구가 진행되고 있다.

용탕 중에 입자를 분산시키는 방법으로서 인젝션법, 볼디스크법, 펠릿법, 분사분산법, 전자교반법, 가압주조법, 분무분산법 등이 있다.

분무 분산법은 용융금속을 사용하는 방법으로 금속간화합물을 만드는 합금원소를 첨가한 후 용융상태로부터 분무시켜 금속간화합물을 미세한 분말로 만들고 이것을 성형 가공하는 방법이다. 예로서 Al-Fe 합금에서 금속간화합물(Al_3Fe)을 미세하게 분산하여 강화시킨다.

11.5 실용 예

11.5.1 SAP(Al-Al_2O_3계, 소결 알루미늄 분말합금)

Al 복합재료(AMMC : Aluminum Based Metal Matrix Composites)는 Al 파쇄분말의 표면산화물, 즉 Al_2O_3를 미립자로 사용하여 이를 Al 결합재와 혼합하여 소결 후 압출법에 의해 분산시킨 것으로 Al_2O_3 분산량이 증가함에 따라 항복점이 점차 증가하고, 가공경화도 현저히 증가하며 연신율이 급격히 감소하는 성질이 있다.

인장강도는 10vol%Al_2O_3 이상에서 변형량에 따라 거의 직선적으로 증가하였으며, 항복점도 상당히 높으나 실용화되고 있는 것은 주로 10vol%Al_2O_3 전후의 것이 많으며, Al_2O_3 이외에 ThO_2 분말도 사용된다.

석출강화재료는 고온에서 불안정하나 입자분산 강화재료는 고온에서도 안정한 특성이 있다. SAP는 고온에서 장시간 가열하여도 강도저하가 거의 없고 고온 크리프 및 피로에 대한 내구성 등 열적안정성이 우수하여 열 싸이클에서도 크기에 대한 안정성이 높기 때문에 300~500℃의 온도 범위에서 실용화가 가능한 재료이다. 이 재료는 기존의 재료에 비하여 비탄성률, 비강도, 내열성 및 내마모성이 뛰어나 항공우주, 방위산업, 자동차 등의 경량구조재 및 기능재료로 각광을 받고 있다. 그러나 좋은 특성에도 불구하고 이들 복합재료의 가공성은 연약한 기지조직과 매우 경한 강화입자의 상반된 변형특성 때문에 사용상 많은 제약이 있다.

11.5.2 TD Nickel(Ni-ThO_2계, Thoria Dispersion Nickel)

TD Nickel은 Ni 중에 2vol%ThO_2 미립자를 혼합 분산시킨 합금으로서 내열합금의 한계온도인 1,100℃ 이상까지 높은 강도로 유지할 수 있으며, 저온에서 물리적 성질은 석출형 합금에 비하여 뒤떨어지나 고온에서 우수하며, 변형이 적고 열 싸이클에 대한 안정성이 높다.

분산강화 TD Nickel은 가공경화를 시켜서 기계적 성질을 개선할 수 있다. 또한 분산입자에 의해 회복, 재결정이 방해되기 때문에 고온까지 가공의 영향을 유지할 수 있다. TD Nickel을 가공재와 재결정재로 만든 후에 항복강도를 비교하면 가공재가 우수한 항복강도를 가지고 있다.

TD Nickel을 개선한 재료로서 20%Cr-Ni 합금에 ThO_2 미립자를 혼합 분산시킨 TD- Ni-Cr 합금 등이 있다.

11.5.3 MA(Mecanical Alloying)계 합금

MA법(기계적 합금화법)은 2종 이상의 분말을 강하게 혼합시켜 압착과 박리, 분쇄를 반복함으로써 합금을 만들어 내는 방법을 말한다. 즉, MA계 합금은 고에너지의 볼밀 등을 사용하여 원료의 금속분말 안에 Y_2O_3의 미립을 기계적으로 분산시켜 복합분말을 만들고, 이것을 압축소결하는 방법으로 합금을 만든다. 치밀한 재료를 만들기 위해서는 위 공정 외에 프레스, 압출가공을 하고 난 후 단조나 압연 등의 가공을 행한다. MA법의 특징은

① 복합재료가 용이하고 가능하다.
② 새로운 합금이 가능하다.
③ 조직이 미세하고 편석이 없는 재료가 가능하다.

MA계 합금은 MA 6000(Ni기 초합금–Y2O3계), MA 6000E, MA 754(20% Cr–Ni–Y2O3계), MA 956E 합금 등이 있다.

MA-6000합금은 종래형의 터빈 브레이드용 초합금(超合金)의 1050℃ 부근의 강도 부족을 해결한 재료로 주목되고 있다

MA 6000E 합금은 Ni기 초합금의 γ/γ `상경계(相境界)에 미세한 Y_2O_3가 분산되어 있는 합금이며, MA 754 합금은 20%Cr-Ni 합금에 Y_2O_3를 분산시킨 고융점(1399℃)합금으로 뛰어난 내식성 내산화성이 있어 가스 터빈 기관, 특히 항공기용 가스 터빈기관의 연소기의 라이너재, 노즐벤재로 사용되고 있다. MA 956E 합금은 20%Cr-Fe에 미세한 Y_2O_3가 분산되어 있는 합금이며 FID는 Cu 중에 BeO를 분산시킨 합금이다.

[참고문헌]

1. 조현기, "신소재합금", 경북인쇄(주), (1997)
2. 서영섭, 백승호, 이철영,"신소재공학", 기전연구사, (2001)
3. 김암수, "최신기계재료학", 도서출판 남영문화, (2012)
4. 김암수, "금속·기계재료", 한국산업인력공단, (2004)
5. 권혁천, 윤의박, "입자분산강화 알루미늄 복합재료의 거동에 관한 연구", 한국재료학회지 Vol.5, No 7 (1995)

12 극저온용 구조재료

12.1 개요

탄소강은 상온 이하의 저온에서는 충격치가 감소하는 현상이 있으며, 철강 재료의 경우에는 -70℃ 부근에서 충격치가 0되는 현상이 있으나 극저온용 구조재료는 극저온하에서도 충분한 구조강도를 갖는 재료로서 주요 극저온 재료는 Ni강, 오스테나이트계 스테인리스강, Al 합금 등이 있고, 이들 합금재료는 -269℃(He의 액화 온도)~-196℃(질소 액화 온도)의 극저온에서 사용가능한 재료이다. 즉, 액체 He 온도(4K) 근방에서 에너지 관련기기, 핵융합로용 초전도 자석, 자기부상열차의 구성부재 등으로 사용되는 재료를 말한다.

세계적으로 청정에너지의 수요 증대 및 액화천연가스의 생산원가의 하락에 힘입어 LNG 관련제품의 지속적인 물량증대가 예상되고 있으며, 이러한 이유로 전 세계적으로 조선해양 산업계에서는 LNG 관련제품의 주력제품화가 이루어지고 있다.

LNG 운반선의 대형화 및 극지항로 투입 등에 따라 안전에 대한 정밀평가는 향후 LNG 운반선 설계에 필수적으로 채용되어야 하는 현황이다. 일반적으로 LNG 운반선용 안전밸브 등은 상온에서 -162℃ 사이의 온도변화를 겪게 되므로 극저온 재료의 선택은 필수적이다.

12.2 극저온 구조재료의 요구되는 성질

[표 12-1]은 극저온 구조재의 기계적, 물리적 성질과 후보 재료의 예시이다.

[표 12-1] 대표적인 극저온 기기의 재료에 요구되는 특성과 후보재료의 예

특성		초전도 회전기		핵융합로용 초전도 자석		자기부상 열차	에너지 관련기기	
		회전자	자기차폐기	자석용기	받침재	초저온용기	초전도기기	수소포상자
기계적 특성	강도	◎	◎	◎	◎	○	○	◎
	연성	○	○	○		○	○	○
	인성	◎	◎	◎	◎	○	◎	◎
	비강도	○				◎		
	피로	◎	○	◎	◎	◎		
	용접성	◎		◎		◎	○	◎
물리적 특성	강성				○	○	○	
	자성	○		○	○	◎	◎	◎
	열전도도				○	○		
	열팽창성	○			○	○	○	
	전기저항		◎	○		○		
후보재료		스테인리스강	구리합금	스테인리스강	스테인리스강	스테인리스강	스테인리스강	스테인리스강
		티타늄합금	알루미늄합금	고망간강	고망간강	티타늄합금	고망간강	고망간강
		초합금		티타늄합금	초합금	알루미늄합금	초합금	알루미늄합금
				알루미늄합금	FRP	FRP		
적용 예		A286, 304L	Cu-Ni	304LN	316LN	304L	CF-8M	Kromac58
		Inconel 718		316LN	304LN	순티탄	304L	316L
		Ti-6Al-4V		2219	A286			
		Ti-5Al-2.5Sn						

12.2.1 기계적 성질

가. 인장 특성

구조재료의 특성을 평가하기 위한 기본적인 것으로서 높은 강도가 요구(저온일수록 강도는 높다.)된다. 즉, 극저온 및 상온에서 강도가 높아야 한다. 또한 강도뿐만 아니라 연성도 요구된다.

나. 파괴 특성

극저온 환경에서 사용되는 재료의 특성은 연성이 좋고 인성이 높다. 파괴특성은 샤프피 충격값(CVN) 또는 인성 값으로 표시된다. 내파괴성은 기기의 안전상 높아야 한다. 보통 금속재료의 인성 값은 강도에 반비례하고 연성에 비례하므로 저온에서는 저하한다. 그러므로 극저온 재료는 저온에서 높은 인성 값의 확보는 중요한 변수이다. ASTM E813은 극저온 환경에서 파괴인성 평가 방법으로 널리 사용되는 시험법이다.

다. 피로특성

S-N 곡선에서 구해지는 피로한계로 재료의 피로특성을 파악하며, 피로균열의 진전 속도, 균열 성장의 한계를 나타내는 균열 직전 하한 값을 나타낸다. 제품의 수명과 밀접한 관계가 있으며, 실험적으로 특수한 시험기기가 필요하며 피로특성 검사를 위한 긴 시간이 필요하다.

라. 가공성

소성가공, 절삭, 용접 또는 주조성 등의 특성이 필요하며, 단열 용기가 많아 용접을 많이 행한다. 용접을 행한 재료의 충격치가 문제 보완책이 필요하다.

12.2.2 물리적 성질

가. 전자기적 성질

초전도체의 안정화재료로서 전기저항이 작을 것(강도를 유지하면서), 특히 자장 중에서의 특성이 요구된다. 강자계 중에서 전자력의 영향을 적게 하기 위해 전기저항이 높은 것이 요구된다. 또한 강자계 중에서 전자력의 영향을 적게 할 필요로 강자성화를 피해 비자성체인 것도 요구된다.

나. 열적손실

비열, 열전도도, 열팽창 계수 등이 열적 성질에 영향을 미치며, 냉각효율 상 비열이 작은 것이 바람직하다.(발열에 대해 쉽게 온도가 상승한다.)

열전도도는 단열 극저온과 상온을 잇는 받침재 등에서 낮은 값이 요구되며, 초전도체의 안정화를 위해서는 열전달을 좋게 할 필요가 있다.(높은 것이 요구된다.)

열팽창은 열응력이 발생원이고 정밀기기 오차의 원인이 된다.(작은 것이 요구된다.)

다. 부식 특성

극저온 기기는 단열을 위해 진공 상태 부식이 없으며, 상온에서는 이슬 등이 발생하여 부식의 원인이 된다. 녹 발생은 외견상 문제와 도료의 사용이 제한된다.

12.3 고강도 재료의 종류

12.3.1 철계 재료(Ferrite 계)

극저온 재료는 [표 12-2]와 같이 금속재료와 비금속 재료로 구분되며 금속재료는 철계와 비철계 합금으로 분류된다. 철계는 페라이트계 Ni강과 SUS 304, SUS 316 등의 오스테나이트계 스테인리스강이 많이 사용되며, 비철계는 Ti, Al 합금과 FRM 등이 주로 사용된다.

[표 12-2] 극저온 재료의 분류

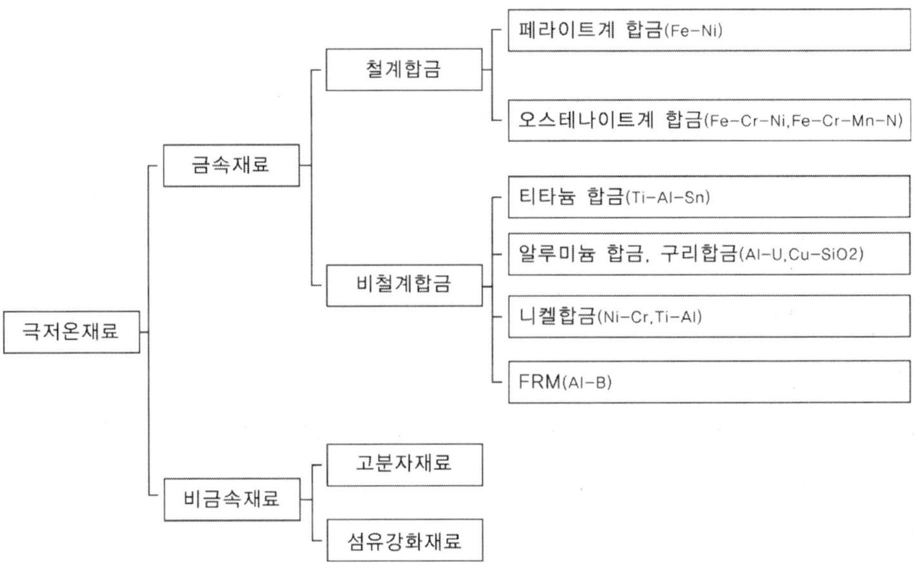

가. Ni강

Fe에 Ni을 13% 이상 함유하면 4K(-269℃)에서 저온취성이 나타나지 않는다. 즉 페라이트 조직을 한 고강도강으로서 저온에서도 강도가 증가한다.

Ni강은 페라이트상으로서 강자성체 자장과의 상호작용이 크며, 자장 자체에도 영향이 크다. 또한 기계가공성과 용접성도 양호하다.

Ni이 고가이므로 저가의 Mn으로 대체하여 소재를 개발하였지만 아직 Ni첨가와 동일한 효과를 얻지 못한다.

대표적인 극저온 페라이트강의 조성과 저온특성은 [표 12-3]과 [표 12-4]와 같다.

[표 12-3] 대표적인 극저온용 페라이트강의 조성

강의 종류	화학조성(%)								
	Ni	Mo	Ti	C	P	S	N	Al	Fe
12Ni강	13.1	-	0.26	0.001	0.003	0.004	0.014	-	나머지
13Ni강	13.4	3.17	0.21	0.003	0.004	0.005	0.0016	0.063	나머지

[표 12-4] 대표적인 극저온용 페라이트강의 저온특성

온도	특성 / 종류	내력 (MPa)	인장 응력 (MPa)	연신 (%)	단면 수축(%)	흡수 에너지 (J)	파괴 질김새 ($MPa{\cdot}m^{1/2}$)
77K	12Ni강	923	978	31	73	209	203
	13Ni강	913	1121	22	75	199	123
4K	12Ni강	1253	1426	23	72	75	81
	13Ni강	1223	1510	15	68	130	114

나. 오스테나이트계 스테인리스강

극저온용 구조재료는 초내식 및 고강도의 특성을 지닌 특수강으로 액체가스 용기, 배관, 밸브 등에 사용된다. 300계열의 오스테나이트계 스테인리스강은 극저온에서도 우수한 재료 물성치를 가지는 것으로 알려져 있어 저온용 용기의 구조재료로 널리 활용되고 있다. 이들 오스테나이트계 스테인리스강의 화학조성은 [표 12-5]와 같다.

[표 12-5] 스테인리스강의 화학조성

종류 \ 성분	C	Si	Mn	P	S	Ni	Cr	Mo
SUS 304	0.06	0.67	1.01	0.009	0.009	8.50	18.10	-
SUS 316	0.052	0.67	1.49	0.033	0.005	10.71	16.43	2.12

기계적 성질은 미량의 원소 차이와 제조 이력의 차이에 의해 재료간의 변동 폭이 저온에서 크다. 물리적 성질은 Fe, Ni, Co 등의 첨가량에 의해 결정되며, 온도에 따른 변화가 크지만 재료 간 변동은 적다.

최근에는 극심한 부식 환경에 견딜 수 있는 초내식 스테인리스강에 대한 수요가 날로 증가되면서 기존의 스테인리스강을 대체하는 이상(異相) 스테인리스강이 주목받고 있다. 오스테나이트계 스테인리스강은 조성과 가공방법에 따라 기계적 특성이 다르게 된다. 그 중 가장 큰 문제는 열시효 저항(thermal aging degradation)으로 모재와 용접금속이 고온에서 장시간 동안 가열되면 예민화 되어 구조물의 안전성에 큰 영향을 줄 수 있어 파괴인성에 대한 지식이 매우 중요하다.

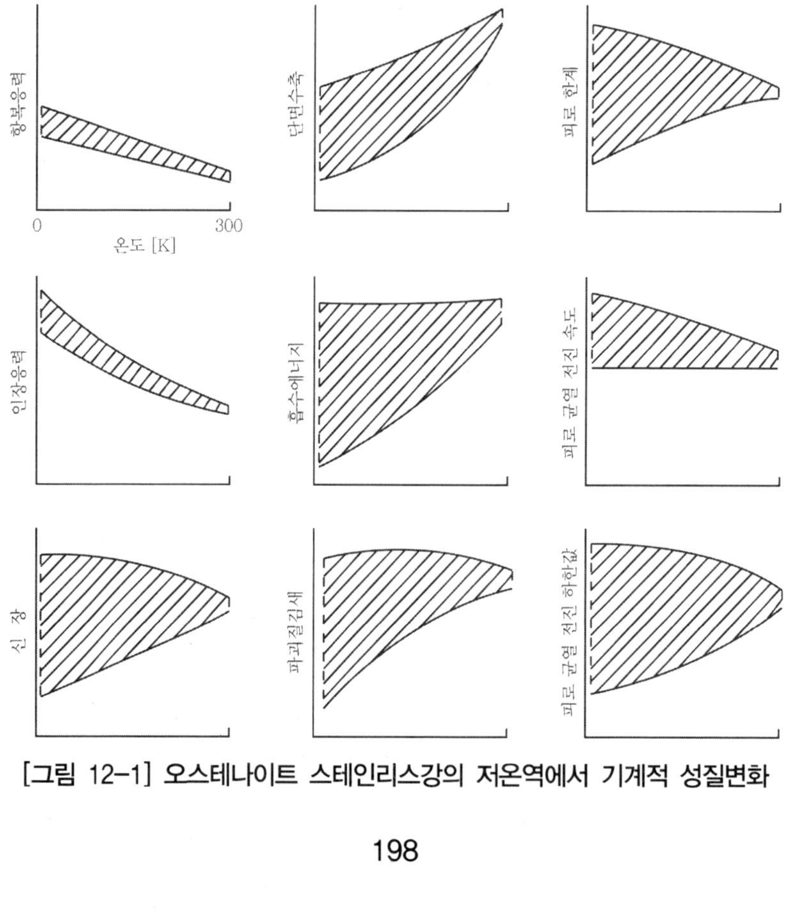

[그림 12-1] 오스테나이트 스테인리스강의 저온역에서 기계적 성질변화

화학적 조성에 의해 안정한 오스테나이트 조직의 오스테나이트계 스테인리스강은 극저온에서도 마르텐사이트로 변태가 발생하지 않기 때문에 안정한 것이다. 또한 파괴인성 증가 요소인 Ni이 14% 이상으로 많이 함유하기 때문이다.

이상 스테인리스강은 우수한 가공성과 인성을 가지는 오스테나이트상과 우수한 내식성과 강도를 제공하는 페라이트상이 50:50으로 구성되어 있으며, 강재의 강도는 기존의 오스테나이트강보다 2배 정도 높고 국부응력부식에 대한 저항성이 우수한 것으로 알려지고 있다.

[그림 12-1]은 오스테나이트 스테인리스강의 300k, 저온역에서 기계적 성질 변화를 나타낸 것이다.

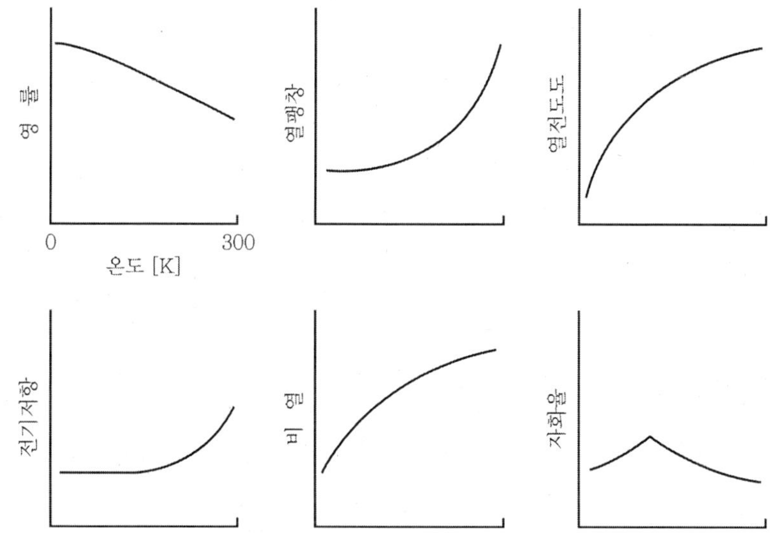

[그림 12-2] 오스테나이트 스테인리스강의 저온역에서 물리적 성질 변화

오스테나이트 스테인리스강 중에서 SUS 304와 SUS 316의 저온에서의 기계적 성질을 나타낸 것으로서 저온역에서 우수한 인장력을 나타내고 있다. [표 12-6] 참조.

[표 12-6] SUS 304와 SUS 316의 저온에서의 기계적 성질

종류	온도[K]	E(GPa)	σ Y(MPa)	σ T(MPa)
SUS 304	223	207.9	405.5	1363.6
	173	223.5	423.6	1362.8
	113	208.8	424.7	1398.2
SUS 316	223	213.5	399.6	851.2
	173	211.3	436.3	1044.6
	113	202.6	494.7	1329.7

극저온용 구조재료로 사용되는 오스테나이트 스테인리스강이 300K의 극저온역까지 온도가 떨어질 때의 물리적 성질의 변화를 나타낸 것이다. [그림 12-2] 참조.

다. 질소강화 Mn 강

극저온에서의 인성을 향상시키기 위해서 오스테나이트 스테인리스강에서는 강도를 향상시킬 목적으로 Mn량을 높이고 질소를 고용 강화한 Nitronic계 합금이 있다.

질소는 격자변형에 대해 탄소와 유사한 효과를 갖고 있음에도 불구하고, 특히 저온에서 고용강화 정도가 탄소보다 훨씬 큰 것으로 알려져 있다. 예를 들면 35~40%Mn-5Cr계 강에 있어서 매트릭스 마찰응력으로의 기여는 탄소에 비해 질소는 3.3배나 크다.

Mn를 첨가했을 때의 영향은 오스테나이트상의 마텐사이트변태에 따른 페라이트상의 출현을 억제하는 역할을 하며, 극저온에서 비자성화의 효과가 있다.

질소가 스테인리스강의 내식성을 향상시키는 유효한 원소임은 일반적으로 잘 알려져 있다. 즉, 스테인리스강의 주요 합금원소인 Ni을 다른 원소로 대체하려는 일련의 시도 속에서 질소의 첨가가 가장 유효한 방법 중 하나인 것으로 보고되었고 이에 따라 미량원소가 아닌 주요 합금원소로서 질소가 첨가된 새로운 스테인리스강의 개발이 활발히 이루어지고 있다. 또한 질소가 나타내는 특이한 거동에 의한 제반 기계적 특성(내열성, 강도, 인성)의 동반 향상, 비자성 특성 및 자원리사이클링에 있어서 환경부담 저감 등 고질소 스테인리스강은 기존 스테인리스강에 비해 여러 가지 장점을 구비하고 있다. 일반적으로 고질소 스테인리스강은 오스테나이트계의 경우 0.4wt.%, 마르텐사이트계의 경우 0.08wt.% 이상의 질소를 함유하는 강으로 정의되고 있다. 고질소 스테인리스강은 지금까지의 상용 스테인리스강과는 달리 Ni의 함량이 크게 제한되었고 질소 고용도를 증가시키는 주요 원소인 Cr과 Mn의 함량과 그 비율조절이 합금의 제반특성을 좌우하는 중요한 인자이다.

12.2.2 비철계 재료

가. 티탄 합금

Ti는 실온에서 조밀육방격자(HCP)의 α상으로 존재하나 가열하면 882℃에서 동소변태를 하여 체심입방격자(BCC)의 β형으로 변화한다. 합금원소의 첨가에 의해 크게 변화하여 실온에서 $\alpha+\beta$의 공존상이나 β단상이 나타나게 된다.

공업용으로 실제 사용되는 Ti 합금은 α, $\alpha+\beta$, β형으로 구분되며, 그들의 조직은 순수 Ti에 첨가되는 합금의 종류, 양과 함께 가공 및 열처리에 의해 결정된다. 극저온용 합금은 불순물

원소를 낮게 제한한 것의 예로서 0.1% 이하의 O_2를 포함하면 인성이 양호하다.

1) α 형 Ti 합금

α상 안정화원소(Al, O_2, N_2 등)를 첨가하여 고용강화된 것으로 고온까지 안정한 성질을 나타낸다. 고용 강화면에서 특히 Al의 효과가 현저하나 과다하게 첨가될 경우 Ti_3Al이나 TiAl이 형성되어 인성 열화의 경향을 나타낸다. 이것을 피하기 위해 Sn를 함가한 것으로 α단상의 Ti-5Al-2.5Sn계 합금이 있다. 고온강도, 고온 크리프 특성이 우수함과 동시에 저온에서도 연성 및 인성의 열화가 없어 극저온용 구조재료로서 우수한 재료이다.

2) α +β 형 Ti 합금

α상을 강화한 Ti-Al계 합금에 β상 안정화원소(V, Mo, Fe, Cr, Mn 등)를 첨가하고, β상에 대해서도 고용강화를 시킴과 동시에 열처리 효과를 준 합금으로 공업용의 대부분이 α+β형 Ti 합금을 사용하고 있다. 극저온용 Ti 합금 중 α+β 2상의 Ti-6Al-4V 합금이 대표적이다.

3) β 형 Ti 합금

α+β형에 비하여 가공성이 우수하고, 열처리에 의해 고강도를 얻을 수 있으며 내식성이 우수하다. 그러나 비중이 약 10% 정도 크고, 영률이 10% 정도 작다. 또한 체심입방격자의 조직으로 저온에서 연성 및 인성이 낮아 극저온 합금으로 부적합하다.

나. 알루미늄 합금

Al-Li계 합금은 밀도가 낮고 탄성률이 높은 경량 고강도 신금속 재료로 세계적으로 많은 관심의 대상이 되고 있으며, 저온에서의 강도, 연성 및 파괴인성이 상온보다 우수하다고 알려져 있다. 고강도용으로 사용되는 8090Al-Li 합금이 극저온용으로도 사용된다. 8090Al-Li 합금의 화학조성은 Al-1.9~2.6Li-2.4~3.0Cu-0.25Mg-0.08~0.15Zr이며, 인장강도 568MPa, 내력 529MPa, 연신율 8%, 탄성계수 78,600MPa이다. 8090Al 합금이 저온에서 기계적 성질이 우수하게 나타나는 원인은 Li첨가 시에 이와 더불어 미량의 저융점 원소인 Na, K, In 등의 불순물원소가 함유된다. 이와 같은 저융점 불순물은 상온에서는 불연속적인(discrete)액상으로 입계에 얇은 막으로 존재하게 되는데 반하여 저온에서는 고상이 되어 저온강도를 향상시키는 것이라고 설명하고 있다.

다. 니켈 합금(고강도 재료 참조)

Ni-Cr-Ti-Al계 합금은 저온에서 인성이 좋다.

라. FRM(섬유강화금속; Fiber Reinforced Metals)

비강성과 비강도가 큰 소재로 인성재료로도 사용된다.

12.3.3 비금속 고분자 극저온 재료

고분자기지 복합재료(PMC)는 강화섬유(reinforcing fiber)에 매트릭스(matrix)역할을 하는 미경화된 수지(resin)를 함침시켜 경화시킨 재료이다. 극저온에서 복합재료는 열전도도가 낮아 단열 특성이 탁월하고 전기절연성이 뛰어나 에너지 산업, 전기 및 전자산업, 생물공학, 의료분야, 수송산업, 우주 항공 산업 등 응용범위가 넓고 기반 기술적 성격이 있는 재료이다.

저장용기로 쓰이는 복합재료의 특성은 기존의 알루미늄 합금이나 스테인리스강과 달리 밀도면에서 경량이며, 알루미늄에 견주는 저밀도와 낮은 열팽창계수를 가지고 있다.

가. 불소중합체 수지

내열성이 향상되는 열경화성 불소중합체 수지를 사용한 극저온 재료는 -260~280℃범위의 극한 환경에서도 사용가능한 재료이다.

나. 극저온 탄소 복합재료

일본에서는 2003년에 로켓이나 인공위성 등에 사용되는 2차 구조물로 극저온 탄소 복합재료를 개발하였고, 오스트리아 항공우주연구소는 탄소 복합재료를 이용하여 액화수소와 메탄가스를 저장할 수 있는 극저온 저장용기를 개발하여 실제 자동차에 적용함으로써 차세대 하이브리드 자동차에 적용가능성을 확인하였다.

[참고자료]

1. 서영섭, 백승호, 이철영, “신소재공학”, 기전연구사, (2001)
2. 김영득, 최동준, 박형욱, 조정래, 배원병, “초저온 액화질소 저장탱크 오스테나이트계 스테인리스강의 용접부의 파괴인성 연구”, 한국마린엔지니어링학회지, 제35권 제6호, (2011)
3. 홍진한, 금동민, 한 대석, 박인범, 전민성, 고경완, 이재명, “극저온용 스테인리스 강의 저온거동 특성” 대한조선학회논문집 제45권 제5호, (2008)
4. 엄문광, 이진우, 이원오, “극저온에서의 고분자 복합재료 기술 현황”, 기계와 재료 제21권 4호
5. http://blog.daum.net/207
6. 맹신재, 신동혁, 장영원, 박찬정, 이종수, “Al-Li합금의 미세조직과 기계적 성질에 관한 연구”, 함국과학재단, (1993)

13 고강도 · 인성 재료

13.1 개요

강도는 일반적으로 상온에 대한 인장강도를 나타내며, 일반 탄소강의 인장강도(192~392MPa)보다 높은 재료를 고강도(high strength) 재료라고 부른다.

대형화된 고층건물, 대형선박, 교량, 그리고 압력용기 등의 제작은 고강도 · 고인성 재료의 개발 없이는 실현이 불가능하였다. 첨단산업분야(우주 · 항공 및 원자력)에서는 더욱 더 고강도의 재료가 요구되고 있다.

고강도의 재료에는 필수적으로 경량화가 요구되므로 비강도가 높은 소재의 개발 연구가 활발히 진행되고 있다.

철강 재료에서는 인장강도를 기준으로 392~980MPa의 소재를 고장력강, 980~1,372 MPa를 강력강, 1,372~2,744MPa의 소재를 초강력강으로 구분하기도 한다.

비강도의 측면에서 본 고비강도 금속재료는 [표 13-1]에서 나타낸 것과 같이 초강력강, 티탄 합금, 알루미늄 합금 등이 있다.

[표 13-1] 상온에서 고비강도 재료의 기계적 특성 비교

특성 / 재료명	비중 ρ	인장강도 σ (MPa)	탄성계수 E(GPa)	비강도 σ /ρ (MPa)	비탄성률 E/ρ (GPa)
Al 합금	2.7	400~600	70	148~222	25.4
Ti 합금	4.5	700~1,400	105	155~311	23.3
초강력강	7.9	1,200~2,600	200	151~323	25.3

금속재료의 강도를 높이기 위한 처리방법에는 고용체 강화, 석출 강화, 결정립 미세화 강화, 가공경화의 네 가지 기본적인 강화기구가 이용된다. 이것들은 기본적으로 결자결함의 이동성을 방해하는 것으로부터 고강도화를 도모한다.

13.1.1 고용체 강화(solid solution strengthening)

용질원자가 용매원자와 치환하거나 용매원자 사이에 침입하여 치환형 고용체나 침입형 고용체가 되면 격자의 변형이 발생되고 이로 인해 용질 원자 주위에 응력장이 발생, 전위이동이 방해되어 강화시킨다.

용질원자에 의한 강화량은 용질원자와 용매원자의 크기 차이, 용질원자 농도, 용질원자와 전위와의 상호작용 등에 영향을 받는다. 특히 침입형원소(C, N, B 등)는 원자 크기가 작아 집단화(clustering)하여 전위 주위의 응력장에 용질원자가 응집된 분위기(atmosphere)를 형성함으로써 전위이동을 어렵게 한다.

13.1.2. 석출 경화 (precipitation strengthening)

실용 합금의 강화법 중에는 제2상의 석출물(탄화물, 질화물, 붕화물 등)을 결정격자 내에 균일하게 분산시켜 전위이동을 방해함으로써 슬립면상에 전위의 집적이 일어나 소재를 강화시키는 방법이 있다. 즉 이동하는 전위가 석출물에 부딪치면 정지되며, 결정 내에서 전위이동을 계속하기 위해선 전위이동에 필요한 한층 큰 외부응력이 필요하게 되므로 강도가 높은 고강도 합금이 된다.

석출물 강화에 필요한 인자는 석출물의 부피분율, 크기, 분포, 모상과 석출물의 정합(coherency) 여부 등이며, 이것들은 강의 합금 첨가원소나 제조공정을 변화시킴으로 제어할 수 있다.

13.1.3 결정립 미세화 강화

다결정체 금속은 소성변형 시 인근 결정립이 상호 간섭을 하게 되는데 이때 결정립의 크기가 기계적 성질에 영향을 미친다.

결정립의 크기가 감소함에 따라 전위가 자유로이 이동할 수 있는 거리가 작아지므로 재료의 강도는 상승하게 된다.

항복강도는 결정립의 크기에 크게 의존한다. Hall과 Petch는 인장항복응력과 결정립도 사이에 다음과 같은 식(Hall-Petch 식)을 발견했다.

$$\sigma_y = \sigma_i + kd^{-1/2}$$

여기서 σ_y = 항복응력

σ_i = 전위의 운동을 방해하는 마찰응력(격자 내에서 전위를 이동시키는데 필요한 응력)

K = 강도지수(전위가 방해물에 집적되는 정도를 나타내는 상수)

d = 결정립의 평균크기(ferrite)

13.1.4. 가공 경화 (work hardening)

소재의 성분변화 없이 냉간 소성가공(압연, 단조, 인발, 압출, 등)에 의해 소성 전보다 재료가 경화된다. 가공 경화 된 소재를 열처리하여 적당하게 연화시킬 수 있다.

13.1.5 입자분산강화(particle dispersed strengthening)

제11장 참조

13.2 고강도 · 인성 재료의 종류

13.2.1 HSLA강(High Strength Low Alloy. 고장력 저합금강)

가. HSLA강의 특성

구조용 재료에 대한 성능을 향상시키고 에너지 문제와 관련하여 경량화 필요성과 안정성에 대한 요구조건을 충족시키기 위하여 여러 종류의 HSLA강에 대한 연구가 진행되고 있다. HSLA강의 합금조성은 탄소함유량이 0.15% 이하이고 Mn이 약 1.0%, 미량의 합금원소가 0.1%인 Fe 합금이다. HSLA강의 높은 강도는 결정립미세화, 주조 합금성분인 Mn, Si에 의한 고용강화, 미량의 첨가원소인 Nb, V 등의 석출강화에 의해 얻어진다.

현재 HSLA강의 기계적 성질은 항복강도가 450~700MPa, 인장강도가 600~900MPa, 연신율이 15~30% 정도이다.

HSLA강은 일반 구조용강에 비해 기계적 성질이 우수하여 강도가 보통강의 2배 이상이며 내하중성이 뛰어나지만 퀜칭 후 템퍼링한 고탄소강의 인장강도 1,100MPa 보다 낮다. 이 고장력 합금강은 매우 우수한 기계적 성질들이 잘 조화되어 있어 고하중이나 내충격성이 요구되는 기계부품이나 대형 구조물 등 여러 용도에 사용할 수 있다.

나. HSLA강 조직

HSLA강은 미세조직 특성에 따라 페라이트-퍼얼라이트계와 페라이트-마르텐사이트계로 크게 구분할 수 있다.

1) 페라이트-퍼얼라이트계 HSLA강

페라이트-퍼얼라이트계 HSLA강은 강도가 높고 용접성이 우수하여 용접구조물로 적합하나 가공이 곤란하여 성형용 강판으로는 부적합하다.

2) 페라이트-마르텐사이트계 HSLA강(DP강)

페라이트-마르텐사이트계 HSLA강은 종래 HSLA강에 비해 성형가공성을 보다 향상시킨 것으로 복합조직강으로 개발되어 성형용 강판 등 형상이 복잡한 제품의 제조가 가능하여 사용분야가 더욱 증대될 것으로 전망된다.

다. HSLA강의 강화 방법

1) 제어 압연

열연판재의 조직과 기계적 성질은 slab의 열간압연공정을 제어함으로써 조정할 수 있다. 열간압연 시 압연량을 조절하여 압연완료 후 격자결함이나 전위밀도를 제어할 수 있다. 격자결함이 많으면 오스테나이트 결정립의 재결정에 필요한 핵생성 장소가 증가되기 때문에 오스테나이트상이 페라이트상으로 변태할 때 페라이트의 결정립이 보다 미세하게 된다.

2) 미량 합금원소 첨가

V, Nb, Ti 등의 합금원소를 첨가하면 오스테나이드, 페라이드의 재결정 및 결정립성장을 방해하므로 상온에서 페라이트결정립이 미세하게 된다.

3) 개재물의 형상제어

압연판재에 포함된 MnS 비금속 개재물(구형)은 압연 시 변형(압연 방향으로 긴 판상)되어 강의 강도와 연성에 큰 영향을 미치므로 적절한 원소를 첨가하여 개재물의 형상을 제어할 필요가 있다. Zr, Ce, La 등과 같은 희토류원소를 용강 중에 첨가하면 S와 결합하여 안정한 유화물을 구형으로 형성되어 압연 시 쉽게 변형되지 않으므로 강의 연성저하를 방지할 수 있다.

13.2.2 DP강

DP강은 복합 조직강(dual phase alloy)으로서 HSLA강(페라이트-퍼얼라이트계)의 결점을 보강하기 위해 개발되었고, 자동차의 경량화 재료로써 활용하기 위해 연구되고 있다.

이 강은 저탄소강으로서 성형 가공성이 극히 우수하고 강도가 높다. 복합 조직강은 HSLA강을 압연하여 오스테나이트영역과 2상 영역(페라이트+오스테나이트영역)에서 어닐링한 후 냉각속도를 적절하게 조절함으로써 제작할 수 있다. 기지조직은 약 80% PF (polygonal ferrite)와 약 20%의 분산된 마르텐사이트 또는 베이나이트 조직과 약간의 잔류 오스테나이트의 혼합조직들로 구성되어 있다.

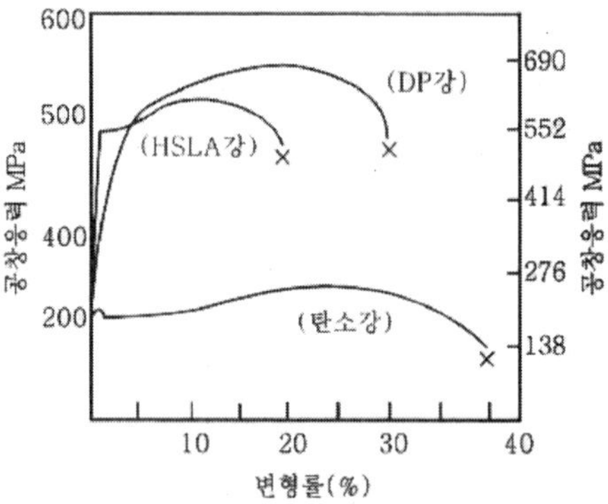

[그림 13-1] DP강과 HSLA강 및 탄소강과의 강도 비교

[그림 13-1]과 같이 DP강은 항복점이 잘 나타나지 않으며, 낮은 응력에서 항복이 발생하여 점진적이고 연속적으로 응력이 증대하면서 연신되고 가공경화 속도가 커서 최대인장강도는 최초의 항복강도에 비하여 아주 크므로 많은 양의 가공 후에 높은 강도를 유지해야 되는 자동차용 재료로 각광을 받고 있다.

DP강의 최대 인장강도는 분산되어 존재하는 마르텐사이트 조직이 많을수록 증가하므로 마르텐사이트 양을 5~30% 범위에서 조절하는 것이 좋다.

위에서 언급한 것과 같이 DP강의 산업적 제조는 열간 또는 냉간압연 된 스트립을 연속적으로 풀림 처리하는 방법과 열간 압연한 상태로 사용하는 방법 등이 있다.

그러나 열간압연한 상태의 재질이 풀림 처리한 것에 비하여 아주 미세한 페라이트 결정입도를 형성하므로 동일 탄소량의 강일 때에도 약간 높은 강도를 유지한다. 결국, DP강의 강도향상 방법은 마텐자이트의 양을 증가시키거나 페라이트 결정입도의 미세화가 가장 용이한 것으로 알려져 있다. 그러나 마르텐사이트의 양을 증가시키려면 탄소량이 많아지므로 강의 용접성이 저하된다.

최대 인장강도를 요할 때 열간 압연한 DP강은 20~24%의 마르텐사이트(0.11~0.13% C)가 필요하므로 열간 압연한 재질이 용접성이 우수함을 알 수 있다.

복합 조직강의 최종 금속조직과 기계적 성질은 연속 어닐링의 시간과 온도, 어닐링 후의 냉각속도와 코일링 온도 등에 영향을 받는다.

가. 연속 어닐링

연속 어닐링 온도는 탄소량과 마르텐사이트의 강도를 결정하므로 강의 기계적 성질에 큰 영향을 미친다.

임계온도(페라이트와 오스테나이트 상의 공존영역) 범위에서는 어닐링 온도가 낮을수록 강의 오스테나이트상 형성비율이 작으나 탄소의 고용량은 높아진다. 이 오스테나이트상은 냉각 시 고탄소인 쌍정(twin) 마르텐사이트로 변태하면서 저탄소 마르텐사이트보다 경도가 높아진다.

반면에 어닐링 온도가 증가되면 어닐링 중 형성된 오스테나이트상이 증가한다. 이때 탄소의 고용량이 저하되므로 담금질성이 낮아진다.

한편, 임계온도 이상에서는 완전히 오스테나이트상이 되며 냉각 시 오스테나이트상은 변태되어 마르텐사이트가 된다. 마르텐사이트의 체적분율 및 탄소함유량이 임계온도 범위에서 어닐링 할 때와 다르므로 기계적 성질에 미치는 영향도 달라진다.

나. 제어냉각

복합 조직강은 연속 어닐링 후 냉각 시 약 20% 체적분율의 마르텐사이트가 생성될 수 있는 합금조성을 선정하여 충분한 담금질성을 갖도록 한다.

냉각속도는 일반적으로 느린 것이 바람직하다. 냉각속도가 빠르면 결정 내에 격자결함이 생겨서 연성을 저하시키기 때문이다. 최적냉각속도는 강의 조성, 가열시간 및 가열온도 등에 영향을 받는다.

다. 코일링 온도

열연강판은 연속 어닐링 후 마르텐사이트 개시 온도(Ms)이하로 냉각시켜 변태가 시작된 후 코일링 한다. 이때 강판이 상온까지 냉각되면 마르텐사이트를 템퍼링하여 연화시킨다. 즉, 강도는 저하되지만 연성은 향상된다. 코일링 시 냉각조건을 조정함으로서 강의 연성을 제어할 수 있다.

13.2.3 Ti 합금

공업용으로 실제로 사용되는 Ti 합금은 α형, 준α형, 준$\alpha+\beta$형, 및 β형으로 구분되며 그들의 조직은 순수 Ti에 첨가되는 합금의 종류, 양과 함께 가공 및 열처리에 의해 결정된다.

Al, O_2, N_2 등과 같이 변태점을 상승시키며 α영역을 확대시키는 원소는 α안정화 원소, 역으로 변태점을 하강시켜 β영역을 확대시키는 V, Mo, Fe, Cr, Mn 등을 β안정화 원소라 한다. 또한 Zr, Sn은 상변태에는 관계하지 않으나 α, β상 모두 강화하는 원소이다.

ELI(Eltra Low Interstitials)로 분류되는 극저온용 합금은 불순물 원소를 낮게 제한한 것으로, 0.12% 이하의 O_2원소를 포함하며 인성이 양호하다.

가. α Ti 합금

α상 안정화 원소를 첨가하여 고용강화된 것으로 고온까지 안정한 성질을 나타낸다. 고용강화면에서 특히 Al의 효과가 현저하나 과다하게 첨가될 경우 Ti_3Al이나 TiAl이 형성되어 인성열화의 경향을 나타낸다. 이것을 피하기 위해 Sn을 첨가한 것으로는 TI-5Al-2.5Sn이 있으며 대표적인 α 합금이다. 고온강도, 고온 크리프 특성이 우수함과 동시에 저온에 있어서도 연성, 인성의 열화가 없어 저온용 구조재료로서 우수하다.

나. 준α Ti 합금

안정한 고온특성을 나타내는 α Ti 합금의 크리프 특성을 더욱 개선하기 위해 Al, Zr 등의 첨가에 의해 α상 고용강화와 동시에 1~2%의 β상 안정화 원소를 첨가한 것이다. 조직적으로는 α단상에 가까운 $\alpha+\beta$ Ti 합금으로, 고강도의 α 합금 특성에 우수한 고온특성을 갖추고 있다.

Ti-8Al-1Mo-1V, Ti-6Al- 2Cd-1Ta-0.8Mo, Ti-6Al-2Sn-4Zr-2Mo 등이 대표적인 합금으로 항공기용 실드엔진에 사용되고 있다.

다. $\alpha+\beta$ Ti 합금

α상을 강화한 Ti-Al계 합금에 β상 안정화원소를 첨가하고, β상에 대해서도 고용강화를 시킴과 동시에 열처리 효과를 준 합금으로, 현재 공업용으로 이용되고 있는 티타늄 합금의 대부분이 $\alpha+\beta$형이다.

각 특성을 가진 많은 합금이 개발되고 있으나 일반적으로 다음의 특징을 가지고 있다.

① 열처리를 이용하고, 높은 강도를 얻을 수 있다.
② 열적 안정성이 양호하고 내열성이 우수하다.
③ α상의 용적률이 많게 되어 소성가공성을 열화시킨다.

대표적인 $\alpha+\beta$ 합금은 Ti-6Al-4V 합금이며 열처리성, 가공성, 용접성의 면을 고려하여 구조용 재료로서 항공, 우주산업용 기기나 해양개발 기기에 실용화 되고 있다.

$\alpha+\beta$ 합금의 조직은 α상의 형상에 의해 침상 α조직과 등축 α조직으로 구별된다. 침상 α조직은 크리프 특성이나 인성에 우수하며, 등축 α조직은 인장특성이 우수하다. 침상 α조직은 β천이온도 ($\beta \leftrightarrow \alpha+\beta$의 변태온도) 이상의 온도영역에서 단조하여 얻어지며, β천이온도 이하의 $\alpha+\beta$상 영역에서 열간가공 시 등축 α조직을 얻을 수 있다.

약 995℃의 β천이온도를 갖는 Ti-6Al-4V는 주괴조직을 분쇄한 후 우선 천이온도를 초과하는 고온영역에서 단조하고 β천이온도 이하의 $\alpha+\beta$ 온도영역에서 열간 가공하여 등축 α조직을 얻는다. 그 후에 어닐링 열처리한 상태로 사용되는 경우도 많으나 융체화 처리 후에 시효하는 STA(Solution Treatment and Aging)재, 혹은 융체화 처리 후에 과시효(Solution Treatment and Overaging)재 등 열처리에 의한 강도와 인성을 조정하는 방법으로 사용되고 있다. Ti-10V-2Fe-3Al, Ti-15V-3Cr-3Al-3Sn 등이 사용된다.

라. β Ti 합금

공업용으로 사용되는 β 합금(Ti-13V-11Cr-3Al)은 평형상태로는 β단상이 아니며, 융체화후 급랭에 의해 β상이 실온까지 잔류하게 되어 준 안정상에 있다. 준안정 β상은 비교적 저온으로 재 가열에 의해 α상과 안정한 β상으로 분해하기 때문에 이러한 성질을 열처리에 이용할 수 있다. β 합금은 $\alpha+\beta$ 합금에 비해 다음의 특징이 있다.

① 가공성이 우수하다.
② 열처리에 의해 고강도를 얻을 수 있다.
③ 내식성이 우수하다.

그러나 $\alpha+\beta$ 합금에 비해 비중이 약 10% 크고 영률은 10% 정도 작다. 또한 체심입방격자의 조직이므로 저온에서 연성 및 인성이 낮으며, 준안정β상이 분해 시에 천이상으로 형성되는 ω상에 의한 취화 등의 문제점도 있어 $\alpha+\beta$ 합금보다는 많이 사용되지 않는다. 그러나 고강도 및 가공성이 우수한 특징으로 항공기용 구조재로서 Ti-10V-2Fe-3Al, Ti-15V-3Cr-3Al-3Sn 등이 사용된다.

13.2.4 고강도 Al합금

가. 초초두랄루민(ESD. Extra super duralumin)

시효 경화성 Al 합금의 대표적인 것으로 두랄루민은 Al-Cu-Mg계와 Al-Zn-Mg계로 분류되며, 비강도가 우수한 합금이다.

두랄루민은 Al-4%, Cu-0.5%, Mg-0.5% Mn 합금(2017 합금)으로 500~510℃에서 용체화 처리 후 상온 시효 하여 기계적 성질을 개선시킨 합금이며, 풀림한 상태에서 인장강도 177~245MPa, 연신율 10~14%, HB90~120으로 되어 0.2% C강의 기계적 성질과 비슷한 재료로 된다. 또한 비중이 약 2.79이므로 비강도가 연강의 약 3배나 된다.

두랄루민에 함유된 Cu는 $CuAl_2$로 Mg와 Si는 Mg_2Si 화합물로 되어 시효경화의 원인이 된다. [표 13-2]는 고강도 Al 합금의 성분과 기계적 성질을 나타낸 것이다.
두랄루민계 합금의 열처리는 T_4, T_6 처리를 하여 기계적 성질을 개선시킨 것이다. 또, 초두랄루민(SD. Super duralumin)은 2024 합금으로 Al-4.5%, Cu-1.5%, Mg-0.6%Mn의 조성을 가지며 항공기 재료로 사용된다. 이것은 인장강도 490MPa 이상의 두랄루민을 말하고, T_4 처리하면 약 470MPa의 강도를 가지나 T_6 처리하면 강도는 T_4 처리한 것과 같고, 특히 내력이 상승하고 연신율은 감소한다.

초초두랄루민(ESD. Extra super duralumin)은 Al-1.5~2.5%, Cu-7~9%, Zn-1.2~1.8%, Mg-0.3~0.5%, Mn-0.1~0.4%Cr 등의 조성을 가지며, 알코아 75S 등이 여기에 속하고 인장강도 530MPa 이상의 두랄루민을 말한다.

[표 13-2] 고강도 Al 합금의 성분과 기계적 성질

합금명	표준성분(%)					
	Cu	Mn	Mg	Zn	Cr	Al
17S(두랄루민)	4.0	0.5	0.5	-	-	나머지
24S(초두랄루민)	4.5	0.6	1.5	-	-	〃
75S(초초두랄루민)	1.5	0.2	2.5	5.6	0.3	〃

그 밖의 고강도 합금은 HD 합금(Al-5.5%, Zn-1.2~2.0%, Mg-0.7~0.8%, Mn-0.25~0.3%Cr)이 있으며, 이것은 고온 변형저항이 낮고 420℃에서 용체화처리 후 20일간 상온 시효 시키면 인장강도 490MPa, 내력 275MPa, 연신율 15%의 특성을 가지며, ESD 합금은 Al-Zn-Mg계 합금을 말한다.

나. Al-Li 합금

Al-Li 합금은 [표 13-3]과 같이 다양한 종류로 개발되어 사용되고 있으며, 이들의 기계적 성질은 [표 13-4]와 같다.

[표 13-3] Al-Li 합금의 화학조성

합 금	조 성 (%)					
	Li	Cu	Mg	Zr	Fe	Si
2090(아리사라이트 B)	1.9~2.6	2.4~3.0	〈0.25	0.08~0.15	〈 0.12	〈 0.1
8090(아리사라이트 A)	2.1~2.7	1.1~1.6	0.8~1.4	0.08~0.15	〈 0.15	〈 0.1
아리사라이트 D	2.1~2.7	0.5~0.8	0.9~1.4	0.08~0.15	〈 0.15	〈 0.1
8090(라이털 A)	2.3~2.7	1.0~1.6	0.5~1.0	0.08~0.16	〈 0.3	〈 0.2
8090(라이털 B)	2.4~2.8	1.6~2.2	0.5~1.2	0.08~0.16	〈 0.3	〈 0.2
라이털 C	2.3~2.6	1.0~1.6	0.5~1.0	0.08~0.16	〈 0.3	〈 0.2
8090(CP 271)	2.2~2.7	1.0~1.6	0.6~1.3	0.04~0.16	〈 0.3	〈 0.3
2091(CP 274)	1.7~2.3	1.8~2.5	1.1~1.9	0.04~0.16	〈 0.3	〈 0.3
CP 276	1.9~3.3	2.5~3.3	0.2~0.8	0.04~0.16	〈 0.3	〈 0.3

Al-Cu계(2000계열), Al-Zn-Mg-Cu계(7000계열) 합금보다 더욱 가볍고 견고한 재료로 개발된 소재 중 하나이다.

Al에 Li를 첨가하면 약 4%Li까지의 조성범위에서는 Li 1% 첨가에 따라 밀도는 3%씩 감소하고 탄성계수는 6%씩 증가하는 것으로 알려졌다. 이처럼 Li첨가에 의해 Al 합금의 밀도(ρ) 감소와 탄성계수(E)의 증가에 의해 비탄성계수(E/ρ)가 현저히 상승한다. 또한 Al_3Li상의 석출에 이해 경화가 일어나 비강도도 증가된다. 또한 열처리 합금으로써 석출경화가 유효하게 되는 Li함유량 1.5~4% 정도인데 2.5%의 Li를 함유시키면 8~10%의 밀도 저감과 같은 강성 향상을 얻을 수 있다.

Al-Li 합금은 Al-Li-Cu계와 Al-Li-Cu-Mg계로 대별된다. 인성향상을 위하여 Zr를 0.1% 첨가된다.

[표 13-4] Al-Li 합금의 기계적 성질

합 금	인 장 성 질			탄성계수 (MPa)
	인장강도(MPa)	내 력(MPa)	연신율(%)	
2090(아리사라이트 B)	568	529	8	78600
8090(아리사라이트 A)	480	402	9	78600
아리사라이트 D	490	402	7.5	78600
8090(라이털 A)	500	451	5.5	-
8090(라이털 B)	559	519	4	-
라이털 C	451	451	5	-
8090(CP 271)	559	441	7	81100
2091(CP 274)	480	431	12	78800
CP 276	598～657	578～627	5	80200

[참고자료]

1. 서영섭, 백승호, 이철영, "신소재공학", 기전연구사, (2001)
2. 김암수, "금속기계재료", 한국산업인력공단, (2004)
3. 김암수, "최신기계재료학", 도서출판남영문학, (2012)
4. http://blog.daum.net/207
5. 맹신재, 신동혁, 장영원, 박찬정, 이종수, "Al-Li합금의 미세조직과 기계적 성질에 관한 연구", 한국과학재단, (1993)
6. 조현기, "신소재합금", 경북인쇄(주), (1997)

3 신에너지 재료

초전도재료
수소저장합금
태양전지 · 반도체 재료

14 초전도재료

(超電導材料, super conductivity materials)

14.1 개요

14.1.1 정의

초전도(super conductivity)란 어떤 재료를 냉각시킬 때 어느 임계온도에 이르러 전기저항이 0이 되는 현상을 말한다. 초전도 상태에서는 재료에 전류가 흘러도 에너지 손실이 없으므로 전력소비 없이 대전류(大電流)를 보낼 수 있으며, 또 자기장 중에서 대전류 밀도를 얻을 수 있다

전도재료의 대표적인 동선의 전류밀도가 500A/㎠ 정도 밖에 통할 수 없는 데 비해 초전도 재료는 100만A/㎠의 대전류를 흐르게 할 수 있다.

초전도 상태는 온도, 자장 및 전류밀도에 의존하며 이들이 각각 어떤 임계치 즉, 임계온도(Tc), 임계자장(Hc), 임계전류밀도(Jc) 이하의 값을 가질 때 일어난다.

즉, 초전도상태는 그 합금의 임계온도 이하에서 발생하나, 임계온도 이하의 온도에서도 어떤 임계자장 이상의 자장이 작용하거나 임계전류 이상의 전류를 통하면 초전도 상태가 파괴되므로 임계온도와 더불어 임계자장과 임계전류 값을 고려한 재료개발이 필요하다.

14.1.2 초전도 재료의 역사

1908년, 네덜란드의 물리학자 오네스(Heinke Kamerlingh Onnes)가 헬륨가스의 액화에 성공한 후, 1911년에 수은을 영하 269℃(4K)의 극저온으로 냉각할 때(임계온도) 전기저항이 액체헬륨의 기화온도(4.2K)부근에서 완전히 사라짐을 우연히 발견한 것이 시초가 되었으며, 이후 초전도체는 여러 다른 물질에서 발견되었다. 1913년, 납의 초전도가 7K에서 발견되었고, 1941년에는 질화 니오븀(NbNi)의 초전도가 16K에서 발견되었다. 초천도체를 이해하는 그 다음 중요한 진전은 1933년 발터 마이스너(Walter Meissner)와 로베르트 오센펠트(Robert Ochsenfeld)가 마이스너 효과(Meissonier Effect)로 알려진 초전도체가 자기장을 밀쳐내는 것을 발견한 것이었다.

1935년, F. 런던과 H. 런던은 마이스너 효과는 초전도 전류가 운반하는 전자기적 열역학적 자유 에너지를 최소화하려는 데에서 나타난다는 것을 보였다.

1950년에, 현상론적인 긴즈버그-란다우 이론(Ginzburg-Landau theory)는 란다우(Lev Davidovich Landau)와 긴즈버그(Vitalij Lazarevics Ginzburg)에 의해 발전되었다. 란다우의 2차 상전이이론을 슈뢰딩거 파동 방정식과 결합한 이 이론은 초전도체의 거시적 성질을 설명하는데 큰 성공을 거두었다. 한편으로는, 아브리코소프 (Alexei Alexeevich Abrikosov)는 긴즈버그-란다우 이론이 초전도체가 제1종과 제2종으로 불리는 두 종류로 구분됨을 예언함을 보였다. 아브리코소프와 긴즈버그는 그들의 공로로 인해 2003년 노벨상을 수상하였다.(란다우는 1968년 사망했다.)

1950년에는 맥스웰과 레이놀즈 등이 초전도체의 임계온도는 그 구성 원소의 동위원소 질량에 따라 변할 수 있음을 보였다.

초전도 현상을 미시적으로 완전하게 설명하는 이론이 1957년 바딘(John Bardeen), 쿠퍼(Leon Neil Cooper), 슈리퍼(John Robert Schrieffer)에 의해 제안되었다. 이들의 이론은 이들의 이름 앞자를 따서 BCS이론이라고 불린다. 또 보골류보프(Nikolay Bogolyubov)가 이와는 독립적으로 초전도 현상을 설명하였다. 이 BCS이론은 초전도 전류를 쿠퍼쌍(Cooper pair)의 초유체(superfluid)로 설명하였다. 쿠퍼쌍은 포논의 교환에 의해 상호작용하는 전자들의 쌍이다. 1972년 저자들은 이 업적으로 노벨상을 수상하였다. BCS이론은 1958년, 보고류보프가 원래는 여러 가지 논증으로 유도되는 BCS파동함수가 전자의 해밀토니안(Hamiltonian)을 정규 변환(canonical transformation)하여 얻어질 수 있음을 보임에 따라 더 단단한 토대를 가지게 되었다.

1959년에 레브 고르코프(Lev Gor'kov)는 BCS이론이 임계 온도 근처에서 긴즈버그-란다우 이론으로 환원됨을 보였다.

1962년 웨스팅하우스사(Westinghouse)에서 최초의 상업용 초전도 전선이 니오븀-타이타늄 합금을 이용하여 개발되었다. 같은 해에 조셉슨(Brian David Josephson)은 초전도 전류가 얇은 부도체 층으로 분리된 초전도체 사이를 흐를 수 있다는 중요한 이론적 예견을 하였다.

조셉슨 효과(Josephson effect)라 불리는 이 현상은 SQUID(초전도 양자 간섭계)와 같은 초전도를 사용하는 기계에 이용된다. SQUID는 자기 양자수(magnetic quantum number)를 가장 정확하게 측정하는 데 쓰이며, 양자 홀 비저항(Quantum Hall Resistivity)과 결합되어 플랑크 상수 h를 측정하는 데에 쓰일 수 있다. 조셉슨은 이 연구로 1973년 노벨상을 받았다.

초전도 현상은 금속에서만 발생한다는 정설을 깨는 연구가 1986년 스위스 취리히 IBM연구소에서 전자 이동이 어려운 비금속 산화물에서도 초전도 현상이 일어난다는 사실이 발견되었다. 비금속 산화물 초전도체는 이론상 한계라고 생각되던 40K 이상에서도 초전도 현상을 보였고 거듭된 연구 끝에 100K 이상에서도 초전도 현상이 나타나는 물질을 찾아내기에 이르렀다.

2008년에 발레리 비노쿠르(Valerii Vinokur)와 타트야나 바투리나(Tatyana Baturina)는 초전도를 만들어내는 것과 같은 원리로 어떤 물질들에서 초-비전도(super insulator)상태를 만들 수 있음을 발견했다.

14.1.3 대표적인 초전도체

B. Matthias에 의해 발견된 Nacl의 결정구조를 지니고 18K의 임계온도를 보인 NbC와 NbN의 고용체와 J.Hulm 등이 발견한 금속간화합물인 V_3Si가 있다.

V_3Si(금속간화합물)는 임계온도가 17K이지만 “β-Tungsten”(준안정 상태) 혹은 A15라는 결정구조를 지니고 있다. 이러한 결정구조를 가진 초전도체는 임계온도가 높은 수많은 초전도 재료개발의 효시가 되고 있다.

A15 입방결정구조를 갖는 대표적인 금속간화합물로는 Nb_3Sn(임계온도 18K), Nb_3Al (18K), V_3Ga(16K), Nb_3Ga(20K) 등이 있으나 취성이 강하여 실용화의 어려움이 있다.[그림 14-1] 참조.

초전도 재료의 임계온도는 1973년에 Nb_3Ge(23K)가 발견되기까지 60년간 19K의 임계온도 상승이 있었다. [표 14-1] 참조.

1986년 고온 초전도재료가 개발되면서 새로운 시대를 맞이하게 되었다.

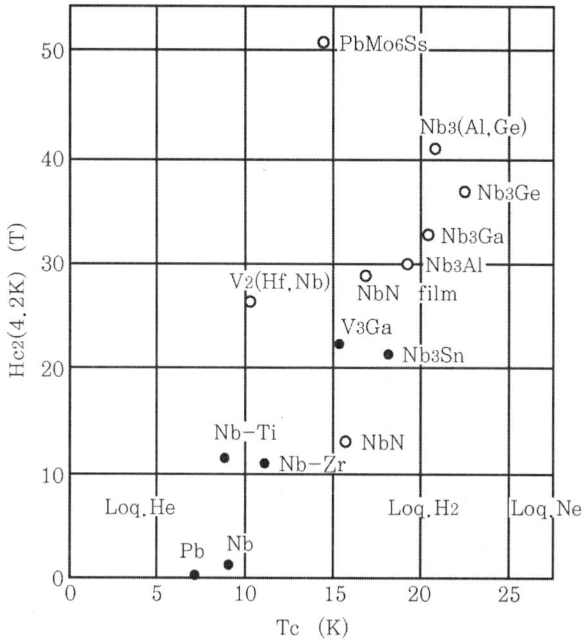

[그림 14-1] 초전도체의 임계온도의 변천

[표 14-1] 초전도 재료의 임계온도

재료	임계온도(K)	재료	임계온도(K)	재료	임계온도(K)
V_3Si	17	Nb_3Ga	20	Nb_3Al	18
Nb_3Ge	23	V_3Ga	16	$Y_1Ba_2Cu_3Ox$	98

14.2 초전도 현상

14.2.1 초전도 현상이란

외부자장이 물질 안으로 침투하지 못하는 자기적 현상(내부에는 자장이 없는 완전반자성 성질, 흔히 Meissner 효과라 부름)인 동시에 전기저항이 완전히 사라지는 전기적 현상(완전 전도체 성질)이다. 어떤 물질의 전도성질을 평가하기 위하여 임계온도, 임계자장, 임계전류밀도 그리고 초전도 현상의 류형구분(類型區分)이 많이 이용된다.

14.2.2 임계온도(Tc), 임계자기장(Hc) 및 임계전류밀도(Jc)

어떤 재료가 임계온도, 임계자기장보다 낮은 온도와 자장범위 내에 있고, 임계전류보다 낮은 전류밀도를 통과시킬 때, 그 재료는 위에서 열거한 두 가지의 초전도 현상을 동시에 만족시키게 된다. 그러나 온도, 자장 및 전류밀도가 이보다 높아 질 때는 초전도 현상은 사라지고 일반 금속성 전도체로 변한다. 임계자장과 임계온도의 관계식은 다음 ①식과 같다.

$$Hc(T) = Hc(0)\ [1-(T/Tc)^2] \qquad \cdots ①$$

단, Hc(T) : 온도 T에서의 임계자기장,

Hc(0) : 절대온도 0°K 에서의 임계자기장,

Tc : 자장 및 전류밀도다 0인 상태에서의 임계자기장

임계온도, 자기장 그리고 전류밀도 사의 관계는 일반적으로 [그림 14-2]에서 보는 바와 같다. 임계온도는 외부자기장과 전류밀도가 증가함에 따라 감소한다. 만약 상당한 양의 전류밀도(Jc)를 이용하여 임계온도와 자기장을 측정하면 각각 T, H의 낮은 값을 얻을 것이다. 또한 강한 자기장(H)내에서의 임계온도와 임계전류밀도도 T, J로 줄어들게 된다. 심한 경우 전류밀도 J과 자장 H가 동시에 공급된다면 임계온도는 T로 더욱 낮게 된다. 초전도체는 그 특성상 전기적 성질과 자기적 성질을 이용하게 되므로 실용성을 고려할 때는 임계온도뿐만 아니라 임계전류밀도와 임계자기장도 매우 중요한 의미를 갖게 된다.

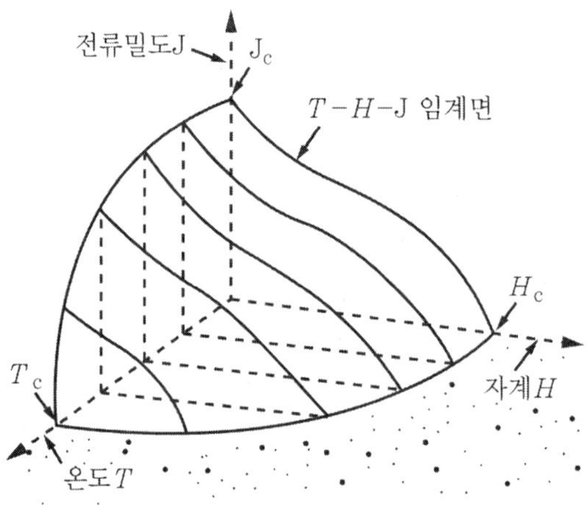

(면의 안쪽은 초전도, 면의 바깥은 전도 상태)

[그림 14-2] 초전도 상태의 T-H-J 임계면

세 자기 임계 값 이외의 인자로는 압력을 고려할 수 있다. 대체로 압력이 높아질수록 초전도 현상은 안정되고, 압력이 낮아지면 현상이 불안정하게 된다.

14.2.3 자장축출현상(磁場逐出現象, Meissner Effect)

1933년 독일의 물리학자 Meissner와 Ochsenfeld는 초전도 재료가 자장을 완전히 외부로 축출하여 내부에는 자기장이 없는 완전반자성 성질을 띤다는 사실을 발견하였다. 이 자장축출 현상을 "Meissner Effect"(초전도체 속에 자기력선이 들어가지 못하는 현상)라고 한다.

어떤 물질이 자장 내에 위치하고 있을 때, 재료의 내부에 다음 ②식에 따라 유도자장(B, 誘導磁場)이 발생한다.

$$B = H + 4\pi M \qquad \cdots ②$$

여기서, B : 재료내부의 유도자기장(Induction Field)
H : 외부에서 가해준 자기장(Applied Magnetic Field)
$4\pi M$: 재료내부의 자화자기장(Magnetization)

재료가 외부자장에 따른 임계온도 (Tc)보다 높은 온도에 있게 되면 전도체상태로 존재하게 되므로 [그림 14-3](a)처럼 강자성, 약자성 혹은 반자성 상태로 다소간의 유도자장이 내부에 존재한다. 즉, 재료의 온도가 내려가 임계온도보다 낮아지게 되면, 재료는 완전반자성체로 변하여 자기장은 외부로 축출되어 [그림 14-3](b)처럼 내부자기장은 완전히 없어지게 된다. 자화자기장($4\pi M$)이 외부자기장(H)과 정반대 방향으로 꼭 같은 크기($4\pi M = -H$)만큼 발생되어 재료내부의 자기장이 소멸된다.

재료를 임계온도보다 낮은 온도로 고정시키고 외부자기장을 임계자기장까지 서서히 증가시켜 나갈 때에도 [그림 14-3](b)처럼 자장이 전혀 침투하지 못하는 Meissner Effect를 보인다. 그러나 외부자기장이 임계 값을 지남과 동시에 재료는 초전도성을 순간적으로 잃고 내부에는 외부자기장과 동일한 유도자기장(B = H)이 형성되어 [그림 14-3](a)와 같이 된다. 이 경우의 자화곡선은 [그림 14-4]와 같고 이것을 제1형 초전도체라 한다.

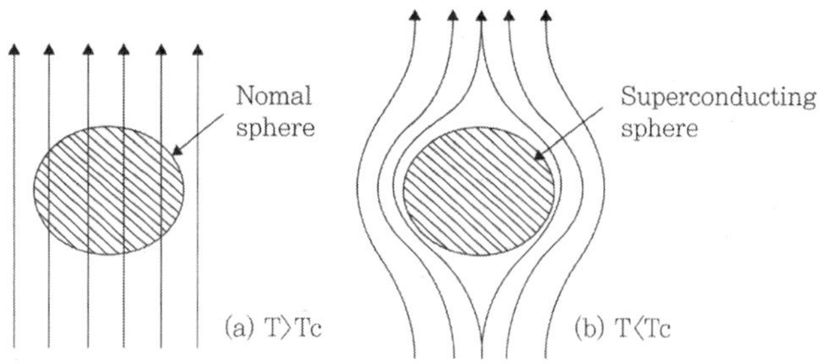

(a) 상전도 상태 (b) 초전도 상태

[그림 14-3] 자기장축출현상(Meissner Effect)

14.2.4 초전도(super conductivity)의 종류

가. 1-형(Type Ⅰ)

Onnes가 처음 발견한 초전도 물질은 순금속(낮은 임계 값)으로 대표적인 초전도 금속은 Hg이다. 그러나 임계온도(Tc)나 임계자기장(Hc)이 너무 낮아 실용하기가 곤란하다. 초전도체 1-형은 어떤 온도상태에서 열역학적 임계자기장(Hc)이 존재하며, 임계자기장을 경계로 정상 상태와 초전도 상태로의 전이가 일어난다. 이때 임계자기장 이하의 초전도 상태는 기본 특성의 하나인 마이너스 효과로 인하여 자기장이 침투하지 못한다.

나. 2-형(Type Ⅱ)

2-형 초전도체는 1-형과 다르게 어떤 온도상태에서 상부임계자기장(Hc_2)과 하부임계자기장(Hc_1)이 존재하여, 이들 임계자기장들의 경계로 유용한 초전도 특성을 나타낸다. 1-형과 마찬가지로 초전도 상태의 하부임계자기장(Hc_1) 이하의 영역은 자기장이 침투하지 못하는 마이스너 효과를 나타낸다. 그러나 하부임계자기장(Hc_1) 이상의 자기장하에서 2-형 초전도체는 초전도 성질을 잃지 않고 초전도 상태를 계속 유지하며 일부의 자기장들이 초전도체를 침투하도록 한다. 자기장의 침투 정도는 자기장의 세기에 따라 증가 되고, 상부임계자기장(Hc_2)에 이를 때까지 계속되며, 상부임계자기장(Hc_2) 이상이 되면 초전도 상태에서 정상 상태로 전이가 일어나 초전도체가 아닌 일반 물체로 된다. 이와 같이 상부임계자기장(Hc_2)과 하부임계자기장(Hc_1) 사이의 영역(Vortex state 혹은 Mixed state라고 함)이 존재하여, 어느 정도 자기장의 침투에도 초전도성이 유지되는 초전도체를 2-형 초전도체라 한다. 대부분 혼합물 및 산화물 고온 초전도체들이 이에 속하며, 초전도체 응용에 거의 모두가 이와 같은 특성을 가지는 2-형 초전도체를 이용하고 있다.

2-형 초전도체는 저온 초전도체와 고온 초전도체로 분류된다. 1-형보다 비교적 높은 임계

값을 가지므로 초전도 재료의 응용폭이 커졌다. 즉 1-형에 비하여 2-형 초전도 재료는 어떤 온도상태에서 상부임계자기장(Hc_2)과 하부임계자기장(Hc_1)이 혼합 상태로 존재하는데, 이것은 초전도 재료와 상전도 재료가 공존하는 상태이다. 이러한 혼합 상태는 물리적으로 안정하여 임계 값을 넘지 않는 범위에서 계속적으로 존재할 수 있다.

2-형 중 저온 초전도체는 금속화합물을 사용하며 높은 임계전류밀도, 낮은 임계자장 및 임계온도를 갖는다. 2-형 중 고온 초전도체로 세라믹 화합물을 사용하며 낮은 임계전류밀도, 높은 임계자기장 및 임계온도를 갖는다.

설명하는 이론을 기준으로 종래부터 널리 사용되고 있는 방식(BCS 이론에서 설명이 되는 경우)이나 종래부터 널리 사용되지 않는 방식(BCS 이론으로 설명이 안되는 경우)으로 구분하며, 임계 온도를 기준으로 고온 초전도체(임계 온도가 액체 질소의 비등점 77K보다 높은 경우)와 저온 초전도체(임계 온도가 그보다 낮은 경우)로 나눈다.

물질을 기준으로 단원자(수은, 납 등)와 합금(니오븀-타이타늄, 게르마늄-니오븀 등), 세라믹(TBCO, MgB_2 등), 유기 초전도체(풀러렌(fullerene), 탄소 나노튜브 - 탄소 나노튜브는 탄소만으로 이루어져 있기 때문에 단원자 계열에 넣어야 할 수도 있다.)로 구분된다.

[그림 14-4](a)의 재료를 제1형 초전도체라 하며, [그림 14-4](b)를 제2형 초전도체라 부른다. 제1형 초전도체의 임계자장(Hc)은 대개 실용화하기에 부적합할 정도로 낮으나 제2형 초전도체는 하부임계자장(Hc_1)은 낮지만 상부임계자장(Hc_2)이 상당히 높은 재료들이 많다. 실용화되고 있는 대부분의 초전도체는 제2형에 속하고 있다.

[그림 14-4](b)는 외부자장이 증가하여 하부임계자장(Hc_1 : lower critical field)을 지나면서 자장의 침투가 서서히 일어나 약간의 유도자기장($B<H$)이 형성된다.

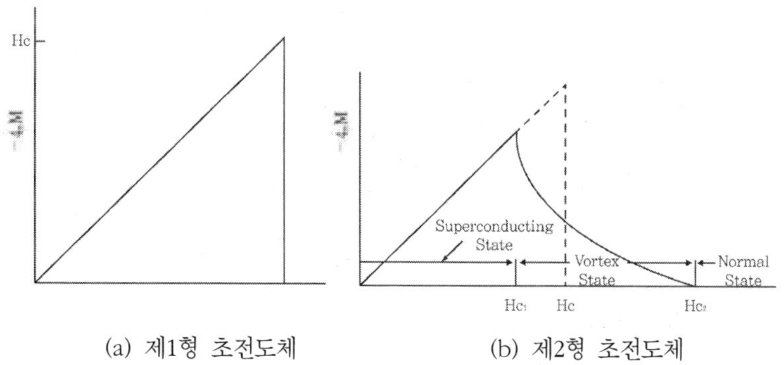

(a) 제1형 초전도체 (b) 제2형 초전도체

[그림 14-4] 초전도체의 일반적인 자화곡선 형태

외부자기장이 증가함에 따라 유도자기장의 크기도 점차 증가하여 어떠한 상부임계자기장(Hc_2 : upper critical field)를 지나면서 유도자기장의 크기는 외부자기장과 완전히 같아지고, 재료는 일반 전도체로 변한다. 이 경우 Hc_1과 Hc_2 사이에서 자장의 침투가 이루어지고 있기는 하지만 전기저항은 Hc_2에 이를 때까지 발생하지 않으므로 초전도체의 전기적 이점을 이용하는 데 지장은 없다.

14.3 초전도의 배경 이론

14.3.1 초전도체-전도체 변화에 따른 열역학

초전도체가 전도체로 변태하는데 수반하는 에너지 차이는 이러한 변태를 일으키기 위하여 사용된 일의 양과 일치한다.

임계온도보다 낮은 온도에 위치한 초전도체가 전도체로 변화될 수 있는 방법은 절대온도(0°K)에서 여러 가지 조건을 재료가 초전도성을 갖기에 충분한 상태로 유지시키고, 재료의 임계자기장보다 높은 자력을 갖고 있는 자석을 재료가 받는 자장을 무시할 수 있는 무한히 먼 거리에 배치한다. 재료를 점차 자석에 접근시켜 가면, 재료에 작용하는 외부자기장이 점차 증가하다가 임계자기장을 지나는 어떤 지점에 도달할 때 순간적으로 전도체로 변하게 될 것이다. 이때까지 재료에 투입된 에너지는 재료를 자석에 접근시키기 위하여 행한 일로서 다음 ③식과 같이 표시되며, 이것이 초전도체-전도체의 변태에 수반되는 에너지이다.

$$\Delta U = U_n(0) - U_s(0) = Hc^2/8\pi \qquad \cdots ③$$

임계 값 이하의 조건에서는 $Hc^2/8\pi$가 양수이므로 재료가 초전도 상태로 존재하는 것이 더욱 안정하다.

온도에 따른 초전도체와 전도체의 에너지의 개략적인 비교는 [그림 14-5]와 같다. 초전도체-전도체의 에너지 차이는 온도에 따라 변하며, 이 에너지 차이를 "에너지 갭(gap)"이라고 부른다.

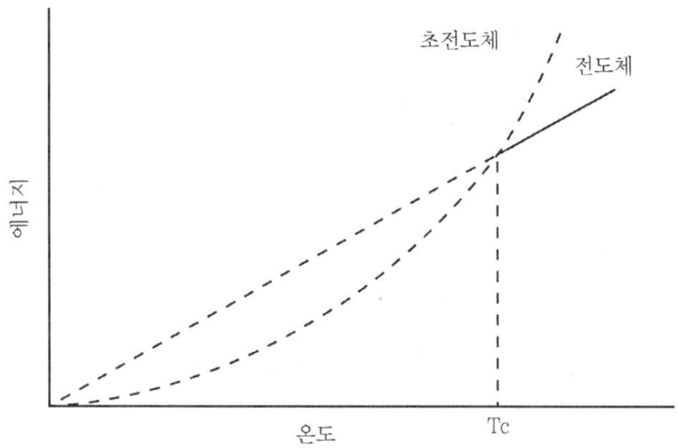

[그림 14–5] 저온에서 온도에 대한 초전도체와 전도체의 에너지 비교

* 에너지 밴드 갭이란?

초전도체와 일반고체(부도체 혹은 도체) 사이에 상전이가 일어날 때에는 전기 전도도가 무한대가 되는 것과 함께 전자들의 에너지 분포가 바뀐다. 일반 도체일 때에는 전자의 에너지준위가 페르미에너지준위를 중심으로 연속적으로 분포한다. 즉, 전자는 페르미에너지를 중심으로 어떠한 에너지 값을 가져도 된다. 하지만 초전도체에서는 페르미에너지준위를 기준으로 약간 위와 아래에 전자가 존재할 수 있는 영역이 한정되어 허용된 전자의 에너지 준위(값)에 구멍(갭)이 있다. 이는 초전도체 시료를 주사터널현미경으로 전기 전도도의 미분 값을 관찰하여 얻을 수 있다. 또한 1990년대 이후 연구된 고온 초전도체의 경우에는 초전도 현상을 보이지 않는 온도 범위에서도 이러한 에너지준위의 구멍이 존재하여 이를 유사 갭(Pseudo Gap)이라고 부른다.

14.3.2 차폐전류(Screening Current), 침투깊이(Penetration Depth), Coherence 길이

초전도체가 내부에 자기장이 없는 완전 반자성체(Perfect diamagnetism), 즉 Meissner Effect를 보이는 원인은 차폐전류, 침투깊이, Coherence 길이로 설명할 수 있다.

차폐전류란 표면전류가 외부의 자기장을 차단시켜 준다는 의미이다. 차폐 상태에서 자기장의 크기가 변하여도 또다시 이 변화량을 상쇄시킬 수 있기 위한 전류의 변화가 일어나고 외부의 조건변화가 없는 한 그 상태를 지속적으로 유지하게 된다.

모든 재료는 외부자기장이 변할 때 이 자장을 상쇄시키기 위하여 [그림 14-6](a)에서 보는 것과 같이 외부자기장과 반대방향의 자장을 형성하기 위한 표면전류를 발생시킨다.(Faraday law)

일반도체의 경우, 이 유도전류는 재료의 저항 때문에 곧 소멸되고, 재료의 자기적 특성에 따른 내부자기장이 형성되게 된다.

초전도체의 경우, 전기저항이 없기 때문에 발생된 유도전류는 계속하여 흐르며 일정한 크기의 자기장을 지속적으로 형성하게 된다. 이 자장의 세기는 초기에 외부자기장을 상쇄시킬 수 있는 것으로 M = -H의 세기를 유지한다. 내부자기장(B)는 항상 0으로 유지될 수 있다. 즉, 재료는 완전 반자성을 나타낸다.

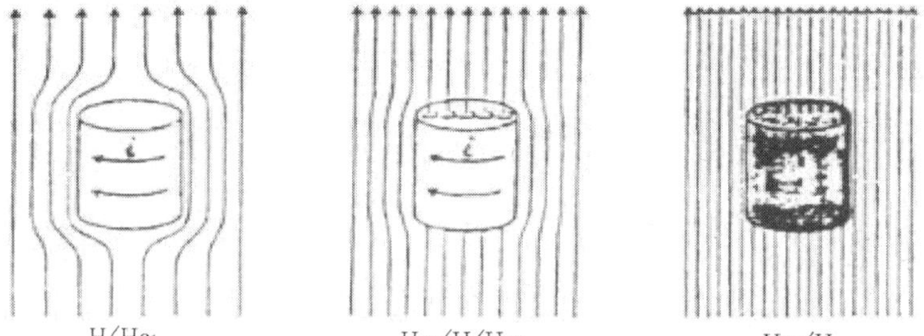

[그림 14-6] 제2형 초전도체에 있어 자장의 침투와 차폐전류

가. 침투깊이

차폐전류가 흐르는 층이 완전히 재료의 표면이고 그 두께를 무시할 수 있을까?

실제 전류가 흐르는 층은 표면에서 어느 정도의 깊이까지 침투되어 있다. 전류가 흐르는 층은 미시적으로 고찰하여 볼 때 전류가 이 층에 분산되어 흐르고 있으므로 자화(M)세기도 표면의 0으로부터 점차 변하여 어느 특정한 두께의 층을 지나면서 -H에 도달하게 된다.

따라서 이 층에서의 자기장은 완전히 0이 아니며 표면에서의 자기장(H)으로부터 시작하여 0까지 변하여진다. 이 층의 두께를 침투깊이라 하며 재료에 따라 다르다.

나. Coherence길이

초전도체와 도전체가 접하여 있을 때에도 재료의 내부에서 뚜렷한 경계가 없는 계면 층이 존재한다. 전도체에서 초전도체로 변화되어 가는 이러한 계면 층의 두께는 재료와 주변조건에 따라 다르지만, 이 층을 지나면서 전도체의 자유 전자수는 감소하고 초전도체가 되기 위한 전자쌍의 수가 증가하여 완전히 초전체로 변하여 간다. 이 거리를 Coherence 길이라 한다.

Coherence 길이가 침투깊이보다 클 때는 초전도체-전도체의 계면에너지가 0보다 크게 되어 계면이 재료내부에 존재하는 것이 열역학적으로 불안정하여 제1형 초전도성이 나타난다.

이와 반대로 제2형 초전도체는 Coherence 길이가 침투깊이보다 짧기 때문에 초전도체(-)전도체의 계면에너지가 0보다 작게 된다. 따라서 H_1과 H_2 사이의 자기장에서는 재료내부에 계면이 안정된 상태로 존재하며, 초전도구역과 전도구역이 공존한다. 이때 전도구역은 차폐전류가 둘러싸여 진 구역으로 자속선이 지나가는 소위 Fluxoid를 형성한다. [그림 14-6] (b)와 [그림 14-7] 참조.

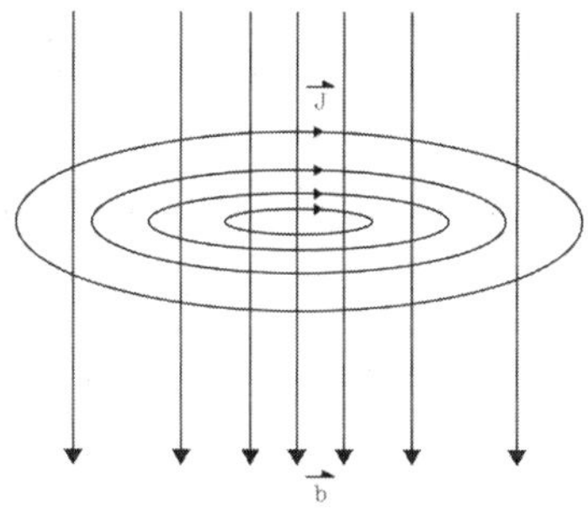

[그림 14-7] 와전류와 자기

14.3.3 양자역학적 이론(BCS theory)

BCS이론은 초전도 현상의 원리를 양자역학의 관점에서 설명하는 이론이다. 1957년에 미국의 존 바딘(Bardeen), 리언 쿠퍼(Cooper), 존 로버트 슈리퍼(Schrieffer)가 제안했으며, 이론의 이름은 세 사람의 이름 앞 글자를 따서 지어졌다. 두 개의 전자가 포논(phonon : 음향양자)과의 상호작용에 의해 쿠퍼쌍을 이루고 이에 의한 효과로 저온 초전도체의 초전도 현상이 설명된다. [그림 14-8] 참조.

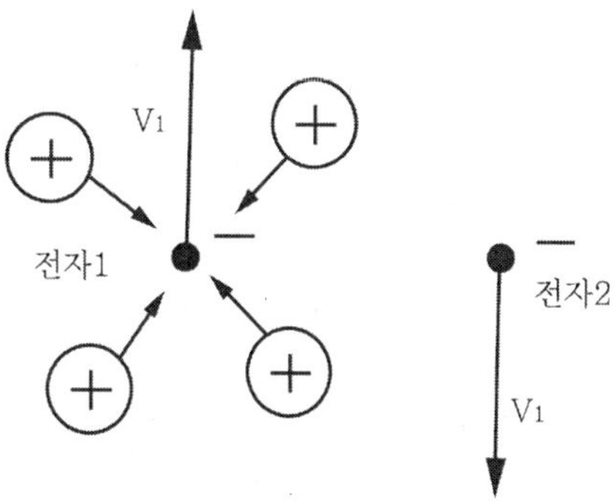

[그림 14-8] Cooper의 전자쌍 개념도

BCS이론은 1957년에 존 바딘, 리언 쿠퍼, 존 로버트 슈리퍼 세 사람에 의해서 발표 되었으며, 이들은 BCS이론을 발표한 공로로 1972년에 노벨상을 수상하였다.

BCS이론은 저온 초전도체(type I 초전도체)의 성질은 잘 설명할 수 있었으나, 고온 초전도체(30K 이상에서 초전도성이 나타나는 물질, type II 초전도체)를 설명하기에는 부족한 점이 많다.

모든 물질 내에 존재하는 전자들은 (-)전하를 띠고 있고, 두 개의 전자는 쿨롱의 법칙에 의해 서로 밀어내려는 척력을 가진다.

그런데 초전도체의 온도를 충분히 내리면, 초전도체 내부의 전자들은 서로 밀어내기보다는 서로 끌어 당겨서 쿠퍼쌍을 이루는 것이 더 안정된 상태를 이루게 된다. (-)전하를 띤 전자가 지나가면 (+)전하를 띤 양이온은 전자의 방향으로 인력을 받아서 그 방향으로 움직이게 된다. 하지만 양이온의 질량은 전자의 질량보다 1,800배가량 무겁기 때문에 이동 속도가 전자에 비해 현저히 느리며, 전자가 이미 지나가서 그 자리에 있지 않더라도 무거운 양이온은 쉽게 방향을 전환할 수 없기 때문에 그 방향으로 계속 움직이게 된다. 이렇게 양이온들이 끌려간 곳은 (+)전하를 좀 더 많이 띠게 되고, 또 다른 전자는 이 양이온 방향으로 끌어 당겨지게 되는 것이다.

14.4 재료별 초전도체의 종류

14.4.1 합금계 초전도체

단일원소 초전도체의 경우에는 초전도 실용화에 많은 어려움을 지니고 있어 단일 원소가 아닌 합금계 초전체를 이용하여 실용화 기능성이 연구되고 있다. 최초로 실용화에 사용된 것은 Nb와 Zr의 합금이다.

가. Nb-Zr계 합금

이 합금은 BCC의 결정구조를 하며, 임계온도 Tc[k]는 9.5, 임계자장Hc(4.2[K])는 11.5T정도이다. 가공성이 풍부하고 인발가공에 의해 최초로 선재화 하였다.

나. Nb-Ti 합금선재

이 합금은 BCC의 결정구조를 하며, 가격이 저렴하고 가공성 및 기계적 특성이 뛰어나며, 취급이 용이하여 현재 실용화되고 있다.

선재 제조는 전자빔 또는 아크용해를 거쳐서 만든 Nb-Ti 합금 인고트(ingot)를 1,000~1,200℃에서 열간 단조 후 환봉으로 냉간가공한 후 Nb-Ti 환봉에 Cu관을 덮어씌운 복합체를 인발 또는 압출 가공하여 직경 수㎜의 복합선을 만든다.

성질은 임계온도[Tc]가 약 9K, 임계자장[Hc]은 4.2K에서 11.5T(T : Tesla = 1만 가우스), 그리고 4.2K, 9T에서 $1\times10^5 A/cm^2$ 정도의 임계전류밀도[Jc]가 얻어진다.

14.4.2 화합물계 초전도체

합금계 초전도재보다 우수한 초전도재로 주목을 받고 있는 것이 화합물 초전도체로서 [표 14-2]와 같은 재료들이다. 최근 각광을 받고 있는 세라믹 산화물 반도체도 화합물의 일종이다.

화합물계 초전도체 선재 제조는 표면 확산법, 복합가공법, In-Situ법, 분말법 등이 있다.

[표 14-2] 화합물계 초전도체의 임계온도 및 임계자장

재 료	화합물	Tc[K]	Hc(4.2[K])[T]
Nb_3Sn	A15형	18.0	21.5
Nb_3Ga	A15형	20.3	33
$Nb_3(Al,Ge)$	A15형	20.7	41
Nb_3Ga	A15형	23.0	37

V_3Ga	A15형	15.2	22
V_3Si	A15형	17.0	21
NbN	B1형	15.7	13
NbN 박막	B1형	16.5	28
$V_2(Hl,Zr)$	C1형	10.1	23
$PbMo_6S_8$	세브런	14.3	50

가. 표면 확산법에 의한 화합물테이프

액체헬륨 중(4.2K)에서 10T(Tesla) 이상의 자장을 발생시키기 위해서는 화합물계 초전도재료의 사용이 불가피하다.

Nb_3Sn과 같은 금속간화합물은 Nb-Ti 합금에 비하여 15~23K의 Tc와 4.2K에서 20~40 Tesla의 Hc를 갖는다. 그러나 기계적 특성이 세라믹처럼 매우 경도가 높고 취성이 있어서 이에 세선화 가공의 어려움이 있다. 최초로 실용화된 화합물 초전도 선재는 표면 확산법에 의한 테이프 모양의 선재이다.

즉, Nb_3Sn 테이프 제조는 Nb 테이프를 용융Sn에 통과시켜 표면에 Sn이 도금되면 900~950℃에서 열처리하여 확산반응에 의해 표면에 Nb_3Sn층이 생성된다. 실용되고 있는 Nb_3Sn 테이프는 이 위에 안정화시키기 위하여 Cu 테이프가 덮여있다.

V_3Ga 테이프의 제조는 V테이프에 Ga를 확산시켜 Ga층이 많은 화합물 층을 만든 후 Cu도금을 하여 600~700℃에서 열처리하면 V_3Ga층이 생성된다. 여기서 Cu는 확산을 촉진하는 촉매작용을 하며 낮은 온도에서 쉽게 V_3Ga층을 생성시키는 효과가 있다.

일반적으로 화합물재는 결정입계가 자속선의 중요한 고착작용점으로 낮은 온도에서 생성되도록 하여 가능한 미세한 결정립의 화합물을 만들수록 큰 임계전류밀도(Jc)를 얻을 수 있다. 테이프 선재는 테이프의 길이 방향으로 굴곡 되어도 화합물 층의 변형이 적으므로 취급이 용이해서 소형, 중형의 강자장 마그넷에 사용된다. V_3Ga가 강자장에서 임계전류밀도(Jc)가 크며, Nb_3Sn 테이프에서 15Tesla, V_3Ga는 17.5Tesla의 자장이 발생한다.

나. 복합가공법(Bronze 법)

표면 확산법에 이어 1970년대에 복합가공법에 의해 초전도특성과 안정성이 뛰어난 V_3Ga, Nb_3Sn 극세다심선(極細多芯線)이 개발되었다. 이 복합가공법은 Bronze 법이라고도 부르며 그 원리는 다음과 같다.

V_3Ga 극세다심선은 Cu-Ga 합금 모상에 다수의 V심봉을 삽입한 복합체를 선상으로 가공한

다. 그 후 600~650℃에서 열처리하면 Cu-Ga 모상 중의 Ga와 극세다심선으로 가공된 V가 확산 반응하여 VaGa 화합물의 V_3Ga 심선을 생성한다. 모상중의 Cu는 V_3Ga 층에 고용하여 복합가공에 필요한 기계적 성질을 갖는 모재로 된다.

Nb_3Sn 극세다심선의 제조는 Cu-Sn 합금 모상에 다수의 Nb봉을 삽입한 복합체를 선상으로 가공한 뒤, 700~750℃ 열처리하면 Nb심과 주위의 Sn이 확산 반응하여 Nb_3Sn 화합물의 세심선이 생성된다. Cu중에 Ga이나 Sn함유량이 많을수록 V_3Ga 또는 Nb_3Sn이 두껍게 생성되어 초전도 특성은 좋지만 가공성 때문에 Cu-(19~20at%)Ga 합금, 또는 Cu-(7~8at%)Sn 합금이 사용된다. 이러한 화합물 극세다심선은 테이프 선재에 비하여 안정성이 월등히 우수하고 균일성이 좋은 강자장 마그네트를 만들 수 있다.

다. In-Situ 법

Cu-Nb-Sn, Cu-V-Ga 3원 합금의 잉고트에서 Nb_3Sn, V_3Ga 화합물의 극세섬유를 다량 포함한 선재를 만드는 방법을 In-Situ 법이라 한다.

제조원리는 적당한 조성의 Cu-Nb-Sn 합금 또는 Cu-V-Ga 합금 잉고트는 Cu 합금의 모상 내에 Nb, V가 미세한 주상정상이 분산된 조직이다.

이 2상의 합금을 세선으로 가공하면 Nb 또는 V섬유(fiber)가 Cu 합금 모상 속에 가늘게 배열된 선재로 된다. 이를 적절한 온도에서 확산 열처리를 하면 Nb_3Sn, VaGa 극세섬유가 생성되게 된다.

In-Situ 법의 이점은 Bronze 법보다 공정이 간단하여 화합물의 극세 섬유를 함유한 선재를 간단히 대량생산할 수 있다.

Ga나 Sn량을 임의로 증가시킬 수 있어 임계전류밀도(Jc)가 복합가공선재보다 높다. 섬유의 분산강화로 선재의 강도가 크고, 굽힘이나 인장 등의 응력에 대한 특성변화가 적어 초전도 특성의 열화가 적다.

라. 분말법

미국 MIT의 Foner Group에 의하여 최근에 연구된 것으로 Nb와 Cu 분말 또는 Cu 합금 분말을 혼합, 압축, 성형 및 열처리하여 In-Situ 법과 같이 Cu 모상 내에 화합물의 극세섬유(예: Nb_3Sn 섬유)를 분산시키는 방법이다.

분말법의 이점은 분말을 성형시킨 압분체(compact)를 가공 후 열처리하기 때문에 Bronz 법, In-Situ 법과 비교할 때, 합금의 잉고트를 제작하여 확산시키는 공정이 필요하지 않아 제조 공정이 적으며 제조경비의 감소와 화합물 선재의 양산화가 기대되며, Nb량과 입경(粒徑)을 선택할 수 있는 이점이 있다.

마. 동시 증발법(EDDC; Evaporationusing Drum in Dual Chamber)

동시 증발법은 한국에서 개발한 독자적인 초전도 층 제조기술이다. 완충 층이 부착된 금속기판 테이프 표면위에 초전도체를 형성하는 원자들을 부착하여 혼합물을 만들고 고온의 산소 조건에서 반응 과정을 통하여 혼합물을 초전도상으로 변화시킴으로써 박막구조의 초전도선을 만든다.

[그림 14-9]는 금속드럼에 원자단위의 층을 쌓아서 초전도체를 만드는 동시 증발법의 개요이다.(한국전기연구원 그림 제공)

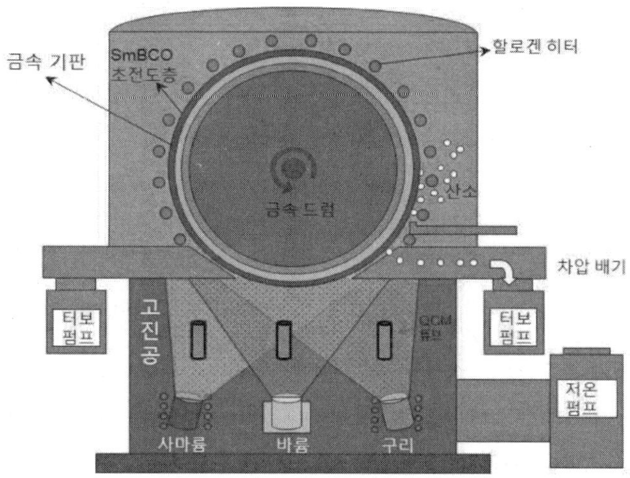

[그림 14-9] 동시 증발법(EDDC; Evaporationusing Drum in Dual Chamber) 개요도

동시 증발법에는 두 개의 챔버가 있다. 하부 챔버에서는 사바륨, 바륨, 구리 금속을 전기적으로 가열하여 위쪽으로 증발시키고, 상부 챔버에서는 회전하는 금속드럼 표면에 기판 테이프가 감겨 있다.

상부 챔버는 할로겐 히터로 고온으로 가열하고 산소를 흘러 보내 산소 원자의 밀도가 일정하게 유지되도록 했다. 두 챔버 사이에는 상부의 산소가 하부 챔버로 유입되지 않도록 틈을 만들었다.

하부 챔버에서 증발된 원자들이 산소와의 화학작용을 통해 상부 드럼의 기판 표면에 붙어서 드럼이 한 번 회전하는 동안 수㎚ 두께의 박막이 [그림 14-10]같이 만들어 진다. 원자 증발, 혼합물 생성, 확산 반응, 초전도체 생성 과정이 반복적으로 일어나면서 초전도막을 두껍게 성장시켜 초전도체를 얻을 수 있다.

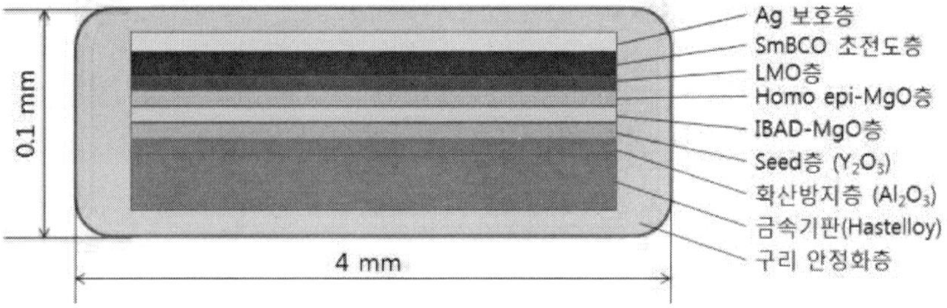

[그림 14-10] 초전도층의 상세 구조

14.4.3 유기물계 초전도체

유기화합물 중에서 금속적인 성질을 나타내는 금속을 발견하면서 유기합성금속 또는 유기도체라 부르며, 이 유기도체에서 초전도성이 발견되었다. 유기물 초전도체는 전기저항이 0인 초전도 현상을 나타내는 유기 화합물인데, 현재까지 발견된 유기 초전도체는 $(TMTSF)_2$ X 화합물과 $(BEDT\text{-}TTF)_2$ X 화합물로 대별된다. 여기서 TMTSF와 BEDT-TTF는 도너(donnor)라 하고, X를 억셉터(accepter)라 하며, 강한 산화력을 가지고 있다. TMTSF의 억셉터(X)에는 PF_6, AsF_6, SbF_6, ClO_4, ReO_4, 등이 있고, BEDT-TTF의 억셉터(X)에는 I_3, TaF_6, IBr_2, AuI_2 등이 있다.

[그림4-11]은 유기 초전도체를 구성하는 도너의 분자구조를 나타낸 것이다.

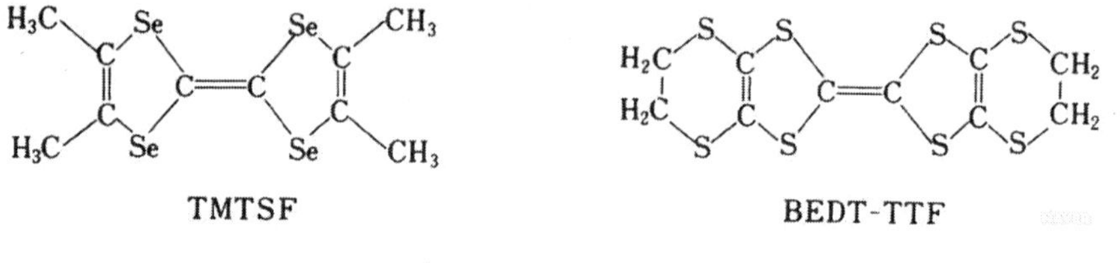

[그림4-11] 유기 초전도체를 구성하는 도너의 분자구조

금속계 재료의 초전도가 발생하는 임계온도는 -230℃ 정도가 상한이라고 보고 있으며(현재의 최고 임계온도는 니오브 3 · 게르마늄의 -250℃), 초전도 상태를 실현하기 위해서는 강력한 냉각장치가 필요한데, 유기물 초전도체는 실온 이상에서도 초전도 상태가 될 가능성이 있어 냉각장치가 불필요하기 때문에 이상적인 초전도 재료로 주목을 받고 있다.

[표 14-3] 유기 초전도체의 임계온도

종류	Tc[K]	조건	종류	Tc[K]	조건
$(TMTSF)_2PF_6$	0.9	6.5kbar	$(BEDT\text{-}TTF)_2I_3$	8	1.3kbar
$(TMTSF)_2AsF_6$	1.1	9.5kbar	$(BEDT\text{-}TTF)_2I_3$	1.35	10kbar
$(TMTSF)_2SbF_6$	0.38	10.5kbar	$(BEDT\text{-}TTF)_2TaF_6$	2.5	상압에서
$(TMTSF)_2ClO_4$	1.3	상압에서	$(BEDT\text{-}TTF)_2IBr_2$	5	상압에서
$(TMTSF)_2ReO_4$	1.2	0.5kbar	$(BEDT\text{-}TTF)_2AuI_2$	1.4	상압에서

14.4.4 고온 초전도체(High-Temperature Superconductors)

가. 개발

1986년까지 물리학자들은 BCS이론에 의하면 30K 이상에서 초전도성을 보이는 것이 불가능하다고 믿었다. 그러나 1986년 베드노르즈(Johannes Georg Bednorz)와 뮬러(Karl Alexander Müller)는 란타늄 구리계 페롭스카이트 물질에서 초전도를 발견하였으며 그 임계 온도는 35K 이었다. (이들은 이 연구로 1987년 노벨상을 수상하였다.) 후에 우(M. K. Wu) 등이 란타늄을 이트륨으로 치환하여 YBCO를 만들었는데, 그 임계온도가 92K에 이르렀다. 이것은 냉각제로 사용되는 액화 질소의 기화점인 77K 보다 높은 온도라는 점에서 중요한 것이었다. 이것은 상업적으로 중요한데 왜냐하면 액화 질소는 원재료 걱정 없이 값싸게 어디서나 생산할 수 있으며 액체 헬륨을 수송할 때 나타나는 문제점인 고체 에어 플러그 등의 문제에서 자유롭기 때문이었다. 그 이후로 많은 다른 구리계 초전도체가 발견되었으며, 이 물질들이 보이는 초전도에 대한 이론적 설명은 응집물질물리 분야의 가장 도전적인 과제가 되었다.

약 1993년부터 가장 높은 임계 온도를 가지는 고온 초전도체는 수은, 바륨, 칼슘, 구리, 산소로 구성된 세라믹으로서 임계온도가 Tc=138K였다.

2008년 2월에는 철에 기반을 둔 고온 초전도체가 발견되었다. 도쿄 공업 대학의 히데오 호소노(Hideo Hosono)와 동료들은 란타늄-산소-불소-철-비소 화합물(LaO1-xFxFeAs)에서 초전도를 26K에서 발견하였다. 이어진 다른 그룹의 연구는 LaO1-xFxFeAs의 란타늄을 세륨, 사마륨, 네오디뮴, 프라세오디뮴 등의 다른 희토류로 치환하였을 때 임계 온도가 52K까지 높아짐을 발견하였다. 이와 유사한 AFe_2As_2구조를 가진 철-비소 기반 초전도체 또한 보고되었다. 전문가들은 다른 계열의 초전도를 연구함으로써 구리계 초전도체에 대한 이론도 이끌어 낼 수 있을 것으로 기대하고 있다. [표 14-4]는 대표적인 산화물 고온 초전도체의 임계온도와 표기를 나타낸 것이다.

[표 14-4] 대표적인 산화물 및 세라믹 고온 초전도체

산화물 초전도체	Tc[k]	표 기	발견자
$(La_2\text{-}xSrx)Cu_2O_4$	38	214	J.G. Bendnortz
$YBa_2Cu_3O_7$	92	Y-123(YBCO)	M.K. Wu et al.
$Bi_2Sr_2CaCu_2O_8$	84	Bi-2212	H, Maeda et al.
$Bi_2Sr_2CaCu_3O_{10}$	110	Bi-2223	
$Tl_2Ba_2CaCu_2O_8$	108	Tl-2212	
$Tl_2Ba_2CaCu_3O_{10}$	125	Tl-2223	S.N. Putilin et al.
Hg-Ba-Ca-Cu-O	138	Hg-1212, Hg-1223	A. Schilling et al.

나. 고온 초전도 재료의 결정구조

고온 초전도체란 액체질소의 비등점(77K)보다 높은 온도에서 초전도성을 갖는 것으로 온도가 90K(-183℃)로 매우 낮은 온도지만, 액체 헬륨에 담갔을 때 초전도성이 나타나는 기존의 초전도체는 30K 이하의 아주 낮은 온도임에 비하여 높은 온도에서 초전도성을 보이기 때문에 구분한 것이다.

초전도체를 분류하는 기준은 한 가지만 있는 것이 아니다. 대표적인 것으로는 물리적 성질을 기준으로 제1형 초전도체(상전이의 차수가 1차)나 제2형 초전도체(상전이의 차수가 2차)가 있다.

발견 초기의 단원자 저온 초전도체들은 대부분 1-형(Type-I) 초전도체로 알려져 있고, 대부분 화합물 초전도체를 비롯하여 모든 산화물 고온 초전도체들은 2-형(Type-II) 초전도체로 알려져 있다. 1-형 초전도체와 2-형 초전도체의 구분은 자기장-온도 상전이 형태에서 쉽게 그 차이점을 발견할 수 있다.

다. 고온 초전도체의 장단점

고온 초전도체의 장점은 고온 초전도체의 냉매를 헬륨 대신 77K인 액체질소를 사용할 수 있어 경제적이며, 비열이 커서 외부온도 변화에도 초전도성이 안정적이다. 저온 초전도체보다 많은 전류를 흘릴 수 있어 효율이 높은 전력기기를 만들 수 있다. 단점은 고온 초전도체는 산화물 세라믹으로 취성이 커서 전기기기에 필요한 세선을 만들기 어렵다.

또한 고온 초전도체의 전자(electron)의 뛰는 힘이 약해, 전자쌍을 이루어 전진하다가 전자의 흐름을 방해하는 물질 층을 만나면 전자가 이동하지 못하며, 고온 초전도체의 전자들이 흘러가는 방향에 따라 전류량이 다르다. 즉 고온 초전도체는 구리-산소의 층으로 이동하는 층의

옆으로는 구리와 산소가 촘촘히 배열되어 있어서 흐름이 원활하지만 위층이나 아래층으로는 그 배열이 엉성해서 전자가 잘 흐르지 못한다. 고온 초전도체는 자력이 약하다. 즉 대체적으로 외부에서 자장이 다가오면 초전도성을 잃게 된다.

14.5 초전도현상을 이용한 사례

14.5.1 MRI(자기공명 영상장치)

우리 몸의 대부분이 물이라는 사실에 착안, 자기장의 변화를 이용하여 방사선 노출이나 절개 없이 몸의 내부 상태를 파악할 수 있게 해 주는 장치이다. [그림 14-12] 참조.

MRI(Magnetic Resonance Imaging)에는 매우 강력한 자기장이 필요한데 이러한 자기장을 가능하게 하는 것이 초전도체 전자석 외에는 없다. 초전도체는 저항이 없으므로 전자석의 자력을 높이는데 필요한 전류를 원하는 만큼 높일 수 있기 때문이다.

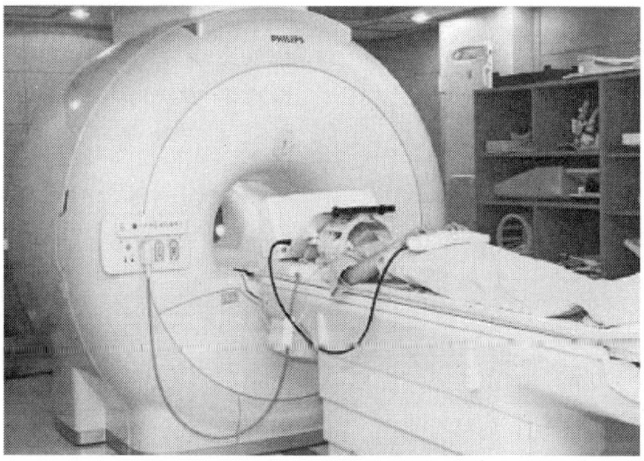

[그림 14-12] MRI(자기공명영상 장치) 사진(사진제공 : 동아일보)

14.5.2 핵융합로

핵융합에는 초고온 상태에서 전자와 원자핵이 분리된 플라스마 상태의 물질이 필요한데 플라스마 온도는 1억℃에 달하기 때문에 이를 담을 용기를 만드는 것이 중요한 과제 중 하나였다. 초전도체를 이용하면 강력한 자기장을 발생시킬 수 있어 전기적 성질을 띤 플라스마를 공중에 "띄워서" 가둘 수 있다. 이때 사용하는 것이 바로 초전도체로 만든 전자석이다. [그림 14-13] 참조.

[그림 14-13] 핵융합로 내부 구조

14.5.3 자기부상열차

[그림 14-14]과 같이 자기부상열차 안에는 영구전류가 통하는 초전도 전자석이 여러 개 실려 있다.

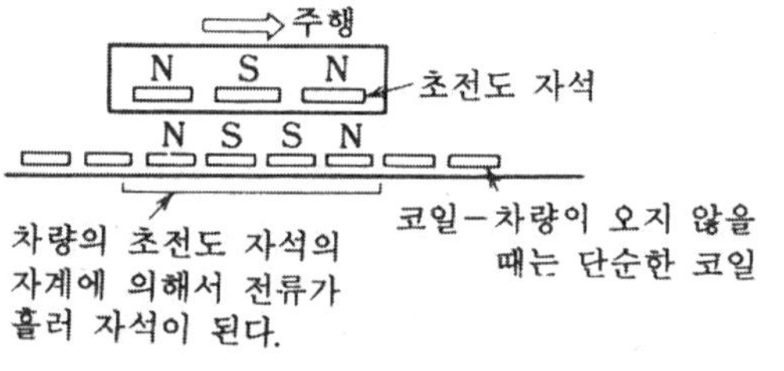

[그림 14-14] 자기부상열차의 원리도

초전도 전자석에는 한번 전류가 흐르면 영구전류가 되기 때문에 전력이 소모되지 않는다. 지상에 부설된 동 혹은 알루미늄의 코일 위를 차량에 탑재된 자석이 이동할 때 코일 안에는 전류가 유도되어 지상 코일은 일시적으로 차량의 자석과 반대방향의 자극을 갖는 자석이 된다. 차량과 지상의 자석 간에는 자기적인 반발력을 작용하고 이 힘으로 떠올라 지지된다. 초전도체가 자력선을 통과시키지 않고 배척하는 성질이 있어 [그림 14-15]과 같이 자석이 접시 위에 부상되어 있다. [그림 14-16]는 자기부상열차가 운행되는 모습이다.

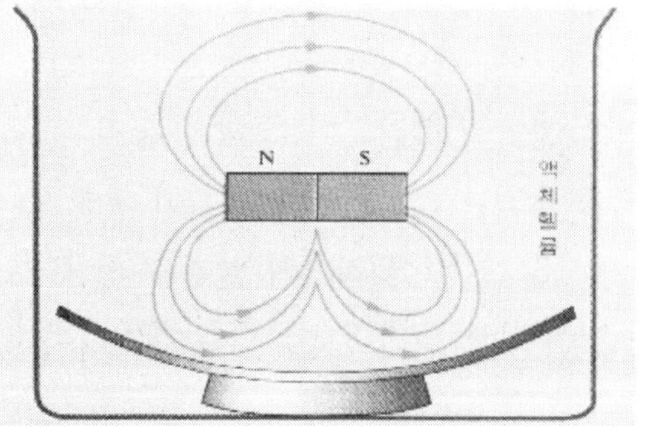

[그림 14-15] 초전도체 위에 영구자석

[그림 14-16] 자기부상열차

[참고문헌]

1. 정인설, "'초전도체의 전선' 초전도 케이블 본궤도…전지박 세계 1위 넘본다" 한국경제, (2011)
2. 편집부, "[IT 용어 아하!] 초전도현상", 디지털타임즈, (2011)
3. 이해성, "초전도 발견 100년…초고속 자기부상열차'현실로'" 한국경제, (2011)
4. 배대성, "전기와 자기", 성우주니어, (2008)
5. 김석환, "열정과 야망의 전기 이야기", 대명사, (2010)
6. 한병성, 구할분, 이현수, "최신 전기전자재료", 동일출판사, (1999)
7. 서영섭, 백승호, 이철영, "신소재공학", 기전연구사, (2001)

15 수소저장합금

(metallic alloy for hydrogen storage)

15.1 개요

수소저장합금이란 수소원자가 금속결정 중 빈자리에 들어가면 금속원자와 강한 결합을 형성하는 성질을 이용한 것으로서 금속결정 속에 수소를 흡착시킬 수 있는 합금을 말한다.

고도의 산업 활동에 따라 석유, 석탄, 천연가스 등 화석연료의 사용량이 커지고, 이에 따른 도시의 대기오염, 산성비 및 이산화탄소에 의한 지구의 온난화 등의 문제가 심각하게 대두되고 있다. 따라서 지구환경을 보호하기 위하여 무공해이며, 재생 가능한 새로운 에너지로써 기존의 화석연료를 대체하는 것이 시급한 과제로 부상하게 되었다. 이러한 문제를 해결하기 위한 새로운 에너지로서는 태양열, 지열, 풍력 및 해양에너지 등의 자연에너지와 물을 원료로 하는 수소에너지가 가능한데, 그 중에서도 수소는 원료가 지구상에 무한히 존재하는 "물"이고, 연소에 의해 자연 환경을 오염시킬 염려 없이 용이하게 "물"로 되돌아감으로써 자연의 순환을 방해하지도 않고, 자연 저장이 가능하며, 타 에너지(기계에너지, 열에너지, 화학에너지 및 전기에너지)로의 변환이 가능하여 장래의 2차 에너지로서 수소에너지가 각광을 받고 있다.

이와 같이 수소에너지에 대한 관심이 높아짐에 따라, 수소에너지 저장방법에 대하여 살펴보면 수소저장물질의 종류는 크게 비가역적 수소저장물질과 가역적 수소저장물질로 나누는데, 비가역적 수소저장물질(chemical hydride)은 한번 수소를 발생하고 나면 부산물이 생겨 부산물의 회수 및 재생이 필요하다. 주로 수소함유화합물(예, $NaBH_4$)의 가수분해에 의해 수소 발생이 이루어지며 사용 후 카트리지 형태로 교환해 주어야 한다.

가역적 수소저장물질에는 수소 원자가 금속 격자의 공극에 침투, 확산하여 저장되는 금속수소화물(MH, metal hydride), 이온결합과 공유결합이 공존하는 수소화합물의 분해와 재결합이 일어나는 금속착수소화물(CH, Complex hydride)이나 비표면적이 큰 재료에 수소가 물리적으로 흡탈착하는 카본 나노 재료(CNT)와 MOF (Metal Organic Framework) 그리고 미세 다공성 물질 내에 수소를 저장하는 포접화합물(Clathrates) 등이 있다.

이들 중 금속수소화물(metal hydride)의 개발이 선행 연구의 대상이 되고 있다. 금속수소화물에 의한 수소저장은 기존의 수소 봄베를 이용한 압축수소가스나 액화수소에 의한 저장방법에 비해 단위 부피당의 저장용량이 크고, 안전하며, 비용이 저렴하다는 장점이 있다.

한편, 수소저장합금은 수소와 반응해서 금속수소화물로서 수소를 저장할 뿐만 아니라, 가열 또는 감압(減壓)으로써 수소를 방출하는 특성을 갖고 있다. 즉, 이 합금은 가역적으로 수소를 흡장(吸藏) 및 방출하는 기능을 갖고 있으며, 흡장 시에는 발열, 방출 시에는 흡열을 수반함으로써 에너지변환기능을 갖는 활용 가치가 많은 신소재이다. 이러한 특성을 이용해서 냉난방, chemical engine, 수소정화, 혼합기체로부터 수소의 분리 등 다방면에 걸쳐 금속수소화물의 수소 흡장 · 방출 특성을 활용하기 위한 연구가 활발히 진행되고 있다. [그림 15-1]은 수소의 생산과 금속수소화물의 에너지 시스템에 대한 분류이다.

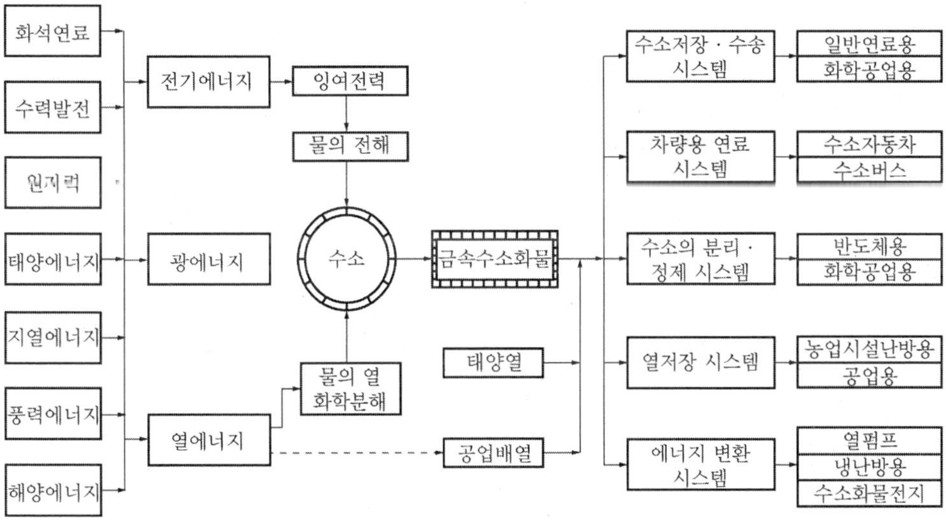

[그림 15-1] 수소에너지 시스템

수소는 무공해 연료의 에너지원으로서 기존의 수소 운반 방법은 파이프라인이나 고압봄베를 사용하여 액화수소 상태로 운반할 수 있으나 많은 제약요인이 있어서 애로를 겪고 있다.

파이프라인은 가스 유출의 위험이 있으며, 고압봄베를 사용할 때에는 $7Nm^3$의 H_2(0.6kg)를 수송하기 위해서 약 55kg의 무거운 강제 내압봄베가 필요하다.

또한 액화수소로 액화하기 위해서는 36~50MJ/kg의 전력과 -253℃의 극저온 저장용기가 필요하다.

수소저장합금은 어떤 종류의 합금에서는 수소와 반응해서 금속수소화물의 형태로 수소를 포착한다. 이 상태에서 가열하면 수소를 방출한다는 특이한 성질을 가지고 있다. 즉 금속A와 수소가 반응했을 때(금속수화물 생성) 에너지가 내려가는 이유는 금속과 수소가 갖고 있는 고유 에너지보다 금속수소화물의 에너지가 낮기 때문이며, 수소저장용 합금에서 수소를 방출시킬 때 에너지가 올라가는 이유는 금속수소화물의 에너지보다 원래 금속과 수소가 따로 있을 때의 에너지가 더 높기 때문에 에너지를 필요로 하는 성질을 갖는 합금을 말한다.

수소밀도는 상태에 따라 많은 차이가 있는데 기체상태에서는 5.4×10^{19}/㎤이고, 액체상태에서는 5.3×10^{22}/㎤이나 금속수소화물 상태에서는 기체보다 1000정도 밀도가 큰 것으로 비교된다. [표 15-1] 참조, [표 15-2]는 각 수소저장방법의 장단점 비교한 것이다.

[표 15-1] 수소상태와 수소밀도 비교

수소 상태	기체수소 (N.T.P)	액체수소 (-253℃)	TiH_2	$LaNi_5H_{6.7}$	FeTiH	ZrH_2
수소밀도 (원자수/㎤)	5.4×10^{19}	5.3×10^{22}	9.1×10^{22}	7.6×10^{22}	6.3×10^{22}	7.2×10^{22}

[표 15-2] 각 수소저장방법의 장단점 비교

저장 / 장단점	압축가스	액체수소	지하저장	수소저장합금
내용	· 고온, 상온내압탱크: 10~30atm~2500N/㎥ · 봄베 등 : 150~200atm~2800N/㎥	· -253℃ · 상압 694N/㎥ · 단열용기(Dewer, 또는 탱크) 최대: 3200N/㎥	· 고압, 상온폐갱, 암염층, 대수층에 압입 · 10^6~10^9N/㎥ 실용실적 있음	· 상온, 상압 근방 금속수소화물의 생성 · 1/1000로 축소 · 열교환 형식의 반응용기 필요 · 실용실적 있음
장점	· 보급기술 · 저장에너지 저소비	· 고중량 밀도 · 체적밀도가 큼 · 대량저장 가능	· 저가 · 대량저장 가능 · 장기저장 가능	· 안전성이 큼 · 체적밀도가 큼 · 열에 의한 방출
단점	· 고압 · 저충전 밀도 · 소, 중용량	· 액화동력이 고가 · 증발누출 가능성	· 적지가 한정	· 고가이며 고중량 · 초기 활성화 · 미분화, 독성

15.2 수소저장용 소재

금속원소는 수소와의 친화력에 따라 수소화물을 형성하기 쉬운 금속과 어려운 금속으로 나눌 수 있는데 수소와의 친화력이 큰 금속의 경우는 수소의 흡장은 쉽지만 방출이 어렵고, 수소와의 친화력이 작거나 없는 금속의 경우는 수소의 흡장 자체가 어렵다. 따라서 금속수소화물이 수소저장 매체로 활용되기 위해서는 수소와의 친화력이 큰 금속과 그렇지 않은 금속간의 적절한 배합이 필요하다.

수소와의 친화력이 큰 금속을 A, 수소와의 친화력을 갖지 않는 금속을 B라고 했을 때 현재까지 수소저장매체로서 검토되고 있는 금속수소화물은 구성 원소간 화학 양론적 비를 갖는 AB형, AB_2형, AB_5형, A_2B형 등이 있으며 화학 양론적 비를 갖지 않는 A_xB_y형의 고용체도 있다.

수소저장합금은 일반적으로 금속수소화물을 만들기 쉬운 IIa~Va족 금속(희토류, Tl, Zr 등)과 만들기 어려운 VIa~VIII족 원소(Mn, Fe, Co, Ni 등)를 조합한 2원 또는 다원계 금속간화합물이다. 수소저장용 재료로서 이용할 경우는 이 금속간화합물의 성분, 조성을 H_2가스와의 반응에 의해서 생성하는 금속수소화물이 다음의 조건을 만족하도록 선정한다.

- 합금구입이 쉽고 값이 저렴할 것.
- 활성화가 쉽고 수소저장량이 많을 것.
- 생성열이 수소 저장할 때는 작고 열을 저장할 때는 클 것.
- 평형수소압차가 작을 것.
- 넓은 조성범위에서 일정한 평형압을 가지며 수소저장 시 실온 부근에서 해리압이 2~3기압일 것.
- 수소의 흡수 방출속도가 클 것.
- 수소저장합금의 유효 열전도도가 클 것.
- 수소의 흡수·방출이 반복될 때에도 합금의 미분화가 잘 되지 않고 성능이 감소되지 않을 것.
- 불순물(O_2, H_2O)에 대하여 안전성이 클 것.

15.3 합금의 수소 저장 · 방출 기구

15.3.1 수소의 흡장과 방출

- 수소는 금속 또는 합금 중에 어떻게 흡장되고, 어떠한 상태로 금속수소화물을 형성하고 있는가?
- 어떠한 금속이 수소를 흡장하기 쉽고, 또 방출 능력을 높일 수 있는가?

스폰지(sponge)가 그 외형을 변화시키지 않고 물을 흡수할 수 있듯이 금속 속으로 수소는 흡장될 수 있다. 수소분자(H_2)는 금속 또는 합금과 접촉되면 금속표면에 흡착된다. 분자상으로 물리적인 흡착을 하고 있는 수소분자의 H-H 결합이 끊어져서, [그림 15-2]에 나타낸 바와 같이 원자상수소로 해리된다.

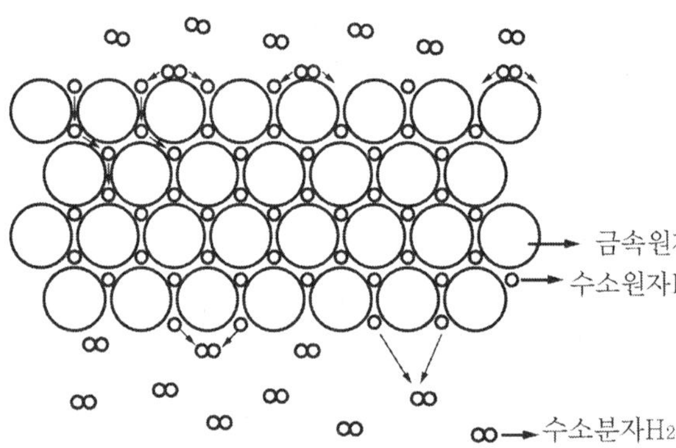

[그림 15-2] 수소가 흡장 · 방출되는 기구

[그림 15-3]은 FCC(면심입방격자)에서 수소원자가 침입할 수 있는 자리이며, [그림 15-4]는 BCC(체심입방격자)에서 수소원자가 침입할 수 있는 자리이다.

수소는 금속원자와 원자 사이에 존재하는 "틈새", 즉 격자 틈자리(interstitial site)로 신속하게 들어가서 내부로 확산하게 된다. 이렇게 하여 금속격자 사이에 수소원자가 어느 일정한 농도 이상으로 들어가게 되면 금속수소화물로 상변화 하는 것이다.

수소의 방출반응은 이 반대 과정으로 진행된다. 즉, 수소원자는 재차 금속표면에서 수소분자로 결합되어 방출되는 것이다. 실제로는 금속이나 합금의 표면적을 크게 하기 위하여 분말상으로 만들어 수소가스와의 반응 속도를 증가시키는 연구도 진행 중이다. 실용적인 수소저장합금은 이러한 여러 가지 반응 과정이 가역적으로 신속하게 열역학적인 평형 상태에 도달되는 합금으로 한정되는 것이다.

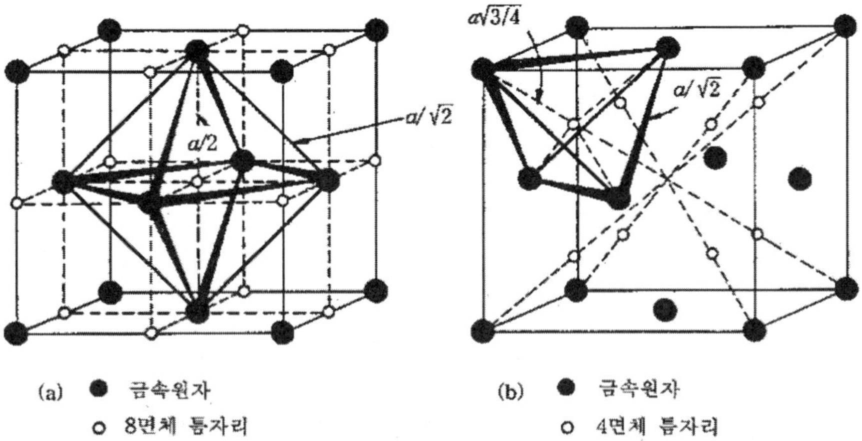

[그림 15-3] FCC의 침입형 자리

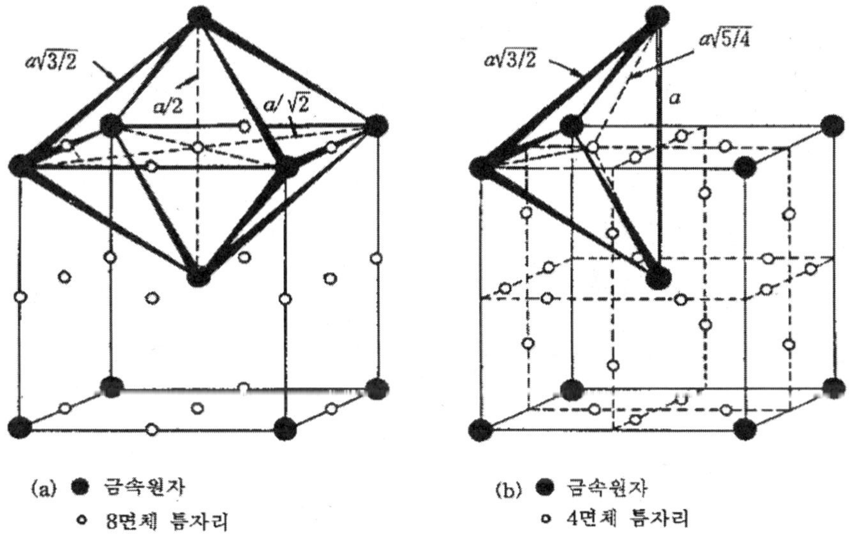

[그림 15-4] BCC의 침입형 자리

15.3.2 금속격자 중의 수소 위치

금속의 주요한 결정구조로 면심입방격자(FCC), 체심입방격자(BCC), 조밀육방격자(HCP) 등을 들 수 있는데, [그림 15-5]와 같이 실제로 각 결정구조에서 수소원자가 차지할 수 있는 위치는 다음 [표 15-3]에서 FCC와 BCC 구조에서의 침입형 자리를 나타내었다. 여기서 보면 BCC 구조에서나 FCC 구조에서나 침입형 자리는 8면체 틈자리(octahedral interstitial site)와

4면체 틈자리(tetrahedral interstitial site)의 2종류가 있다는 것을 알 수 있다. 이 2종류의 위치가 수소원자가 차지할 수 있는 위치이다.

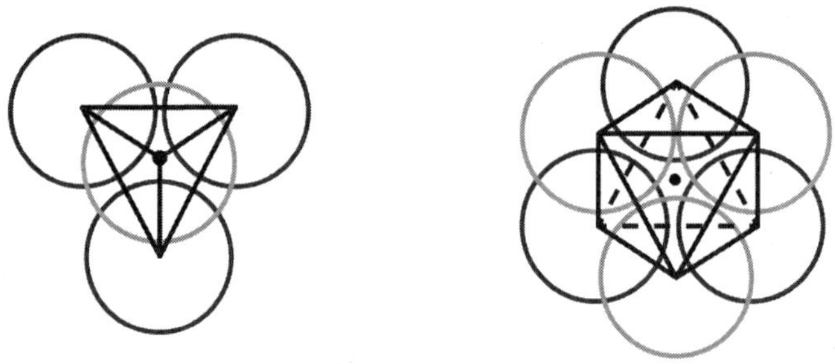

(a) 4면체 : r=0.28　　　(b) 8면체 : r=0.52

[그림 15-5] 수소원자가 차지할 수 있는 틈자리

8면체 틈자리와 4면체 틈자리의 크기에는 큰 차이가 있다. [표 15-3]에 FCC와 BCC의 침입형 자리와 그 크기를 비교하여 나타낸 것이다. Fe원자의 형상이 구형이고, 서로 접촉해 있다고 가정할 때, FCC 격자에서 8면체 틈자리의 크기(반경)는 0.52Å이지만, 4면체 틈자리의 크기는 0.28Å에 불과하다. 즉, FCC에서는 4면체 틈자리보다 8면체 틈자리에 침입형 원자가 침입하기 쉽다는 것이다.

또한 [표 15-3]에서 알 수 있는 바와 같이 BCC에서의 침입형 자리의 크기는 FCC에서보다 훨씬 작다. 즉, 8면체 틈자리의 크기는 0.19Å, 4면체 틈자리의 크기는 0.35Å에 불과하다. 실제로 어떠한 위치로 수소원자가 들어가느냐 하는 것은 금속의 원자 반경과 관계가 있다. 예를 들면 원자 반경이 작은 금속인 Ni, Cr, Mn, V, Pd, Ti 등은 8면체 틈자리에, 원자 반경이 큰 희토류 금속인 Zr, U, Nb 등은 4면체 틈자리를 차지하는 경향이 있다.

[표 15-3] FCC와 BCC의 침입형 자리와 크기

결 정 구 조		침입형 자리	크기(반경), Å
FCC	8면체틈자리	$(0\ \frac{1}{2}\ 0)$, $(\frac{1}{2}\ \frac{1}{2}\ \frac{1}{2})$	0.52
	4면체틈자리	$(\frac{1}{4}\ \frac{1}{4}\ \frac{1}{4})$	0.28
BCC	8면체틈자리	$(0\ \frac{1}{2}\ 0)$, $(\frac{1}{2}\ \frac{1}{2}\ \frac{1}{2})$	0.19
	4면체틈자리	$(0\ \frac{1}{2}\ \frac{1}{4})$	0.35

다음 [그림 15-6]은 Nb의 결정격자인 BCC의 4면체 틈자리에 침입한 수소원자의 공간적 위치를 나타낸 것이고, 또한 수소저장합금의 하나인 TiFe의 결정 중에 수소원자가 침입한 위치를 보여 주는 것이다.

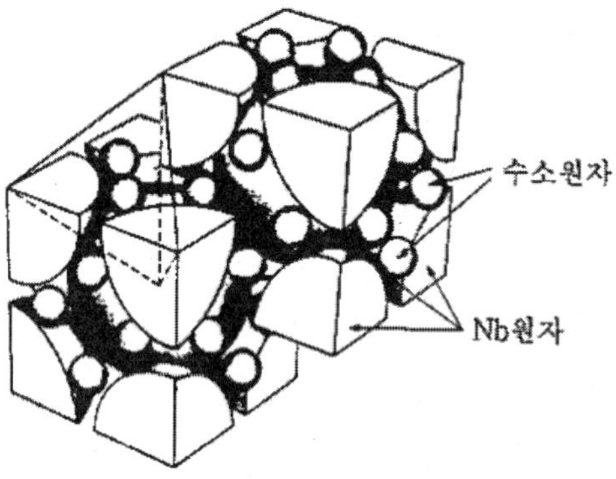

(점선부분정사면체위치)

[그림 15-6] Nb 수소화물의 구조

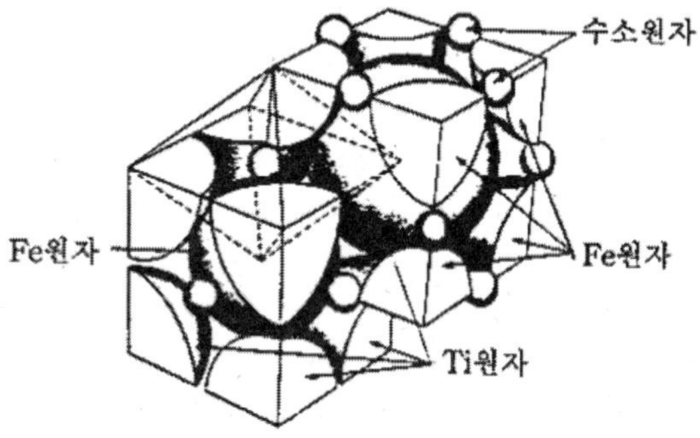

(점선부분정사면체위치)

[그림 15-7] TiFe 수소화물의 구조

TiFe는 BCC 격자를 이루고 있고, Fe 원자와 Ti 원자가 입방격자의 중심을 서로 점유하는 구조를 갖고 있다. [그림 15-7]과 같이 수소원자는 2개의 Fe원자와 4개의 Ti 원자로 둘러싸인 8면체 틈자리에만 침입하고, 4개의 Fe 원자와 2개의 Ti원자로 둘러싸인 8면체 틈자리에는 침입하지 않는다. 여기서 만일 수소압을 높여서 모든 8면체 틈자리에 수소원자를 침입시키면 금속수소화물의 조성, 즉 금속원자와 수소원자의 비(H/Ti+Fe)는 거의 1:1로 된다.

한편 침입한 수소원자에 의해 금속의 결정격자는 약 17% 팽창되어 결정격자는 변형을 일으키게 되고, 균열을 발생시킬 수도 있게 된다.

15.4 합금의 수소 흡장 반응

15.4.1 합금과 수소의 평형상태

수소저장합금은 수소와 반응하여 금속수소화물을 만든다. 금속 및 합금M이 수소와 반응하여 금속수소화물을 반응에서 반응열을 ΔH라 하면 다음 ①식과 같이 나타낼 수 있다.

반응식의 수치 n은 합금의 수소 흡장량을 나타내는 것이고, 이 수치의 대소가 합금의 반응면에서 중요하다. 이 반응은 가역반응을 나타내는데, 만일 수소가스의 압력이 평형 압력 이상으로 되면 반응은 금속수소화물을 형성하는 방향(오른쪽)으로 진행되고, 반응열 ΔH를 수반한다.

또 수소가스의 압력이 평형압력보다 낮아지면 반응은 ΔH의 흡열을 동반하여 금속수소화물이 분해되는 방향(왼쪽)으로 진행된다. 이와 같이 수소가스의 압력과 온도에 의해서 반응 방향이 결정된다.

$$\frac{2}{n}M + H_2 \underset{\text{방출(흡열)}\leftarrow}{\overset{\text{흡장(발열)}\rightarrow}{\Longleftrightarrow}} \frac{2}{n}MHn \pm \Delta H\ (\text{열}) \text{ ----- ①}$$

금속, 합금 수소 금속수소화물
(고체) (기체) (고체)

이 합금에서 수소 흡장 반응의 평형상태를 조사하기 위한 순서로서는 통상 다음과 같은 방법이 행하여진다. 우선 수소와 직접 접촉하는 합금의 표면적을 크게 하여 반응속도를 크게 할 수 있도록 적당한 크기로 분쇄한다. 이렇게 분쇄한 합금을 스테인리스 내압용기 속에 넣고 적당한 온도에서 적당한 압력의 수소가스와 반응시킨다. 반응하는 조건은 합금의 종류에 따라서 달라지는데, 합금의 조건에 맞추어서 가압 또는 감압, 승온 또는 냉각을 하여 수소의 흡수방출을 반복해서 행함으로써 활성을 가진 수소저장합금으로 된다.

수소의 흡장량은 수소 압력과 온도에 의해서 결정된다. 이것을 압력-조성 등온곡선(P-C-isotherm curve)이라 불리어지며, [그림 15-7]에 금속-수소계의 전형적인 압력-조성 등온곡선을 나타냈다. 종축은 어느 온도에서 기체 수소의 평형 수소압 P를 나타내고 있고, 횡축은 평형상태를 나타내는 고상 중의 수소원자 H와 금속 원자 M의 비, H/M을 나타내고 있다.

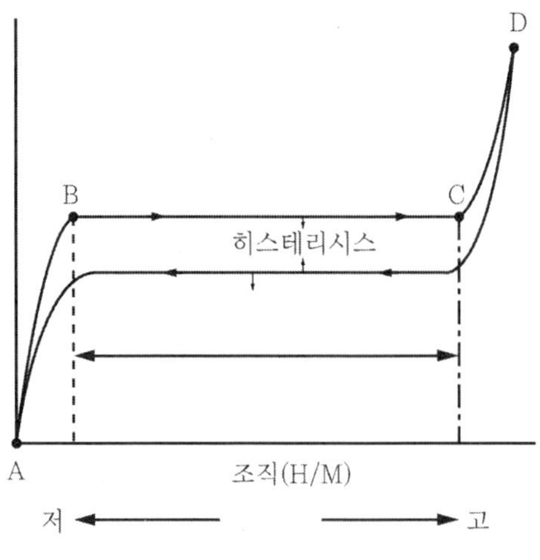

[그림 15-8] 금속-수소계의 압력-조성 등온 곡선

어떤 금속을 어느 온도 T에서 수소압을 천천히 올리면 H/M은 곡선 A~B를 따라 상승하고, 수소압은 현저하게 높아진다. 한편 금속 표면에 흡착하고 있는 수소는 압력이 높아짐에 따라 해리하여 수소원자로 되고, 이 수소는 금속 내에 고용되어 고용체를 형성한다. 이 A~B의 영역에서는 압력을 높여도 수소 흡장량은 그다지 증가되지 않는다.

이와 같이 수소가 고용된 고용체를 α상이라 부르고, 금속 내에 고용되어 있는 수소농도 $[H]_M$은 수소압력 P의 제곱근에 비례한다. 다음 ②식과 같이 Sieverts 법칙이 성립된다.

$$[H]_M \propto \sqrt{P_{H_2}} \qquad \cdots ②$$

B점에 도달하면 α상의 금속이 수소가스와 반응하여 수소화물상을 형성하게 된다. 이 상을 β상이라 부르는데, 모든 α상이 β상으로 되면 C점에 도달하게 된다. 이 α상과 β상이 공존하는 조성범위가 평형 수소압이 일정하게 되는 B~C 범위이다. 이 수평한 부분을 plateau(안정기)라 부르고, 이 플래토(plateau)영역은 수소압력이 일정하고, 조성 변화의 80~90%를 점하고 있으므로, 실제의 수소흡장은 이 B~C사이의 영역에서 이루어진다고 말할 수 있다. C점을 넘어서면 수소의 흡장능력은 저하되고 수소압력은 다시 급상승하게 된다. 이것은 β상의 조성이 화학양론적 조성에 가까워지고 있다는 것을 나타내고 있다.

또한 [그림 15-8]에서 볼 수 있듯이 금속에 수소를 흡장시키는 경우와 수소를 방출시키는 경우의 평형 수소압은 통상 다르게 나타나는데, 이것을 히스테리시스(hysteresis)라 부른다.

합금의 응용면에서 보면 P-C-isotherm(등온)곡선의 plateau영역의 위치와 폭이 중요하다. [그림 15-9]에서는 $LaNi_5$-수소계의 P-C-isotherm곡선을 나타내어 어떻게 상태도를 구하며, 어떻게 이용하는가에 대하여 설명하고자 한다. $LaNi_5$ 합금은 초기 활성화가 용이하여, 활성화시킨 합금을 실험에 사용하였다. 우선, 합금을 상온 부근에서 1MPa정도 압력을 수소가스에 위치시키면 수소가스와 반응해서 수소화물 $LaNi_5H_{6.0}$을 형성한다. plateau영역은 0.2MPa을 나타내고, 이 압력에서의 반응을 나타내고 있다. 재차 압력을 가하면 최고 $LaNi_5H_{6.7}$까지의 조성으로 된다. 또 이 수소화물의 해리압은 상온에서 0.15MPa을 나타내고 있는 것으로부터 이 합금은 상온 부근에서 용이하게 수소를 흡장, 방출시킬 수 있다는 것을 알 수 있고, plateau폭과 경사, 히스테리시스의 크기 등을 보아도 우수한 합금인 것을 알 수 있다.

한편 [그림 15-9]에 점선으로 표시한 반응은 동일한 $LaNi_5$ 합금을 60℃에서 반응시킨 것을 나타내는 것으로, 온도를 높여서 수소가스의 흡장압을 0.8MPa 이상, 해리압을 0.6MPa 이하로 하면 수소의 흡장, 방출 반응을 빠르게 할 수 있다.

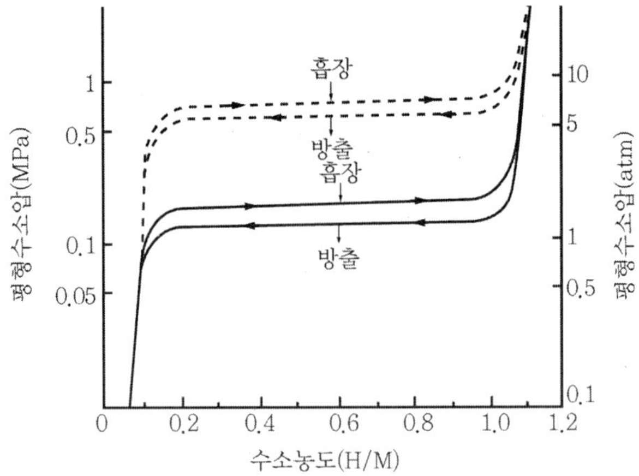

… : 60℃에서의 흡장 · 방출, - : 상온에서의 흡장 · 방출

[그림 15-9] $LaNi_5$-수소계의 압력-조성 등온곡선

합금을 수소저장용 재료로 사용하는 경우 수소가 금속수소화물 중 몇% 함유되어 있는가 하는 것은 중요한 사항이다. 수소의 함유량은 모체 금속의 원자수에 대한 흡장된 수소 원자수의 비 H/M으로 표시한다. $LaNi_5$ 합금이 최고로 수소를 함유할 때의 조성은 $LaNi_5H_{6.7}$이므로, 금속 원자수는 6, 흡장된 수소 원자수는 6.7이다. 따라서 H/M=6.7/ 6=1.12로 된다. 이것을 중량분율(wt%)로 나타내면 $LaNi_5$ 합금 439g에 대하여 수소는 6.7g을 함유하므로 수소함유율은 1.5wt%이다.

15.4.2 합금의 수소화 반응열

수소저장합금을 사용하는 경우에 중요한 또 한가지 사항은 수소의 흡장, 방출 시에 수반하는 반응열이다. plateau에서의 발열, 흡열 반응은 아래 ③식으로 나타낼 수 있다.

$$\frac{2}{\beta-\alpha}\mathrm{MH}_{\alpha}(\alpha\text{상}, T)+\mathrm{H}_2(\mathrm{P}\,\text{기압}, T) \rightleftarrows \frac{2}{\beta-\alpha}\mathrm{MH}_{\beta}(\beta\text{상}, T)\pm\Delta H(\mathrm{kJ}) \quad \cdots \ ③$$

합금이 수소를 흡장하여 수소화물을 형성하는 반응 시에는 반응열 ΔH를 발생시키고, 반대로 금속수소화물로부터 수소를 방출하는 반응 시에는 ΔH의 열을 흡수한다. $MH\alpha$, $MH\beta$는 각각 절대온도 T에서의 plateau양단의 조성, P는 그 온도에서의 plateau 압력이다. 이 반응은 P를 변화시킴으로써 좌우 어느 방향으로도 변화시킬 수 있다. [그림 15-8] 참조.

반응열은 금속이나 합금에 따라 다른데, 보통 수소 1mol(2g)을 흡장할 때의 발열량으로 나타낸다. 예를 들면 수소를 흡장할 때에 발생하는 생성열은 수소 1mol당 $LaNi_5H_{6.0}$은 -30.1kJ, $TiFeH_{1.9}$는 -23.0kJ이다. (-)부호는 발열을 의미한다.

수소저장합금의 특성은 이 반응열이나 평형 수소압에 의해서 특징 지워진다. 사용 목적에 맞는 합금을 개발하기 위해서 합금의 조성을 변화시켜서 그 반응열이나 평형 수소압을 제어하는 것이 행하여지고 있다.

합금의 수소 흡장반응에서 평형 수소압과 온도 사이에는 다음 식에 나타낸 바와 같은 근사적인 관계식 ④가 성립하고 있다.

$$\ln\ P = \frac{\Delta H}{RT} - \frac{\Delta S}{R} \quad \cdots ④$$

여기서 R은 기체상수, ⊿H는 반응열, T는 절대온도, ⊿S는 반응의 엔트로피 변화이다. 이 ④식에 의해 [그림 15-10]에 나타낸 바와 같이 ln P와 1/T 사이의 직선 관계가 성립하고, 그 기울기로부터 ⊿H를 구할 수 있다. 이 직선은 합금이 어떠한 온도 범위에서 사용할 수 있는가 하는 기준을 제시해 주는 것이므로 중요하다. 또 이 직선이 압력 P의 종축과 만나는 절편으로부터 ⊿S가 구해진다.

기체수소의 큰 엔트로피 변화(298K에서 130J/mol · K)와 비교해서 금속이나 합금의 수소 흡장반응의 엔트로피 변화는 그 종류에 관계없이 -125J/mol · K로서 거의 일정한 값을 갖는다. 따라서 식의 수소압과 온도의 관계는 반응열 ⊿H에 의해서만 결정된다고 생각할 수 있다.

합금을 수소저장용 재료로서 사용하고자 하는 경우에는 ⊿H의 값이 작은 합금을 사용하는 것이 에너지 효율면에서 유리하지만, 축열 재료로 사용하고자 하는 경우에는 반대로 ⊿H값이 큰 편이 유리하다.

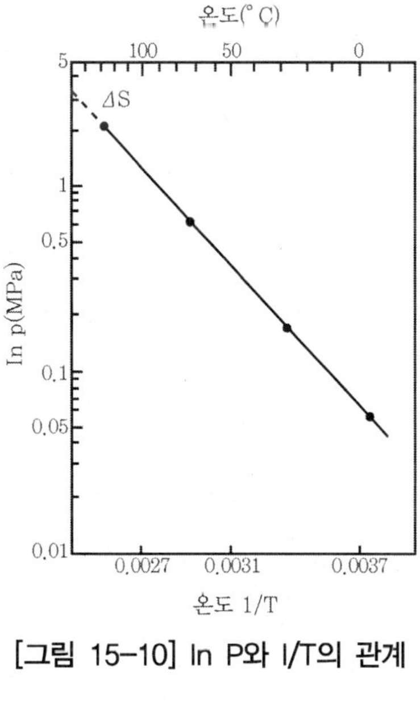

[그림 15-10] ln P와 l/T의 관계

15.5 수소저장용 합금의 종류

수소저장용 합금은 [표 15-4]와 같이 개발되어 사용되고 있다.

[표 15-4] 수소저장용 합금의 종류 및 특성

금속수소화물	수소 함유율 (wt%)	분해압 (atm)	생성열 (kcal/mol H_2)
MgH_2	7.6	1(290℃)	-17.8
$Mg_2Cu\text{-}H$	5.5	1(239℃)	-17.4
$LaNi_5H_{6.0}$	1.4	4(50℃)	-7.2
$TiFeH_{1.9}$	1.8	10(50℃)	-5.5
$Ti_{0.75}Al_{0.25}H_{1.5}$	3.4	1(100℃)	-11.3

15.5.1 마그네슘계 합금(MgH_2)

마그네슘이 자원적으로 풍부하여 다른 수소저장합금에 비해 가격이 저렴하며, 수소흡수량이 7.6wt% 정도로 높으며, 중량도 가벼우므로 수송용으로 좋다.

반응속도가 느리고, 반응열이 크며, 일단 수소화하여도 평형압이 낮기 때문에 수소를 쉽게 방출하지 않는 단점이 있다. 즉 대기압에서 수소를 해리시키기 위해서는 온도를 290℃ 이상으로 올려야 한다는 문제점을 가지고 있다.

15.5.2 칼슘계 합금

합금가격이 저렴하고, 활성화가 쉬우며, 초기 수소흡수량이 많아 실용화가 기대되는 합금 중의 하나이다. 실온에서의 해리압이 대기압 이하이므로 수소화물로부터 수소를 방출시키기 위해서는 가열하여야 한다.

그러나 수소의 흡수, 방출반응을 반복함에 따라 수소흡수량이 상당히 저하되는 등의 문제가 있다. (이를 해결하기 위해 다른 금속을 일부 첨가하는 실험이 실시되고 있다.)

15.5.3 Ti계 합금

다른 수소저장용 합금에 비해 가격이 비교적 저렴하며, 해리압이 실온에서 수기압이므로 실용성이 크다.

사용 전 고온, 고압(450℃, 30기압 이상)상태에서 활성화가 필요로 하다. 또한 일단 대기 중에 노출된 후에는 다시 높은 수소압력과 고온하에서 활성화 필요 등 사용 전처리가 복잡하며,

수소 중에 포함된 불순물의 영향을 받기 쉽다.

수소의 흡수, 방출반응이 반복됨에 따라 수소흡수량이 감소(노화)하는 문제점이 있으며 이를 개선하여 보다 실용성이 높은 합금개발을 위한 연구가 Ti-Fe계, TiCo, TiCr, TiMn 등의 2원계와 이 합금을 기지로 한 3원계, 4원계 합금을 중심으로 실시되고 있다.

최근에 큐수대학 대학원 공학연구원의 수소저장부문 연구그룹은 페로티타늄(FeTi) 합금을 간단하고 저렴하게 이용할 수 있는 새로운 제조기술을 개발하였다. 단일의 Ti는 수소를 저장하지만 수소를 방출하기 어렵고, 반대로 Fe는 수소와 반응이 어려운 금속이지만, 서로 혼합하면 상호 단점을 보완하여 수소의 저장, 방출능력에 이상적으로 근접한다고 생각되어 개발한 합금이다. FeTi 합금은 철과 티타늄이 규칙적으로 배열된 금속간화합물이며 상당히 강도가 높기 때문에 소성변형이 어려운 재료이다. 이 합금을 거대 변형 가공장치에서 강제적으로 변형시켜 대량 변형을 부여함으로써 전위, 결정입계 등 격자결함을 만든 결과, 수소저장 및 액화를 반복한 후에 대기 중에 노출시켜도 노화되지 않으며, 초기에 수소와의 반응속도가 느리기 때문에 활성화 처리가 필요하다. 그 후에는 다시 활성화 처리를 하지 않고 사용할 수 있는 수소저장용 합금으로 개발한 것으로 알려졌다.

초기 활성화가 용이한 성질을 얻기 위해서 Fe-Ti 합금에 Mn를 첨가하여 개량한 합금이 있다.

15.5.4 희토류계 합금($LaNi_5$)

이 합금은 1968년 네덜란드의 필립연구소에서 실온 20기압의 수소 중에서 수소를 저장하고 분위기의 수소압을 낮추면 저장된 수소가 방출되는 것을 발견한 것이 희토류계 수소저장합금의 개발 계기가 되었다.

$LaNi_5$ 합금은 희토류계 합금 중에서 수소흡수량이 비교적 크며, 금속수소화물의 분해압도 실온 부근에서 약 2기압으로 수소저장 재료로서 적당한 값을 가지고 있다.

La은 비중이 크고, 값이 너무 비싸기 때문에 실용화에 문제점이 있어서 La를 저렴한 mischmetal(50%의 Ce과 La, Nb 등의 희토류 원소 50%를 포함하는 희토류 원소의 합금을 말함) 또는 Ca로 치환한 합금이 개발되고 있다.

15.6 제조방법

15.6.1 용해법

수소저장합금은 주로 분말상으로 저장용기에 충전하여 이용되고 있다.

분말상의 수소저장용 합금을 진공이나 불활성 분위기에서 고주파용해, 아크용해, 전자빔용해 등을 이용하여 용해하여 제조한다. 용해법에서 필요에 따라 성분을 균질화 시키기 위해 아르곤이나 진공분위기에서 보통 1,000~1,100℃에서 5~20hr 정도의 열처리를 하며, 용기에 충전시킬 최대 입도로 분쇄한다.

미분말화 제어, 열전도성 개선을 위한 방법으로 박막화, 비정질화, 마이크로캡슐화 등의 제조방법이 연구되고 있다.

15.7 응용분야

석유대체 에너지로 수소가 각광을 받으면서 수소저장용으로 수소저장합금이 부상하였으나 석유사정이 완화되면서 수소저장이라는 면보다도 반응열을 이용한 히트펌프, 압력변동을 이용한 액츄에이터 등에 관한 기술개발이 꾸준히 되어 실용화를 추진하고 있다. 기능성을 중심으로 분류하여 응용분야를 살펴보면 다음과 같다. [그림 15-11] 참조.

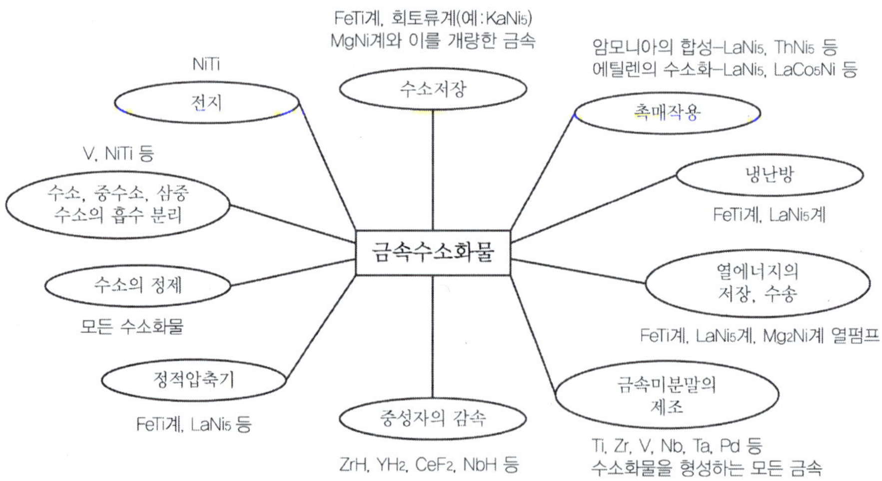

[그림 15-11] 수소저장합금의 용도

15.7.1 수소의 저장과 운송

가. 수소봄베의 대용

수소저장합금의 용도로서 매우 유망한 분야는 자동차용 연료탱크이다. 즉, 현재 실용화가 추진되고 있는 전기자동차와 함께 미래의 자동차 연료원으로서 수소의 이용도 가능하게 된다. 현재의 자동차는 휘발유를 연료로 사용하고 있는데, 대기 오염원인 질소 화합물(NO_x)이나 CO, SO_2 등을 다량 배출하고 있다. 그러나 수소를 연료로 하는 자동차는 이러한 환경오염의 염려가 없으므로, 미국, 독일 및 일본 등에서 무공해 수소자동차의 개발이 진행되고 있다.

수소자동차에는 수소연료탱크를 탑재해야만 한다. 수소연료로는 액체수소 방식과 금속수소화물 방식이 고려되고 있는데, [표 15-5]는 휘발유를 기준으로 할 때 동일한 에너지를 저장하는데 필요한 연료탱크의 중량과 부피를 비교하여 나타내었다. [표 15-5]에서 알 수 있듯이 금속수소화물은 높은 수소밀도가 얻어지고, 액체수소와 거의 동등한 부피밀도를 갖고 있지만, 액체수소의 누출에 의한 손실이나 위험성을 고려하면 금속수소화물을 사용하는 것이 훨씬 유리하다.

수소는 저장하려면 -253℃라는 저온에서 액화수소로 하든가 150～200kg/㎠와 같은 고압봄베를 필요로 하나 수소저장 합금을 이용하면 부피도 작아지고 저장수소 가스압력도 상온에서 10기압 이하이므로 용기를 간편하게 보수, 점검할 수 있고 안정성도 높다.

[표 15-5] 연료탱크 중량과 부피의 비교

연 료 원	중 량		부 피	
	kg	비	ℓ	비
휘발유	61	1	70	1
합금 수소화물(MgH_2)	328	5.4	258	3.5
합금 수소화물(Mg_2NiH_5)	649	10.7	544	7.0
합금 수소화물($TiFeH_{1.6}$)	1428	23.5	473	6.0
액체 수소(-253℃)	160	2.6	289	3.7
수소 가스(14MPa)	1020	18.2	1870	23.9

나. 자동차용 연료원

석유의 절약과 무공해라는 측면에서 수소자동차가 개발되었다. 수소를 연료로 하는 경우 배기가스는 물과 소량의 산화질소이므로 가솔린자동차에서 생기는 환경문제를 개선할 수 있다. 서독 Daimler Benz사의 수소버스(TiFe-Mg_2Ni계 합금), 미국 Billings사의 미니버스(TiFe계 합금)가 수소자동차용 연료탱크를 장착한 제작례이다.

15.7.2 열-화학에너지 변환

수소의 흡수, 방출 과정의 흡, 발열특성을 이용하여 열을 수소형태로 축열 하거나 열원온도보다 높은 온도를 얻거나 또한 그 반대형태인 냉열을 하는 것이 가능하다.

가. 축열 시스템

평형특성이 다른 2종류의 합금에서 평형수소 압력차를 추진력으로 하여 열을 이용하는 방법으로 효율적이며 제어요소도 작고 조작도 비교적 쉽다. 응용 예로는 공장폐열, 태양에너지 이용 및 열수송 등이 있다.

지금까지 사용되어 온 에너지원의 대부분은 화석연료인데, 앞으로의 새로운 에너지원은 원자력, 자연에너지 및 폐열의 재이용 에너지 등의 점유 비율이 점점 커지리라고 생각된다. 현재 공장폐열, 태양열, 지열 등 열에너지의 대부분은 버려지고 있고, 그 양은 막대한 것이다. 특히 공장에서 배출되는 폐열은 환경 보전의 관점에서도 효율적인 열회수 이용 기술의 개발이 요망되고 있다.

수소저장합금을 이용한 축열 시스템을 보면, 다음 [그림 15-12]에서 보는 바와 같이 여러 가지 외부 열원으로부터 얻어지는 열에 의해서 축열조의 열저장용 수소저장합금 M_1수소화물을 가열하면 수소화물은 분해되어 수소가스를 방출한다. 이 수소가스는 수소 유량 조절 밸브를 통해서 축수소조로 이동하게 되고, 수소저장용 합금 M_2와 반응하여 수소화물로 저장된다. 이것이 축열 과정으로서 열은 수소라고 하는 화학에너지로 저장되는 것이다.

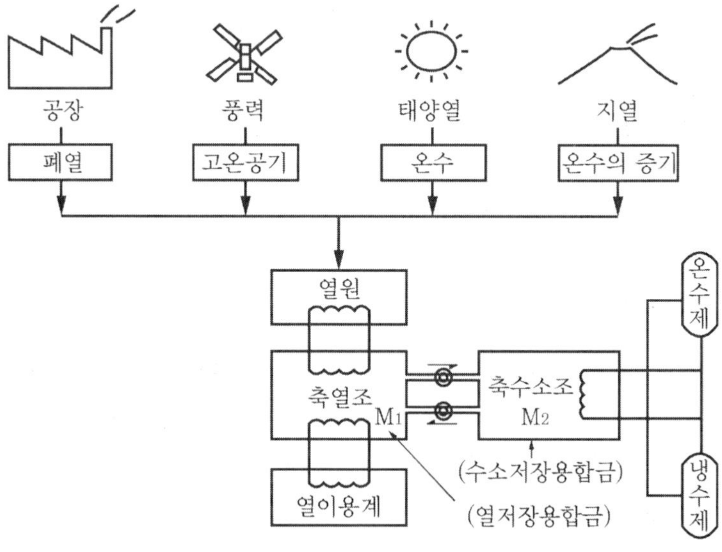

[그림 15-12] 수소저장합금을 이용한 축열 시스템

저장된 열을 필요로 하는 시점에서 축수소조를 가열하여 M_2수소화물을 분해하고, 이 때 얻어지는 수소를 축열조 수소화물의 평형 분해압보다 높은 압력으로 축열조로 보낸다. 이 수소와 M_1합금과의 발열 반응에 의해서 필요한 열을 이용할 수 있다. 이것이 방열과정이다. 여기서 축열용 합금과 축수소용 합금으로서 특성이 다른 2종류의 합금수소화물을 선택하면 넓은 온도 범위에 대응할 수가 있다. 축열량과 방열량을 크게 하기 위해서는 합금과 수소와의 반응열이 축열용 수소화물은 가능하면 크고, 축수소용 수소화물은 가능하면 작은 것으로 하고, 동시에 합금의 열용량은 가능하면 작은 것이 요망된다.

이와 같이 화학 축열법은 종래의 축열법과는 근본적으로 다르고, 저장시의 에너지 손실은 거의 없으며, 장시간 저장이 가능하고, 축열 능력도 크며, 특히 치밀한 축열조라는 특징이 있다. 수소저장합금을 열의 저장, 변환에 이용할 경우 각종 열원 온도에 대응하는 합금을 정리해 놓은 것이 [표 15-6]이다.

[표 15-6] 열의 저장, 변환에 이용할 수 있는 수소저장합금

열원의 온도 범위(℃)	열 원			합금의 분류	이용 가능한 수소저장합금
	형태	구체적인 예	온도(℃)		
-50~0	냉열	LNG 등	-30~0	Ti계	$Ti_{1.2}Cr_{1.2}Mn_{0.8}$ $Ti_{1.2}CrMn$
0~100	온폐수	고온수	60~80	희토류계	$LaNi_5$, $LaNi_{4.7}Al_{0.3}$ $MmNi_{4.5}Al_{0.5}$, $MmNi_{4.15}Fe_{0.85}$, $MmNi_5$
				Zr계	$Zr_{0.0}Ti_{0.2}(Fe_{0.75}V_{0.15}Cr_{0.1})_2$
		중저온수	30~60	Ti계	TiFe, $TiFe_{0.8}Mn_{0.2}$, $Ti_{0.8}Zr_{0.2}Cr_{0.8}Mn_{1.2}$
				Ca계	$CaNi_5$
100~200	폐가스	중저온 가스 (열풍로 가스 등)	150~200	희토류계	$LaNi_{4.5}Al_{0.5}$, $LaNi_{4.3}Al_{0.7}$
				Ti계	$TiFe_{0.8}Ni_{0.15}V_{0.05}$, $Ti_{1.1}Fe_{0.8}Ni_{0.2}Zr_{0.05}$, $TiCo_{0.5}Fe_{0.5}V_{0.05}$
≦300	폐가스	중저온 가스	200~400	Mg계	Mg_2Ni

현재 에너지 변환재료, 특히 열저장 재료로서 연구 개발되고 있는 수소저장합금 중에서 대표적인 것으로서, -30~0℃의 냉열원에는 Ti-Cr-Mn계 합금, 상온~100℃의 온도 범위에 대응할 수 있는 것으로서는 Mm-Ni계 합금, 100~150℃에서는 Ti-Co계와 Ti-Fe-Ni계 합금, 300℃

정도의 열원에는 Mg계 합금 등으로 대별할 수 있다. 위와 같은 각 열원의 온도 범위에 해당하는 합금계를 사용하여 폐열을 저장하면 저장 중에 열손실이 없게 되므로 매우 유리하다.

나. 히트펌프(heat pump)

저온의 열에너지를 고온부로 이동시키는 히트펌프는 평형 수소압이 다른 2종류의 수소저장 합금을 조합하여 그 압력차로 수소를 흡수, 방출할 때 발열, 흡열을 이용한다. 승온형과 냉동형이 있다.

열을 낮은 온도에서 높은 온도로 퍼 올리는 열펌프에 수소화물을 이용할 수 있다. 즉, 열펌프라는 것은 수소저장합금의 수소화반응시에 수반되는 반응열을 이용하여 냉방 또는 난방을 할 수 있도록 고안된 장치이다. 이를 위해서는 열저장용과 수소 저장용 등 2종류의 금속수소화물을 조합하여 사용해야 한다.

수소화물을 어떤 온도에서 분해시키면 수소가 방출되는데, 그 수소를 평형 해리압 이상으로 가압하여 다시 수소반응을 시키면 다시 열원보다 높은 온도가 얻어진다. 수소의 가압에는 수소화물을 이용할 수도 있으며, 이들을 조합하면 히트펌프가 원리적으로 가능하다. 수소 해리압은 다른 2종류의 수소화물을 조합해서도 히트펌프는 가능하며, 대부분의 히트펌프에는 2종류의 수소저장합금을 사용한다.

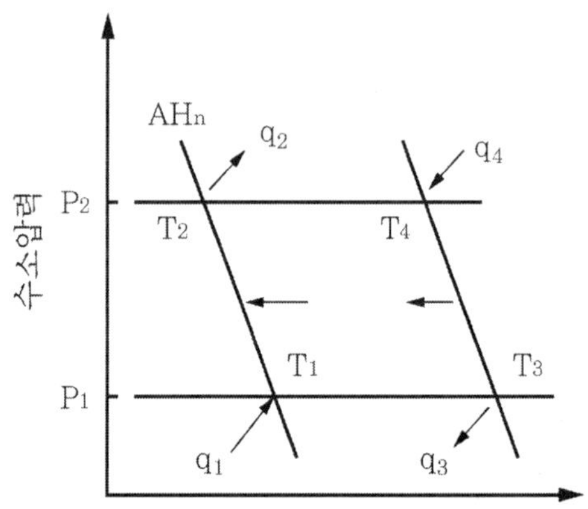

[그림 15–13] 히트펌프의 압력–온도 사이클도

[그림 15-13]은 열펌프의 압력-온도 싸이클을 나타낸 것이다. AH_n계는 열저장매체, B계는 수소저장매체이며, 두 매체의 일의 주고받기는 수소의 주고받기에 한정된다. 낮은 온도에서 AH_n계는 T_1에서 흡열분해 반응으로 수소를 방출하여 그 수소는 B계에 주고, T_3에서 열을

방출한다. 그러면 B계는 T_4까지 가열되고 흡열 분해 반응으로 고압의 수소를 방출하며, A로 도입되어 수소화 반응으로 T_2에서 열을 방출한다. [그림 15-14]는 수소화물을 이용한 열펌프의 개념도이다.

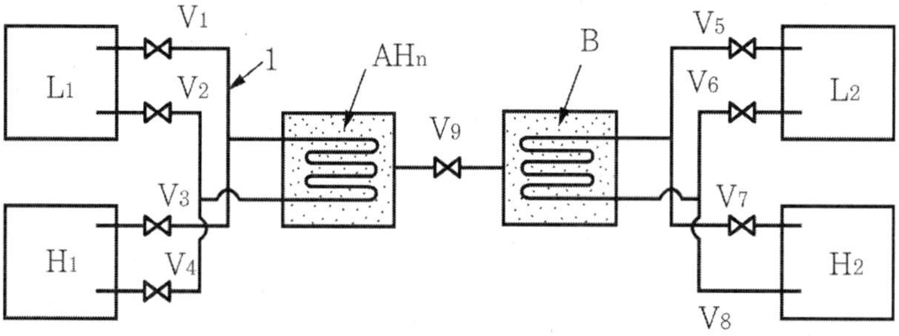

[그림 15-14] 수소화물을 이용한 히트펌프 개념도

종류가 서로 다른 수소화물 AH_n과 수소저장합금 B를 조합한 열펌프로서, [그림 15-13]에서 T_1, T_2, T_3, T_4의 열원에 해당되는 것은 각각 L_1, H_1, L_2, H_2이고, AH_n탱크와 B탱크는 [그림 15-14]에서와 같이 열원에 연결되어 있다($H_1 > L_1 > H_2 > L_2$). L_1과 H_1 및 L_2와 H_2는 각각 밸브 V_1~V_4 및 V_5~V_8에 의해 변환된다. AH_n 탱크와 B 탱크는 직접 연결되어 있으며, 수소는 이동되는 기구로 되어 있다. L_1에서 H_1으로 열의 연속적인 흐름을 얻기 위해서는 [그림 15-14]에 나타낸 바와 같이 열펌프를 여러 개 병렬로 연결하고, 흡열 및 방열의 주기를 달리 하여 운전함으로써 열을 퍼 올리는 것과 공급을 연속적으로 할 수 있다.

15.7.3 열-기계에너지 변환

금속수소화물의 평형 해리압이 온도에 따라 변한다는 성질을 이용한 것으로 수소화한 합금을 밀폐용기 내에서 가열하면 많은 수소가 발생하여 고압이 되고 다시 냉각하면 수소화물이 된다. 합금의 열-기계에너지 변환으로 생기는 동력을 응용한 분야는 다음과 같다.

- 공압 액츄에이터 콤프레서
- 간호용 리프트, 로보트의 액츄에이터
- 케미컬 엔진

15.7.4 수소의 정제분리

수소저장합금이 수소를 선택적으로 흡수한다는 특성을 이용한다.

가. 고순도 수소가스의 정제

시판되고 있는 공업용 수소 중에 함유된 소량의 O_2, N_2, CO_2, CO, CH_4, H_2 등을 정제하여 6N 이상의 고순도를 얻을 수 있다.

나. 수소 동위체의 분리

중수소, 삼중수소가 보통 수소와 평형압이 다르다는 점을 이용하여 동위체의 농축이 가능하다.

15.7.5 에너지저장

잉여전력이나 자연에너지를 화학에너지로 변환하여 저장하는 것을 말한다.

가. 잉여전력저장

잉여전력을 이용하여 물을 전기분해하여 H_2를 제조하고 이것을 수소저장합금에 저장한다.

나. 연료전지

전기화학전지에 이용하는 것으로, 수소를 활성물질로서 사용하는 전지에서 수소의 저장 및 공급원으로 이용하거나 수소저장합금 자체를 수소전극으로 하여 표면에서 전극반응을 일으키게 하거나 수소가스의 투과막으로 이용한다.

15.8 비금속계 수소저장재료의 개발 동향

수소를 각종 기기에 사용할 때 저장하는 방법이 가장 큰 과제이다. 연료전지 자동차용으로서 70MPa의 경량 고압용기를 사용하고, 휴대용으로 고압용기 외에 수소흡장합금이 사용되고 있다. 또 대형 차량이나 대량 수송용으로 20K의 극저온이지만, 무게나 부피로 저장밀도가 높은 액체를 사용한다. 그러나 작동 시간(주행 거리)이나 사용 방법 및 에너지 효율 면에서 모두 다 좋다고 할 수는 없고, 더 가볍고 작으면서 사용하기 편리한 방법이 요구되고 있다.

대표적인 수소저장재료와 저장용기를 단위무게 및 체적으로 저장하는 수소밀도를 종합해 보면, 자동차용 수소저장에는 500~600㎞ 주행에 필요한 수소 5kg을 약 100kg-100 *l* 의 용기에 저장할 필요가 있다. 이런 조건을 만족하려면 액체수소와 재료로서 무기계와 유기계 수소저장 재료밖에 없다. 여기에서는 각국에서 널리 연구 개발되고 있는 무기계 수소저장재료와 그 응용에 대하여 최근 상황을 설명한다.

Alanate는 tetra-hydro-aluminium ion(AlH_4^-)을 함유하는 염의 총칭이다.
$LiAlH_4$는 10.6mass%, $NaAlH_4$는 7.5mass%의 많은 수소를 함유하고 있다.
에테르 중에서 $LiAlH_4$에 $TiCl_3$를 2mol% 첨가하면

$NaAlH_4 \rightarrow 1/3Na_3AlH_6 + 2/3Al + H_2(3.7mass\%)$와 $1/3Na_3AlH_6$
$\rightarrow NaH + 1/3Al + 1/2H_2(1.9mass\%)$

의 반응으로 생성된 $NaAlH_4$는 423K에서 수소흡장재료로 이용될 수 있다는 것을 알았다.

미국 Sandia 연구소(SNL)에서 NaH와 금속 Al 및 $TiCl_3$을 수소 중에서 분쇄하는 방법을 개발하였으며, 용기로 사용하면 재료 자체의 반응 속도보다 반응열의 처리가 속도를 제어한다는 보고가 있으며, $TiCl_3$을 첨가한 $NaAlH_4$로 수소저장용기를 제작하였다. 재료 제조 규모를 크게 하고, ball milling으로 겉보기 밀도(bulk density)를 약 0.4g/㎤에서 약 0.72g/㎤로 향상하였고, 열교환기의 최적화로 용기를 30% 가볍게 하였다. $NaAlH_4$ + 4mol% $TiCl_3$(수소흡장량 2.0mass%)와 Al 분말을 압축, 성형하여 수소 3kg을 저장하는 시스템을 개발하였다. 지름 8㎝-길이 1m인 용기 18개에 $NaAlH_4$를 충전한 시스템에서 10분에 95%의 수소를 충전할 수 있었다. 수소의 촉매 연소로 용기의 온도를 유지하였고, 열 흐름 조절로 열 교환 능력을 높인 것이다.

2002년 LiN_3이 573K에서 수소를 흡수, 방출한다는 보고가 있으며, 2004년 $Mg(NH_2)$-LiH가 수소흡수 재료인 것을 알게 되었으며, $LiNH_2$와 MgH_2의 1:1혼합물에 $TiCl_3$을 첨가하여 분쇄함으로 수소를 흡수, 방출하는 것을 알았다.

$NaBH_4$와 물이 반응하면 간편하면서 수소발생량이 많은 것을 알았고 MgH_2나 Mg_2Si를 촉매로 수소방출 생성물인 $NaBO_2$를 $NaBH_4$로 97% 이상 재생할 수 있다. $NaBH_4$수용액은 NaOH를 몇% 만 첨가하여도 한 달에 40% 정도 분해하므로 정기적이면서 자주 사용하기 좋다. 또 물과의 반응 후 NaOH나 $NaBO_2$을 원래의 수소화물로 환원하는 데는 수소의 연소열(242kJ/olH₂-LHV)의 1/3 정도로 많은 에너지가 필요하지만, 수용액이라 취급하기 쉬워서 휴대용 연료전지의 수소 원으로 사용하는 예가 많다.

한편, 가역적 수소흡수・방출을 위하여 불가역적이라 생각되던 $Ca(BH_4)_2$는 ΔH=53kJ/molH_2의 비교적 적은 흡열 수소방출이 계산되었다. 70MPa-673K에서 48시간 수소화하면 이론 흡수량 9.6mass%의 80%가 가역적으로 수소화된다. 또 수소 함유율이 14.1mass%로 높은 $Mg(BH_4)_2$는 90MPa-673K에서 MgB_2와 $Mg(BH)_2$ 사이에 12mass%의 가역적 수소화가 보고되었다.

Borohydride나 다른 무기계 수소저장재료는 수소방출 온도가 높아서 다른 수소화물과의 복합화로 계를 불안정하게 하려고 하였다. $LiBH_4$와 $LiNH_2$의 복합으로 200K 낮은 522K에서 가역적 수소흡수・방출(7.8mass%)하였고, $LiBH_4$와 MgH_2 및 TiC_3를 2:1:0.04의 비로 분쇄하여 588K에서 가역적으로 수소를 흡수・방출하여 673K에서 수소 흡장량 10mass%에 달하였다. 이 가역성은 반응성이 낮은 단체 붕소가 생성하지 않고 서로 반응하기 쉬운 MgB_2와 LiH가 생성하기 때문이다. 이 재료로 지름 48mm, 길이 600mm의 용기(Ti 제, 재료 충전량 : 250g, 부피 비 : 50%)를 개발하여 5MPa-623K의 고온이지만 52분에 80% 수소화에 성공하였다.

수소화 알루미늄(AlH_4)은 10.1mass%-149kg/㎥의 무게로도, 부피로도 높은 수소 밀도를 가지는 수소저장재료로 연구되기 시작하였다. AlH_3은 (AlH_6)팔면체 단위가 꼭짓점을 공유하며 3차원적으로 연결된 구조로 7종류의 다형이 있다. 실온에서 평형 수소압이 매우 높아서 실제로는 유기 금속화학적으로 합성되었지만, 효율적이면서 양산을 위하여 유기용매 안에서 Ti 이온의 존재 하에서 수소화나 전해에 의한 방법이 개발되고 있다.

또 8.9GPa, 873K의 고온・고압에서 Al과 AlH_3 사이에 가역적 수소흡수・방출이 확인되었고, AlH_3이 가장 안정하며, 300K에서 0.7GPa의 평형압이 있는 것을 확인하였다. 평형압은 매우 높지만, 수㎚의 Al_2O_3 표면 피막 때문에 실온 대기압 하에서도 비교적 안정적이다. 역으로 수소를 꺼내려면 423K 정도로 가열할 필요가 있다.

미국의 두 연구소에서 Ammonia borane(H_3NBH_3)의 열분해로 수소가 발생하고, 수소 방출 생성물에서 H_3NBH_3의 재생기술을 연구하였다. H_3NBH_3는 673K 이상에서 BN까지 완전히 분해하면 19.4mass%-0.160kg-H_2/ l 의 수소저장 밀도로 된다. H_3NBH_3는 열분해 속도가 느린 것이 문제이다. 저온(373K 이하)에서 NH_4Cl 등을 첨가하면 첨가하지 않을 때의 1/3인 5~6시간으로 단축된다. 이때 9.3mass%-0.074kg-H_2/ l 의 방출량을 얻는다. H_3NBH_3의 수용액은 공기 중의 CO_2영향만 없으면 장기간 안정하며, 귀금속 촉매로 실온에서 쉽게 가수분해하여 수소를 발생한다. $H_3NBH_3 + 2H_2O \rightarrow NH_4 + BO_2^- + 2H_2$로 수소 저장량은 8.9mass%로 된다. 최근 Fe, Co, Ni 나노입자 등 귀금속이 아닌 금속 촉매를 사용하여 귀금속 촉매에 필적할 분해속도가 보고되었다.

15.9 기술적 과제

합금개발의 과제로는 저장량의 증대, 반복사용으로 인한 미분화의 방지, 활성화 대책 수립, 내구성 향상, 열전달특성 향상 등이 있다. 특히 수소흡수, 방출시 팽창, 수축으로 인한 미분화는 시스템 손상, 열전도도 저하, 대기오염 등의 문제를 일으키므로 적극적인 대책이 수립되어야 한다.

[참고문헌]

1. 백영남, 신영의, 정남용, 정승부, 정재필, 이성희, "신소재공학", 삼성북스, (2007)
2. www.kyushu-u-ac.jp
3. 栗山信宏(Nobuhiro KURIYAMA), "非金屬系水素貯藏材料の開發動向", 「セラミックス(日本)」, 46(3), 2011, pp.166~169
4. 김암수, "금속기계재료", 한국산업인력공단, (2004)
5. 김암수, "최신 기계재료학", 도서출판 남영문화, (2012)

16 태양전지 · 반도체 재료

16.1 태양전지

16.1.1 태양광 산업의 특성

태양광 발전비용은 지난 30여년에 걸쳐 지속적으로 하락해왔으며, 이는 19.3%의 학습비율(용량이 2배가 될 때마다 가격은 19.3% 하락)로 나타났다. 최근 제조공정의 확대 및 개발 노력에 의한 실적과 가격 개선 전망을 고려할 때, 이러한 현상은 앞으로도 지속될 것으로 예측된다.

태양광 산업은 고부가가치 종합산업으로써 다양한 연관 산업으로 이루어져 있다. 태양전지의 주원료인 실리콘과 반도체산업 기술을 핵심으로 하는 화학 산업, 이러한 원자재를 이용하여 태양전지를 제조하는 정밀기기 및 반도체 산업, 태양광 모듈 제조와 관련된 PVF(polyvinyl fluoride)나 폴리에스텔 아크릴 등의 화학 산업 및 제조기기, 자동화기기 등 기계장치산업이 뒷받침되어야 하며, 전기전자 산업, 건축 산업, 대형 토목산업, 정보통신산업 등과도 밀접히 관계되어 있다.

태양광에너지는 타 신재생에너지에 비하여, 다음과 같은 장점이 있다.

첫째, 화력과 원자력 등 기존 에너지원과 달리 온실가스 배출, 소음, 환경파괴 등의 위험성을 초래하지 않는 에너지원이다. 반면, 석탄 화력 발전의 경우 1kwh당 약 860g의 이산화탄소를 발생시키는 것으로 보고되고 있다. (석탄 860g/kWh, 석유 689g/kWh, 가스 460g/kWh, 태양광

30g/kWh, 풍력 11g/kWh, 원자력 9g/kWh)

둘째, 태양광은 석유, 천연가스처럼 수입에 의존할 필요 없이 자체 조달이 가능해 에너지안보 측면에서도 유리한 장점을 가지고 있다.

셋째, 태양광발전은 막대한 부존량을 바탕으로 적용영역의 확대와 기술혁신을 통한 효율성 제고의 가능성이 매우 크다는 평가를 받고 있다. 즉, 태양에너지의 이용 가능량은 풍력과 바이오매스가 200배, 20배 수준인 것에 반해, 전 세계 연간 에너지 소요량의 2,850배에 달한다.

넷째, 입지조건이 까다로운 풍력, 해수력 발전과 달리 지역 및 규모(가정용 또는 대형 발전소)에 관계없이 설치 가능하며 유지비용도 저렴한 장점을 가지고 있다.

다섯째, 태양광 발전은 향후 기술혁신에 따른 원가절감 및 효율성 제고의 가능성도 풍부하여, 일본의 경우 태양광발전 단가가 10년간 1/3 수준으로 하락하였다. (1994년 140엔/kwh, 2004년 48엔/kwh)

이러한 장점과 막대한 부존량을 바탕으로 적용영역의 확대 가능성 및 기술혁신에 따른 효율성 제고 가능성 등은 매우 크게 전망되고 있다. 특히 모듈 이전의 공정(폴리실리콘, 잉곳, 웨이퍼, 전지)은 수출 산업화가 가능한 영역으로서 해수력, 수력, 풍력 등 타 에너지가 지형적 제약으로 수출 산업화가 힘든 것에 비해 차별화되는 요인으로 평가받고 있다.

16.1.2 태양전지의 종류

태양전지의 종류로서는 실리콘반도체를 재료로 사용하는 것과 화합물반도체 재료로 대별되어 지며, 실리콘반도체에서는 결정계와 비결정계로 분류된다. 현재 실용화 되어 전원용으로 사용되고 있는 것은 주로 결정질 실리콘(Si) 태양전지이다. 실리콘 태양전지 기술은 반도체 분야의 기술과 더불어 발전되어 왔으며 기술의 신뢰성이 높다. 현재 결정질 실리콘 태양전지는 전체 태양전지 시장의 90% 정도를 차지하며 저가 · 고 효율화를 달성하기 위한 연구가 활발히 진행되고 있다. 태양전지는 물성에 따라 [그림 16-1]와 같이 분류 될 수 있다.

가. 결정질 실리콘 태양전지(Crystaline Silicon Solar Cells)

결정질 실리콘은 물리적 특성 면에서 태양전지를 위한 이상적인 물질은 아니지만 반도체산업에서 이미 개발된 기술 및 장비를 동일하게 활용할 수 있다는 장점을 가지고 있다. 결정질 실리콘의 이론적 최대 효율은 약 27%이며, 단결정 또는 다결정 웨이퍼를 사용하고 있으며 양산용 셀의 효율은 14%~19%를 보이고 있다. 최근 상용화 기술개발에 대한 투자가 전 세계적으로 붐을 이루면서 일부 양산용 태양전지의 효율이 22%를 상회하는 결과가 보고되고 있다.

나. 박막 태양전지(Thin Film Solar Cells)

박막 태양전지는 유리, 스테인리스강 또는 플라스틱과 같은 저가의 기판에 반도체 막을 수㎛ 두께로 코팅하여 제작되고 있다. 결정질 실리콘 전지에 비해 소재를 적게 사용하여 싼 가격에 대면적의 태양전지 모듈을 제작할 수 있고 자동화를 통해 모듈공정을 일관화 시킬 수 있는 장점이 있으나, 대체로 효율이 낮고 모듈의 수명에 관한 실증연구가 부족한 단점이 있다.

다. 유기계 태양전지(Organic Solar Cells)

유기계 태양전지는 유기소재를 광활성층의 전부 또는 일부에 적용하는 신형 태양전지로서 염료 감응형과 유기 분자형구조가 있다. 현재 기술적 난관을 극복하기 위한 연구개발이 이루어지고 있다.

라. 집광형 태양전지(Concentrator Solar Cells)

집광형 시스템은 프레넬 렌즈(fresnel lens)나 반사경을 사용하여 넓은 면적의 빛을 태양전지에 집중시키는 방식이다. 동일한 면적에 대하여 태양전지의 크기를 감소시킬 수 있는 장점이 있지만, 집광도를 높일 경우, 산란광을 활용하기 어렵고 추적 장치를 통해 항상 태양 방향을 향하도록 해야 한다. 또한 냉각장치가 필요하다는 점 등이 단점으로 지적되고 있다.

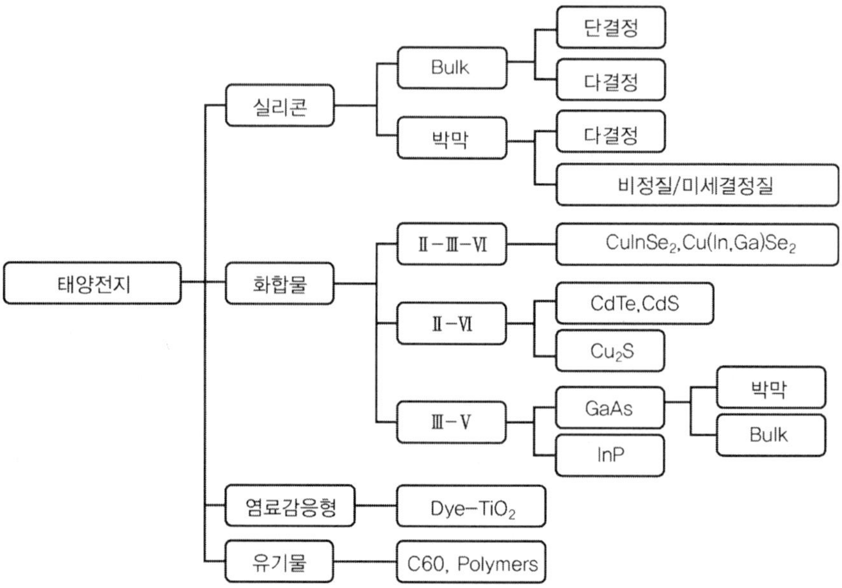

[그림 16-1] 태양전지의 종류

16.1.3 태양광 발전의 원리 및 구성요소

태양전지의 기본 구조 및 전기 생산과정을 실리콘 태양전지 단면도를 이용하여 나타내면 [그림 16-2]와 같다.

태양전지는 P형과 N형 반도체를 접합시키고(P-N 접합) 앞 뒤 표면에 금속전극을 붙여 제작한다. 빛이 반도체에서 흡수되면 전자와 정공쌍이 생성되고, 전자와 정공은 P-N 접합부에 존재하는 자기장의 영향으로 서로 반대방향으로 흘러간다. 따라서 도선으로 연결된 외부 회로에 전기가 발생하게 된다. 에너지 변환 효율을 높이기 위해서는 가급적 많은 빛이 반도체 내부에서 흡수하도록 하고, 빛에 의해 생성된 전자와 정공쌍이 소멸되지 않고 외부 회로까지 전달되도록 하며, P-N 접합부에 큰 전기장이 생기도록 소재 및 공정을 설계해야 한다. 전체 태양광 시스템은 빛을 전기로 전환시켜 주는 부분과 생산된 전기를 수요에 맞도록 교류로 변환시키고 계통에 연결시켜 주는 부분(PCS/인버터)으로 구성된다.

태양광 시스템의 구성 요소 중 핵심 부품은 태양전지이다. 태양전지는 기본적으로 반도체 소자이며, 빛을 전기로 변환하는 기능을 수행한다. 태양전지의 최소단위를 셀이라고 하며, 보통 셀 1개로부터 나오는 전압이 약 0.5V~0.6V로 매우 작으므로 여러 개를 직렬로 연결하여 수V에서 수백V 이상의 전압을 얻도록 패널 형태로 제작한 것을 모듈이라고 하며, 이 모듈을 여러 개로 이어서 용도에 맞게 설치한 것을 어레이라고 한다.

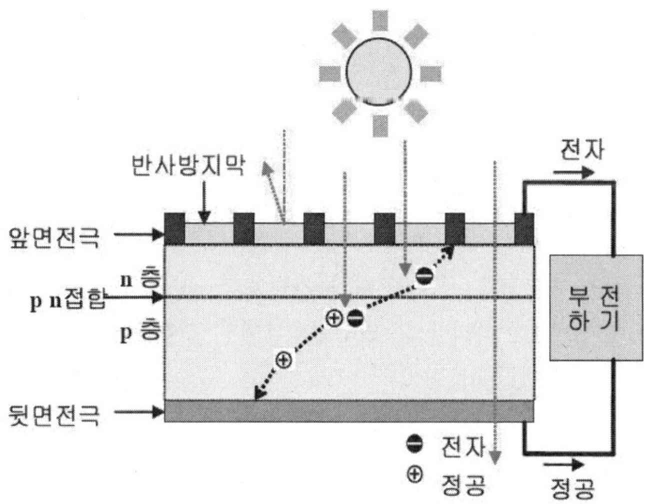

[그림 16-2] 태양광 발전의 원리 및 구성요소

PCS/인버터 부분은 태양전지 어레이로부터 발생된 직류전기를 상용주파수 · 전압의 교류로 변환하여 전력계통에 연계하는 역할을 수행하며 동시에 시스템의 직류, 교류측의 전기적인 감시 · 보호를 하는 등 태양전지 모듈을 제외한 주변장치 중에서 가장 큰 비중을 차지한다.

16.2 반도체

16.2.1 개요

전기가 반쯤 통하는 성질, 즉 전기를 잘 통하지 않게 하는 것이다. 이와 같은 것들을 부도체 또는 절연체라 하며, 전기를 잘 통하게 하는 양도체를 간단히 도체라고 부른다. 그런데 이 세상에는 제작자의 의도에 의해 도체도 될 수 있고 부도체도 될 수 있는 성질을 가진 것이 있는데 이것을 반도체라고 부른다.

반도체는 원하는 대로 저항의 크기를 조절하거나 빛을 내는 등 특별한 성능을 가질 수 있어, 전자 산업 발전의 핵심 역할을 하고 있다. 우리 주위의 모든 전자제품에는 반도체로 만든 조그마한 부품들이 들어 있으므로 우리는 반도체라는 물건에 둘러싸여 사는 셈이다. 반도체를 마법의 돌, 전자 산업의 꽃, 산업의 쌀, 20세기 최대의 발명품 등으로 부르는 것은 당연한 일이기도 하다.

원자는 화학적 방법으로는 더 이상 분할할 수 없는, 물질의 기본 단위입자이다. 원자의 어원은 그리스어로 〈 분할할 수 없는 〉이라는 뜻의(atomos)에서 유래되었다. 화학원소는 각각 한 종류의 원자로 되어 있다. 원자는 양전하를 띠는 양성자(proton)와 전기적으로 중성인 중성자(neutron)로 구성된 원자핵과 핵 주위의 궤도를 돌고 있는 전자(electron)로 구성되어 있다.

양성자의 전하량은 $+1.602 \times 10^{-19}$C이고 전자의 전하량은 -1.602×10^{-19}C으로 원자는 전기적으로 중성이다. 양성자 수와 전자 수의 원자번호는 같다.

원소의 종류는 원자번호로 나타낸다. 원자번호 1인 수소원자는 (+)전하의 원자핵과 (-)전하의 전자 1개로 구성되어 있으며 전자는 전자궤도를 이동하고 있다.

지구상에는 수소(1번)부터 우라늄(92번)까지 92종의 원소가 천연적으로 존재한다. 원자핵반응에 의해 만들어지는 인공원소에는 넵투늄(93번)부터 운닐헥슘(106번)까지 알려져 있으며, 또한 107, 108, 109 등의 원소들도 만들어졌지만 반감기가 매우 짧아 확인이 어렵다.

같은 종류 또는 다른 종류의 원자를 조합 또는 결합하는 방법의 차이에 따라 매우 많은 종류의 물질이 만들어진다. 물질 중에서 독립된 입자로서 행동하는 원자의 집합체를 분자라고 한다. 수소분자 H_2나 산소분자 O_2와 같이 한 종류의 원자 몇 개로 이루어진 홑원소 물질분자도 있지만 대부분은 물 분자[H_2O], 암모니아 분자[NH_3]등 두 종류 이상의 원자로 이루어진 화합물 분자이다. 물질 1mol에는 아보가드로수(약 6.0×10개)만큼의 분자가 들어 있다. 비금속원자로 이루어진 홑원소물질 및 화합물이나 유기화합물에서는 기체상태 뿐만 아니라 액체 · 고체에서도 구성단위로서 분자의 존재를 인정할 수 있지만, 이온결정 · 금속결정에서는 독립된 구성단위로 분자를 생각하는 것은 적절하지 않다. 주기성을 가지고 배열된 원자 또는 이온의 성질이 중요하기 때문이다.

16.2.2 반도체의 성질

가. 반도체의 도전율

반도체의 도전율은 상온에서 도체와 절연체의 사이에 있는 물체들을 말한다.

반도체의 저항률을 기준으로 비교하여 보면, 도체의 저항률은 10^{-4} Ω·m 이하이며, Ag, Cu, Pt, Pb 등이 여기에 속하며, 반도체의 저항률은 $10^{-4} \sim 10^{8}$ Ω·m 정도이고, Ge, Si 등이 반도체 재료로 사용된다. 절연체인 베이클라이트, 유리, 고무 등의 저항률은 $10^{8} \sim 10^{16}$ Ω·m 정도이다. [그림 16-3] 참조.

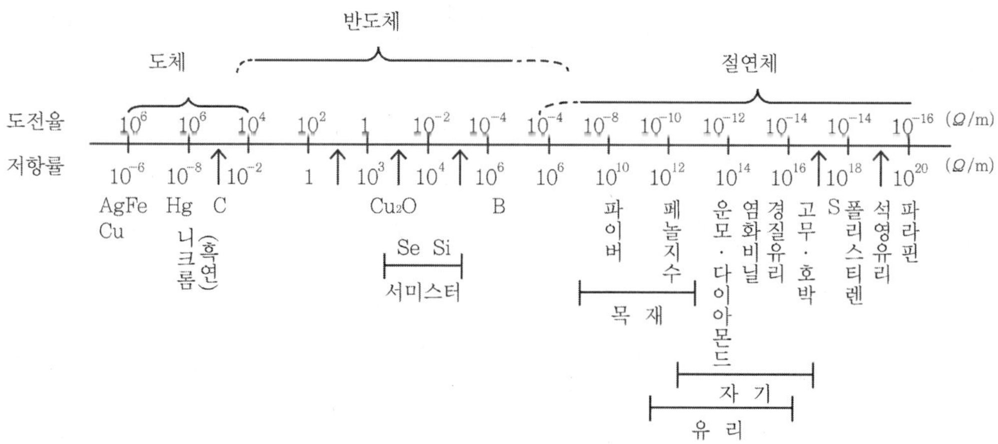

[그림 16-3] 도체, 반도체 및 절연체의 상온에서의 도전율 관계

나. 반도체의 특성

반도체의 온도계수는 온도상승과 더불어 저항률이 감소한다. 도체인 금속은 온도상승 시 일반적으로 저항률이 증가한다. 극소량의 불순물의 첨가(doping)로 반도체의 저항률이 변화하

는데 불순물이 증가함에 따라 저항률 감소하는 특성이 있다.

금속과 반도체, 반도체와 반도체를 접합시키면 접합면에서 한 방향으로만 전류가 흐르는 정류현상이 일어난다.

또한 반도체에 빛을 조사하면 체적 내 저항감소로 도전성이 증가하고, 기전력이 발생하는 등의 효과가 있으며, 자계에 의해 저항률이 변화하는 자기효과가 있다, 이에 따른 hall 효과가 있다.

16.2.3 반도체 재료의 대분류

[그림 16-4]와 같이 반도체 재료는 무기재료 반도체와 유기재료 반도체로 구분된다. 무기재료 반도체는 원소 반도체와 화합물 반도체로 구분되며, 원소 반도체는 진성 반도체와 불순물 반도체로 구분되고, 불순물 반도체는 n형 반도체와 p형 반도체로 구분된다.

화합물 반도체는 III-V족간 화합물 반도체, II-IV족간 화합물 반도체, IV-VI족간 화합물 반도체, V-VI족간 화합물 반도체로 구분되어진다.

유기재료 반도체는 나프탈렌, 안드라센, 피렌, 비오란스렌, 이소비오란스렌 등 유기 화합물의 특수한 유기결정이 반도체로 사용된다.

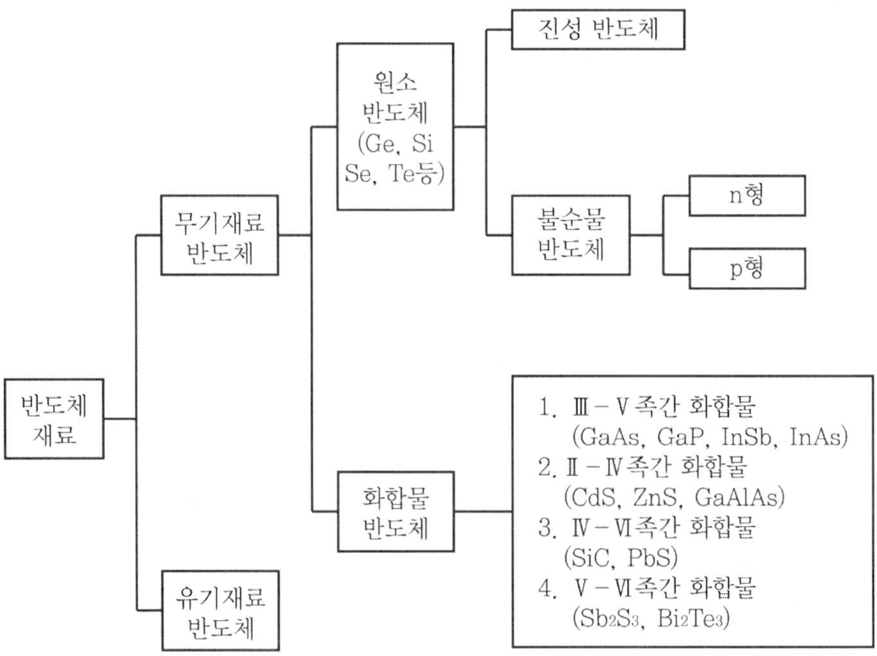

[그림 16-4] 반도체의 종류와 분류

반도체 재료를 응용면에서 분류하면 [표 16-1]과 같이 능동 소자 재료, 광전 변환 재료, 열전 변환 재료, 자전 변환 재료, 압전 변환 재료로 구분되어 각 분야에서 부품으로 개발되어 사용되고 있다.

[표 16-1] 반도체 재료의 구분

분류		대표 예
능동 소자 재료	다이오드 재료	Si, Ge, Se, GaAs
	트랜지스터 재료	Si, Ge
	사이리스터 재료	Si
	IC 재료	Si
광전 변환 재료	광전 셀, 광전자 재료	Si, Ge, Se, GaAs, CdS
	광도전 재료	CdS, Sb_2S_3, PbO, Se, ZnO
	형광 재료	ZnO, ZnS, (Zn, Cd)S, Zn_2SiO
	EL 재료	ZnO, ZnSe
	발광 다이오드 재료	GaAs, GaP, Ga(As, P), (Ga, Al)As
	레이저 재료	GaAs, PN접합
열전 변환 재료	열전 발열 재료	PbTe, $MnSi_2$, In(As, P)
	열전 냉각 재료	Bi_2Te_3, $(Bi, Sb)_2Te_3$, $Bi_2(Te, Se)_3$
	열전자 방출 재료	(Ba,Sr)O, ThO_2, LaB_6
	서미스터 재료	NiO, $CaTiO_3$, VO2, $BaTiO_3$
	발열 재료	SiC
	열전 발전 재료	BiSb, ZnSb, Bi_2Te_3
자전 변환 재료	Hall 소자 재료	InSb, InAs
	자기 저항 재료	InSb, InAs, Bi
압전 변환 재료	압전 변환 재료	Si, Ge, GaAs, GaSb
	압전 반도체 재료	CdS, ZnO, CdSe, $LiGaO_2$
기타	바리스터 재료	SiC, PbO

가. 무기재료 반도체

1) 원소 반도체

① 진성 반도체

순수한 Si, Ge이 완전한 결정을 이룬 상태의 최외각 전자들은 공유결합을 하여 마치 최외각 전자가 마치 8개인 것처럼 된다면 전류가 전혀 흐르지 않는 부도체의 성질을 갖는다.

반도체 내에 불순물이나 격자결함이 극소수 있는 상태의 순수 반도체로서 대표적인 원소는 Ge, Si, Se 등의 4족 원소이며, 이 원소들은 다이아몬드와 같은 결정구조를 갖는다.

반도체의 금지대 폭이 좁으므로 온도가 상승하면 열에너지를 받아 전자의 운동에너지가 커지게 된다. 즉, 격자의 열진동으로 인하여 원자핵과 최외각 전자와의 결합이 끊어지고 원자핵으로부터 이탈하여 물질내부를 떠도는 자유전자를 쉽게 만들 수 있다. 이와 같이 가전대의 전자가 이탈한 자리를 정공(+)이라 한다.

a. Ge

반도체 공업에서 초기에 개발되어 실용화된 원소로 원자번호가 32이며, 융점은 937℃이다. 면심입방격자에 속하는 [그림 16-5]의 다이아몬드 형 결정구조를 하고 있으며, 청색을 띤 회백색의 금속성 물질이다.

에너지 갭(Eg), 즉 금지대 폭이 실온에서 0.67eV이며, 순수 결정체의 저항률은 0.29Ω·m로 비교적 큰 편이다. Ge에 불순물로 Ga, As 등을 첨가시키면 저항률이 10^{-5}Ω·m까지 내려간다.

화학적으로 안정하나 공기와 접촉하면 산화되어 약 20Å의 산화막이 생긴다. 이 산화막을 용해하는데 HF나 HNO_3의 혼합물이 쓰인다.

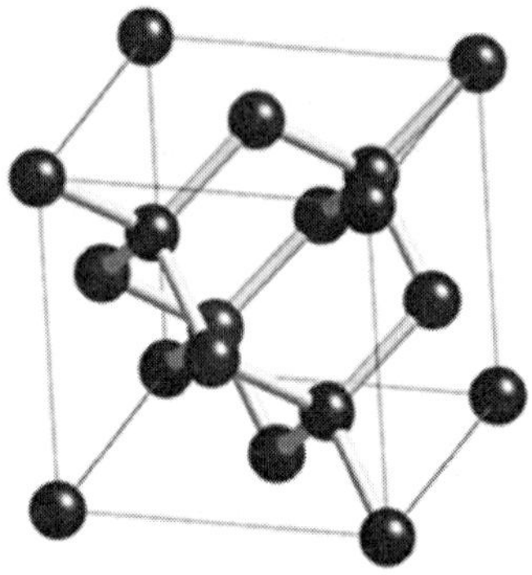

[그림 16-5] 다이아몬드 형 결정 구조

반도체로서 사용온도는 80℃ 정도이며, Si 반도체에 비하여 열에 약한 단점이 있어 Si반도체에 비하여 사용빈도가 극히 저조하다.

b. Si

반도체로 사용되는 Si는 원자번호가 14이며, 융점이 1,410℃로 Ge에 비해 높다.

Ge과 동일하게 면심입방격자에 속하는 다이아몬드 형 결정구조를 가지고 있지만, Ge에 비하여 원자 크기가 작고 원자간 결합이 강하여 강도가 크다. Si의 물리적 성질 중 에너지 갭(Eg), 즉 금지대의 폭은 실온에서 1.11eV이며, 순수결정의 저항률은 $3\times10^{2}\Omega\cdot m$이다.

Si는 화학적으로 활성이므로 Ge보다 정제하기 곤란한 단점이 있지만 사용온도가 170℃로 Ge 반도체에 비하여 열적으로 안정하다. [그림 16-6]은 Si의 최외각 4개의 전자 이웃의 Si와 공유 결합한 것을 설명하는 것이다.

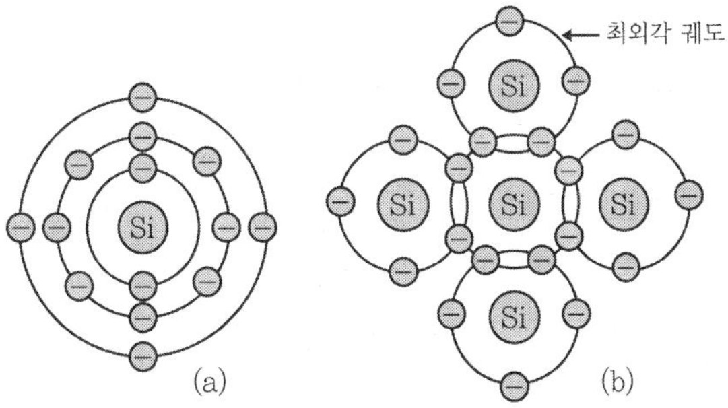

[그림 16-6] Si의 원자구도(a), Si의 공유결합(b)

c. 기타 원소 반도체 금속

a) Se

Se에는 비정질형, 결정형 적셀렌, 결정형 금속셀렌의 3가지 형태가 있다. Se을 융점220℃에서 급랭하면 흑색 비정질이 된다. 그러나 서랭하거나 융점보다 낮은 온도에서 열처리하면 6방정 결정이 된다.

비정질형은 절연체나 광도전성을 나타내기도 하며, 결정형 중 적셀렌은 실온에서 저항률이 $10^{13}\Omega\cdot m$ 정도이다. 또한 Se의 에너지 갭(Eg)은 1.5eV이다.

b) Te

Se와 동일 결정이며, 융점은 450℃이다. Te의 에너지 갭(Eg)은 0.34eV로 낮으며, 상온에서는 진성 반도체로 되고 저항률은 약 $10^{-2}\Omega\cdot m$정도이다.

② 불순물 반도체

순수한 반도체(Si, Ge 등)에 3가, 5가 원소를 불순물로 첨가한 반도체로써 n형 반도체, p형 반도체 등이 있다.

a. n형 반도체

4가(Si, Ge 등)인 진성 반도체에 [그림 16-7]와 같이 5가 원소인 As, P, Sb 등을 불순물로 첨가시킨 것으로서 불순물 As, P, Sb 등을 도너(donor)라 하는데, 불순물인 5가 원소는 4가 원소에 자유전자를 제공하는 역할을 함으로써 도너(donor)라 한다.

n형 반도체의 결합 형태는 4가 원소와 5가 원소가 공유결합을 하지만, 5가 원소의 나머지 한 개의 전자는 어떤 원자와도 결합하지 않는 자유전자(과잉전자)가 되어서 전기를 나르는 역할을 한다.

과잉의 자유전자는 상온 정도의 낮은 열에너지로도 원자의 구속을 벗어나 결정 내를 자유로이 이동하며 캐리어(carrier) 역할을 성실히 수행한다.

즉, n형 반도체는 정공(hall) 수가 매우 적어 전기전도는 주로 자유전자에 의한다. 따라서 전자를 다수 캐리어, 정공을 소수 캐리어라 한다.

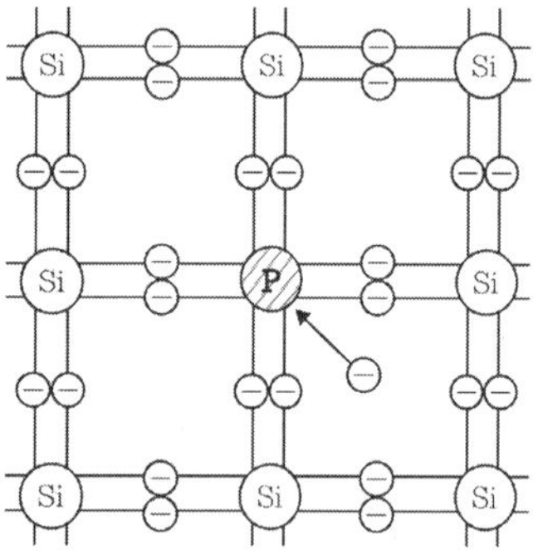

(a) N형 반도체의 구성

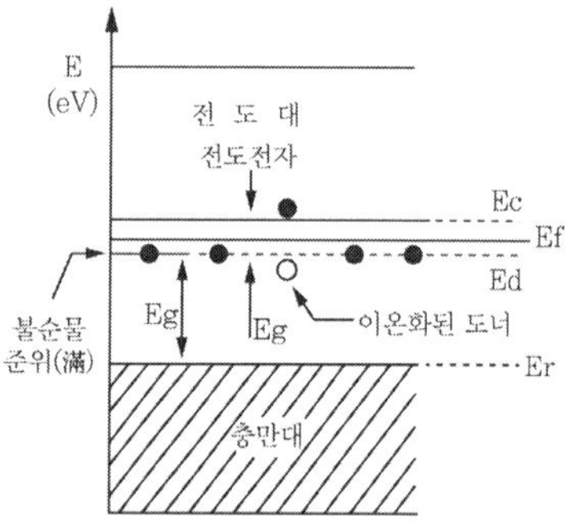

(b) 에너지대 구조

[그림 16-7] N형 반도체의 구성 및 에너지대

b. p형 반도체

4가(Si, Ge 등)인 진성반도체에 [그림 16-8]과 같이 3가 원소인 B, Al, In, Ga 등을 첨가시킨 반도체이다. 3가 원소는 결합전자를 받아 들여 정공(hall)을 만드는 역할을 함으로서 억셉터(acceptor)라 한다.

즉 p형 반도체의 결합형태는 진성반도체와 3가 원소와 결합을 할 경우, 전자 1개가 부족하게 되므로 불순물은 가까운 진성 반도체 4개의 원자 중 1개를 빼앗아 (-)이온으로 되어 공유결합을 하며 정공이 발생한다.

p형 Ge 반도체의 에너지대는 0.7eV이며, 도핑에 의해 생긴 억셉터들은 금지대 안의 새로운 에너지 준위에 존재하게 되며, 이 준위가 가전자대역(valance band)보다 0.01eV만큼 높은데 존재한다. 이 불순물 준위를 억셉터준위라 한다.

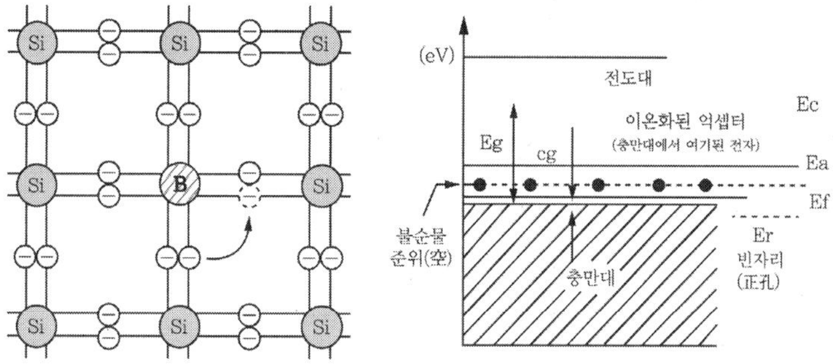

[그림 16-8] p형 반도체의 구성 및 에너지대

2) 화합물 반도체

화합물 반도체는 두 종류 이상의 원소들이 간단한 정수비로 결합된 화합물로 구성된 반도체로 갈륨-비소(GaAs), 카드뮴-셀륨(CdSe) 등의 화합물 반도체이다.

① Ⅲ－Ⅴ 족간 화합물 반도체

Ⅲ족 원소 Al, Ga, B, In 등과 Ⅴ족 원소 As, N, Sb, P 등의 결합으로 만들어진 반도체로서, Ⅲ~Ⅴ족의 2원소계 반도체로서는 GaAs, InSb, GaP 등이 있으며, Ⅲ~Ⅴ족 3원소 반도체로서는 InGaAs, GaAsSb 등이 있고, Ⅲ~Ⅴ족 4원계 반도체로서는 InGaAsP을 대표적인 것으로 들 수 있다.

Ⅲ-Ⅴ 족간 화합물 반도체는 Si 반도체와 다른 3가지 특성이 있다. 즉, 발광 · 고속 · 자기성을 이용한 발광 디바이스(Opto-Electronic Device), 고속 디바이스(High Speed Device), 자기변환 디바이스(Magnet Electrical Device)이다.

대표적인 GaAs는 p-n 접합의 순방향으로 전류를 통하면 전자이동도가 높고 고속 발광특성이 있어 발광 다이오드에 이용된다.

② Ⅱ－Ⅳ족간 화합물 반도체

Ⅲ-Ⅴ 족간 화합물 반도체에 비하여 에너지 갭이 커서 캐리어의 이동이 낮다.

2원소계에서는 ZnO, ZnS, ZnSe, ZnTe, CdS, CdSe 등이, Ⅱ-Ⅳ족 3원소계에서는 HgCdTe 등을 대표적인 것으로 들 수 있다. 이러한 화합물 반도체는 각 원소의 조합, 혼정비(混晶比)의 차이, 2원계~4원계의 차이에 따라 그 성질을 여러 가지로 변화시킨다.

특히 그 에너지 갭이 다양하게 변하기 때문에 예를 들면, 발광소자로서 레이저나 다이오드의 소자로 사용되는 경우, 빛의 파장을 여러 가지로 바꿀 수 있다. 또 GaAs나 InSb는 실리콘과 비교해서 그 전자이동도가 높기 때문에 초고속 스위칭 소자에의 응용도 기대되고 있다.

③ Ⅳ-Ⅵ족간 화합물 반도체 : SiC, PbS 등

④ Ⅴ-Ⅵ족간 화합물 반도체 : Sb_2S_3, Bi_2Te_3 등

나. 유기재료 반도체

유기화합물의 종류는 나프탈렌, 안드라센, 피렌, 비오란스렌, 이소비오란스렌 등이 있다. 유기화합물은 대다수가 전기 절연체이지만 특수한 유기결정은 반도체의 성질을 띠고 있다.

유기화합물의 대다수는 π전자(가전자)를 갖고 있으며 전기전도에 기여 하며, 그 용도는 사진 등 광도전현상의 증감제로 사용되고 있다.

다. 비정질 반도체

원자배열에 주기성이 없는 고체로서 반도체적인 성질을 나타내는 반도체를 말한다. α-Si 비정질 반도체는 저렴한 태양전지 재료로 이용되며, S, Se, Fe 등의 비정질재는 적외선 광학유리 등에 사용된다.

3.2.4 반도체 재료의 정제

가. Ge, Si 등의 화학적 정제

1) Ge

Ge를 함유한 광석은 게르마나이트(germanite), 아르기로다이트(argyrodite), 레니라이트(renierite)등이 있다.

이들 광석으로부터 Ge의 추출은 $GeCl_4$(광석가루를 염소화) → 증류하여 순도를 높임 → 가수분해 → GeO_2 얻은 후에 이 $GeCl_4$를 고순도의 수증기 중에서 550℃로 1시간 정도 둔 후 700℃로 2시간 환원처리 하여 얻는다.

2) Si

[그림 16-9]과 같이 Si는 산화물 상태인 SiO_2를 목탄, 코크스로 탄소 환원하여 순도 99%의 실리콘을 얻을 수 있다.

환원반응식은 $SiO_2 + 2C \rightarrow SiC + CO_2\uparrow$ 의 환원반응으로 얻은 Si는 불순물을 다량 함유하고

있으므로 염화수소와 반응시켜 정제하기 쉬운 할로겐 화합물을 만든다.

Si + 3HCl → $SiHCl_3$ + H_2↑의 반응이 $SiHCl_3$를 증류 정제하여 더욱 높은 고순도의 Si를 얻는다.

이상과 같은 화학적 방법으로 정제된 Si는 불순물의 농도가 높아 최종적으로 물리적인 정제법을 적용하여 고순도의 반도체 산업이나 태양광 전지재료를 얻는다.

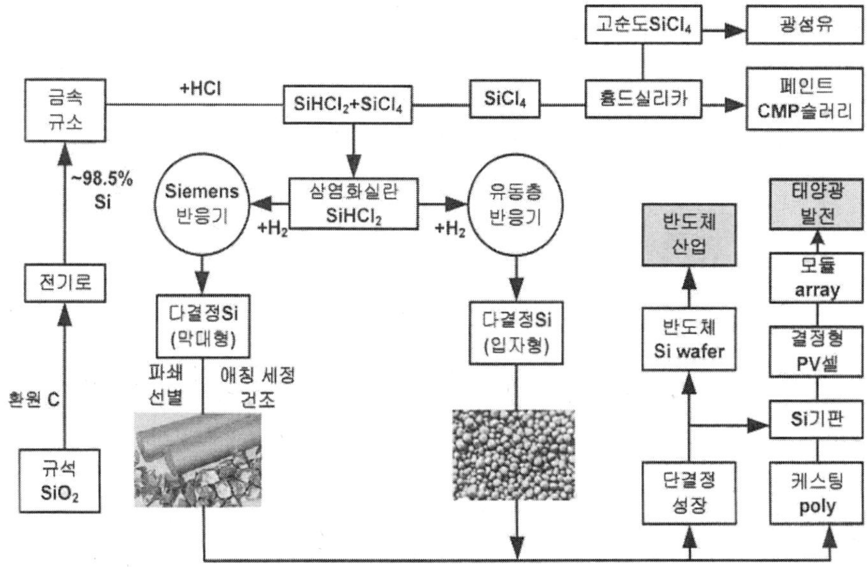

[그림 16-9] 실리콘의 정제과정과 사용분야

나. 물리적 정제법

1) 대역정제법

편석법에 의해 Si, Ge 등의 결정을 용융시킨 후 한쪽 끝부터 서서히 응고시켜 불순물을 한쪽으로 모아 순도를 높게 하는 방법이다. 편석법을 보완한 방법을 대역정제법이라 한다.

대역정제법은 Ge 등 많은 반도체와 금속의 정제에 이용된다. 정제방법은 봉으로 된 Ge를 보트(boat)에 넣은 후 고주파 유도가열에 의해 대상 용융하여 이 용융대를 한쪽방향으로 이동시키면 함유 불순물을 최종단으로 집결시키는 방법이다. 이 방법으로 고순도의 Ge 단결정을 얻을 수 있다.

2) Floating zone법

플로팅존법은 주로 Si를 정제하는 방법이다. 방법은 보트나 도가니 같은 용기를 사용하지 않는 정제법으로 다결정 Si 막대의 상하를 척(chuck)으로 지지하여 수직으로 고정시키고 부분적으로 가열, 용융대를 아래 부분에서 위 부분으로 이동하여 정제하며, 10회 정도 반복 시행하면 불순물의 농도를 10^{-12}/㎤ 이하로 정제할 수 있다.

3) 단결정 제작법

① 인상법

Ge, Si 등을 도가니 속에 넣고 불활성 가스(Ar, N_2 등) 분위기에서 가열 용융한 후, 상축의 단결정 종자(speed)를 용액과 접촉시킨 후 서서히 회전하면서 끌어 올리며 단결정을 제조한다. 이때의 인상속도는 10^{-6} ~ 10^{-4}(m/sec) 정도로 끌어 올리고, 단결정 봉의 회전수는 Ge은 60rpm, Si는 1rpm 정도로 한다.

② 존 레벨링 법(zone leveling method)

대역정제법과 같은 장치로 보트 한쪽에 종자를 두고 정제된 재료를 넣어 종자 결정과 반대방향으로 이동하면 종자 결정과 같은 결정형태로 단결정이 형성 된다.

③ 에피택시얼 성장(epitaxial growing)법

1,200℃로 가열된 Si 기판 상에 $SiCl_4$, H_2 혼합가스를 흘려보내면서 단결정 박막을 성장시킨다.

$$SiCl_4 + H_2 \xrightarrow{\text{고온}} Si + 4HCl$$

[참고문헌]

1. 김암수, “최신기계재료학”, 도서출판 남양문화, (2012)
2. 일본통산성, “첨단산업기술사전”, 경지사, (1992)
3. 한병성, 구할본, 이현수, “최신 전기전자재료”,동일출판사, (1999)
4. 김암수, “금속·기계재료”, 한국산업인력공단, (2004)
5. 조현기, “신소재합금”, 경북인쇄(주), (1997)
6. 박종선, 배정도, 이서용, “신재생 에너지 공학”, 한국폴리텍대학
7. 전준옥, 봉태근, 박종화, “태양광 발전”, 한국폴리텍대학

저자와의
협의에 의해
인지 생략

신소재공학

3판 2쇄 2019년 1월 30일

저 자 오세동
발행인 송광헌
발행처 복두출판사
주 소 서울특별시 영등포구 경인로82길 3-4
센터플러스 807호
(우) 07371
전 화 02-2164-2580
FAX 02-2164-2584
등 록 1993. 11. 22. 제 10-902 호

정가 : 17,000원

ISBN : 979-11-5906-331-2 93550

한국과학기술출판협회 회원사

* 본 도서의 자료 업데이트가 있을 경우 본사 홈페이지 자료실에 업로드 됩니다. 정기적으로 들러서 유익한 자료를 받아가시기 바랍니다.